# 기계가공시스템

## Machine Tools System

백인환 · 김정석 · 전언찬 · 김남경 · 최만성 · 이득우 공저

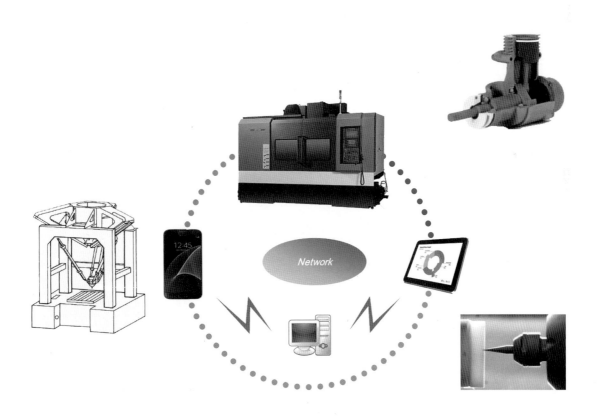

**교문사**

**청문각**이 교문사로 새롭게 태어납니다.

공작기계는 기계를 만드는 기계로서 이를 이용하여 만들어지는 기계요소와 기계의 정밀도를 좌우하게 되는 이른바 '모성원칙'이 적용되는 핵심적 기계이다. 미세한 기구학적 거동을 하는 마이크로 가공 공작기계에서부터 중대형산업시설에 사용되는 대형기계에 이르기까지 많은 기계장치 등은 대부분 공작기계, 즉 기계가공시스템을 이용하게 된다. 이처럼 중요한 위치를 차지하는 기계가공시스템 기술에 대한 지식은 기계기술자에게 필수적인 것이다.

기계가공시스템에 대한 내용은 공작기계의 설계, 제작 그리고 생산기술로 크게 나눌 수 있다. 공작기계설계는 일반적인 설계기술을 공작기계에 적용하는 것이며, 공작기계의 구조와 정적 및 동적 특성을 파악하는 것이 필요하게 된다. 제작기술은 일반기계의 제작기술보다는 높은 수준의 제작 및 조립 기술이 필요하게 된다. 공작기계의 생산기술은 품질 좋은 기계를 최소비용으로 만드는 기술분야로 가공공정에 속하는 분야이다.

이 책은 필자들이 다년간 기계가공시스템과 공작기계 관련 강의를 통해서 학생들에게 가르쳐 온 강의안을 바탕으로 하였고, 3D 프린팅 등 첨단 가공시스템의 도입과 가공기계의 발전 추세에 더불어 핵심내용을 보완하고 정리한 것이다. 특히 앞으로 스마트 가공시스템으로 발전하게 되는 추세를 염두에 두고 필요한 요소기술과 시스템 기술에 대해서 다루고자 노력하였다. 이러한 기술의 기초에서부터 응용분야에 이르기까지 다양한 내용을 한 학기 중에 강의할 수 있도록 편성하였다. 그림과 도표는 보편적으로 널리 쓰이는 것들을 참고로 하여 작성한 것이므로 일일이 다 출처를 밝히지 않았으며 원전에 감사를 드리는 바이다.

이 책의 구성은 5편 14장으로 편성하였다. I편에서는 서론 및 도입부로서 공작기계의 기초를 정리하였다. II편에서는 공작기계의 설계원리를 설명하고 있다. 3장 공작기계의 구조물 설계, 4장 공작기계의 안내면과 이송계, 5장 공작기계의 주축계, 6장 구동기구, 7장 유압식 구동기구, 8장 구동모터와 제어시스템으로 구성하였다. III편에서는 공작기계의 특성평가 및 자동화를 다루고 있다. 9장 공작기계의 동역학, 10장 공작기계의 시험검사 및 정도 측정, 11장 공작기계 모니터링 시스템, 12장 NC 공작기계 및 NC 프로그램으로 구성하였다. IV편에서는 차세대 가공시스템을 다루고 있다. 13장 3D 프린팅과 14장 마이크로 가공 공작기계로 구성하였다.

이 책으로 강의함에 있어서 수강대상자나 강의 수준에 따라서 내용을 취사선택할 필요가 있을 것이다. 책의 내용이 간결하므로 가공시스템에 관심을 두고 있는 현장 기술자에게도 이해하는데 도움을 줄 것으로 생각되며, 중요한 전문용어는 한자와 영어를 병기하거나 한자 또는 영어를 괄호안에 기재하여 독자의 이해를 돕고자 하였다. 이 책이 기계공학 전공의 학생들이나 현장 기술자들에게 도움이 된다면 저자들은 다행으로 생각하며, 미비한 점이나 보완할 점이 있게 되면 수정할 예정이므로 앞으로 독자 여러분들의 많은 조언이 있으시길 기대한다.

끝으로 이 책의 원고정리에 있어서 여러 가지로 도와준 분들과 특히 그림을 그려주신 도안의 노고에 감사드리며, 어려운 여건하에서도 이 책을 개정판으로 출간하는 데 힘써 주신 청문각 출판사에도 감사를 드리는 바이다.

2016년 8월
저자 일동

**Contents**

# PART 01 공작기계의 기초

## CHAPTER 1 │ 공작기계설계의 기초

PART 02  공작기계의 설계원리

CHAPTER 3 │ 공작기계의 구조물 설계

## CHAPTER 4 | 공작기계의 안내면과 이송계

## CHAPTER 5 | 공작기계의 주축계

## CHAPTER 6 ▎ 기계식 구동기구

## CHAPTER 7 ▎ 유압식 구동기구

## CHAPTER 11 ┃ 공작기계의 모니터링 시스템

## CHAPTER 12 ┃ NC 공작기계 및 NC 프로그램

## PART 04   차세대 가공시스템

### CHAPTER 13 ┃ 3D 프린터

### CHAPTER 14 ┃ 마이크로가공 공작기계

# 공작기계설계의 기초

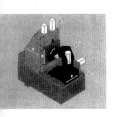

이 장은 본 교재의 서론으로서 공작기계에 관한 기본개념과 갖추어야 할 기능과 특성을 살펴보며, 공작기계를 설계함에 있어서 고려해야 할 경제성 평가기준을 제시한다. 아울러 공작기계의 공학적 설계과정을 살펴보고, 공작기계의 설계방향을 제시한다.

## 1.1 공작기계의 정의

공작기계는 기계를 만드는 기계이다. 기계를 만든다는 것은 기계의 부품을 만드는 것이며, 제작공정에서 다루는 가공공정 중에서 절삭가공과 소성가공에 이용되는 모든 기계를 의미하는 것이다. 그러나 이것은 넓은 의미의 공작기계이며, 좁은 의미로는 절삭가공에 쓰이는 기계를 공작기계라고 하는 경우가 많다. 즉 칩(chip)을 발생시키면서 원하는 형상으로 깎아내어 제품을 만드는 가공기계를 일반적으로 공작기계(工作機械, machine tools)라고 한다.

인류가 사용하는 도구의 발달과 더불어 기계가 발달해 왔으며 공작기계도 발전해 왔다. 특히 Maudslay의 선반이 세상에 나타난 이후 공작기계의 기술수준이 급속도로 발전해 오고 있으며, 메카트로닉스 기술의 발전과 더불어 수치제어공작기계의 발전속도는 더욱 빨라지고 있다. 이러한 공작기계에는 범용 공작기계로부터 최신의 특수 공작기계에 이르기까지 종류가 다양하고 그 성능과 용도도 여러 가지로 다르다. 우선 공작기계의 이름들을 기능별로 나열하면 다음과 같다.

• 원통가공용 공작기계  선반, 원통연삭기

- 구멍가공용 공작기계   드릴링머신, 보링머신, 내경연삭기, 호닝머신
- 평면가공용 공작기계   셰이퍼, 플레이너, 평면연삭기
- 형상가공용 공작기계   밀링머신, 슬로터, 브로칭머신
- 절단가공용 공작기계   톱기계
- 기어가공용 공작기계   호빙머신, 기어셰이퍼, 기어연삭기
- 특수가공용 공작기계   방전가공기, 전해연삭기, 초음파가공기 등
- 기타 공작기계       트랜스퍼머신, 복합공작기계

이상과 같이 공작기계에는 여러 가지가 있는데, 분류체계와 공통적인 성질, 운동기구, 설계원리 등에 대하여 기술하고자 한다.

## 1.2  공작기계의 구비조건

공작기계는 기계를 만드는 기계이므로 그 공작기계의 정밀도가 만들어지는 기계에 직접적인 영향을 미친다. 이와 같이 모기계(공작기계)가 아들기계(제품)에게 정밀도 특성을 전사하는 성질을 '모성원칙(母性原則, copying principle)'이라 한다. 공작기계에는 가공정밀도의 재현성이 요구되며, 정밀도 높은 좋은 제품(고품질)을 값싸고(경제성) 쉽게 만들 수 있어야(생산성) 한다. 이를 위하여 다음과 같은 몇 가지 구비조건을 갖추어야 한다. 공작기계를 설계할 때는 반드시 고려되어야 할 사항은 다음과 같다.

- 가공정밀도(accuracy)가 높을 것
- 가공능률(생산성 ; productivity)이 높을 것
- 융통성(flexibility)이 클 것
- 안전성(safety)이 높고 편리(convenience)할 것
- 외관(appearance)이 좋고 저렴(low cost)할 것

### 1.2.1  가공정밀도

가공정밀도(加工精密度)는 공작기계로 가공된 공작물 치수의 정확한 정도를 나타내는 것이다. 가공정밀도를 좌우하는 인자에는 공작기계의 운동정밀도, 공

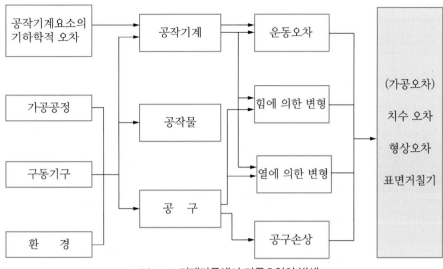

그림 1.1  기계가공에서 가공오차의 발생

작물과 공구의 강성에 따른 변형, 온도변화 등의 외적인 요인 등이 있다. 또 가공오차에는 치수오차, 형상오차, 표면거칠기 등이 있다.

그림 1.1에 가공오차의 종류와 발생인자를 나타내고 있다. 오차를 줄이기 위해서는 공작기계의 정강성, 동강성을 크게 하고 공작물의 변형을 줄이는 것이 필요하다. 따라서 공작기계의 설계와 가공프로세스의 최적화가 요망된다.

### 1.2.2 가공능률

가공능률(加工能率)을 높이기 위해서 가공시간을 최소화하여 단위시간당 가공량을 최대로 하여야 한다. 공작기계로 공작물을 가공하는 경우, 유효절삭시간 이외에 준비시간과 유휴시간을 무시할 수 없다. 유효절삭시간은 실제의 절삭시간으로서 가공물의 형상, 크기, 가공여유, 정밀도, 사용공구, 가공방법 등 조건에 따라서 달라지지만 일반적으로 절삭속도를 고속으로 하거나(고속절삭: high speed cutting), 이송량을 크게 하면(중절삭: heavy cutting) 가공시간이 짧아진다. 이를 위하여 공작기계를 고속화, 강력화하는 노력이 이루어지고 있으며, 최적절삭속도를 구하기 위한 연구가 계속되고 있다. 뿐만 아니라 무단 변속기구에 의하여 최적절삭속도를 유지함으로써 유효절삭시간을 줄이는 방안이 강구되어야 한다.

준비시간은 공작물을 착탈하고 공구를 준비하는 시간이며 공작물의 형상치수와 작업자의 숙련정도, 공작기계의 운전방식에 따라서 달라진다. 준비시간을 줄이기 위하여 여러 가지 치구가 개발되고 처킹(chucking)방법이 고안되고 있다.

유휴시간은 공작물 이동의 정체뿐만 아니라 작업자의 휴식이나 야간에 기계가 멈추고 있는 시간이다. 이것을 줄이기 위하여 기계를 자동화하고 여러 공정을 시스템화하려는 노력이 이루어지고 있다. 그 예로서 공작기계의 다기능화를 이용한 트랜스퍼머신(transfer machine) 및 복합공작기계가 개발되고 있으며, 자동창고기능을 갖춘 공장자동화(FA; factory automation)를 구성하고 지속적으로 개선해가고 있다.

### 1.2.3 융통성

융통성(融通性)은 하나의 공작기계에서 여러 가지 가공을 할 수 있는 것을 말하며, 단능공작기계나 전용공작기계에 대응되는 개념이다.

제품의 종류, 형상, 크기 및 가공정밀도에 따라서 공작기계의 규격이 결정될 수 있는데 최적인 공작기계는 한 가지뿐이다. 이러한 다양한 조건에서 가장 최적으로 작동하도록 제작된 공작기계가 전용공작기계이며 소품종 대량생산에 적합한 기계로서, 대량생산으로 생산원가를 줄이는 경우에 적합하다.

그러나 최근에는 시시각각으로 변화하는 시장수요에 부응하기 위하여 다품종 소량생산형태로 생산 패턴이 바뀌고 있다. 이에 따라서 범용공작기계도 작업내용을 다양화할 수 있도록 융통성을 높이고 있으며, CNC공작기계의 개발과 유연 생산시스템(FMS; flexible manufacturing system)으로의 발전이 가속화되고 있다.

### 1.2.4 안전성과 편리성

공작기계는 사람이 운전하고 제품을 가공하는 장치이다. 따라서 사람이 신뢰하고 믿음과 호감을 가질 때, 그 기계는 존재의미를 가지며 주어진 기능을 갖게 되는 것이다. 결국 사용하기 편리하고 안전성(安全性)이 확보되어야 한다.

공작기계의 안전성에는 기계 자체의 안전성과 운전자에 대한 안전성이 있으며, 이 두 가지를 모두 갖추어야 된다. 과속에 대한 속도제한스위치(velocity limit switch), 과다이송이나 충돌에 대비한 위치제한스위치(position limit switch), 상호간섭에 대한 연동장치 등은 기계 자체의 안전을 위하여 꼭 필요한 것이며 운전자의 안전에도 도움을 준다. 공작물의 착탈이나 기계부품의 변환에 사용된 핸들, 레버, 공구 등의 정위치운전도 안전항목에 들어간다.

### 1.2.5 외관 및 가격

공작기계의 외관이 좋은 것은 작업분위기를 좋게 하며 작업자의 안전에도 도움을 준다. 예를 들면 공작기계를 진한 녹색이나 녹청색으로 도색하면 공장을 밝게 하여 작업자를 안정되게 한다. 또한 공작기계의 구매자에게도 좋은 인상을 줄 것이다.

## 1.3 공작기계설계의 경제성 평가기준

공작기계의 가격을 최소화하는 것은 공작기계설계에서 필수적으로 고려되어야 할 사항이다.

새로운 공작기계의 설계제작은 그것이 경제적으로 타당할 때만 실시된다. 높은 생산성과 정밀도, 적은 재료 사용, 적은 공장면적 등의 바탕에서 개별적으로 평가될 수 있다.

일반적으로 공작기계의 제작과 운전에 대하여 비용을 계산하는 모든 지수는 경제적 효용성에 대한 일반적 지수로 동일화시킬 수 있다. 공작기계의 경제적 효용성은 연간 총 비용 $C_t$에 의하여 정량적으로 표시될 수 있으며 다음 식으로 나타내어진다.

$$C_t = C + k \cdot C_i \tag{1.1}$$

여기서, $C$ : 연간 생산비용

$C_i$ : 투자자본

$k$ : 이윤으로 회수되어야 하는 자본의 비율, 일반적으로 $k = 0.15 \sim 0.2$

식 (1.1)에 포함된 인자들을 구하는 방법과 설계에서 경제성을 평가하는 기준을 살펴본다.

## 1.3.1 투자자본

투자자본 $C_i$는 장비에 대한 순수경비 $E_n$과 생산건물을 건축하는 데 드는 경비 $E_{bp}$, 서비스 구역을 건설하는 데 드는 경비 $E_{bs}$로 구성된다.

$$C_i = E_n + E_{bp} + E_{bs} \tag{1.2}$$

(1) 새로운 공작기계를 제조하기 위한 장비에 대한 순수경비 : $E_n$

$$E_n = \alpha E_p \tag{1.3}$$

여기서, $E_p$ : 장비의 구입비용(=장치비 $E_e$ +치구비용 $E_f$)

$\alpha$ : 장비의 수송과 설치에 드는 부대경비를 고려하는 인자

공작기계에 대해서는 $\alpha = 1.1$

이송라인에 대해서는 $\alpha = 1.18$

또 치구에 대한 경비 $E_f$는 다음 식에 의하여 근사적으로 계산된다.

$$E_f = \sum_{}^{n} E_{mf} \cdot q \tag{1.4}$$

여기서, $n$ : 1년 동안 장치에서 가공되는 부품종류의 수

$E_{mf}$ : 한 가지 치구의 평균가격

$q$ : 각 부품에 요구되는 치구의 수

(2) 생산공장을 건축하는 데 드는 경비 : $E_{bp}$

$$E_{bp} = E_{bpm} \cdot A_p \cdot \gamma \tag{1.5}$$

여기서, $E_{bpm}$ : 생산공장 1 m²를 짓는 데 드는 평균경비

$A_p$ : 장치에 필요한 총 면적[m²]

$\gamma$ : 부가면적을 감안하여 계산하는 인자. 면적에 따라 $\gamma = 1.5 \sim 5$

면적이 커질수록 감소하며, 75 m² 이상에 대하여 $\gamma = 1.5$

(3) 서비스 건물을 건축하는 데 드는 경비 : $E_{bs}$

$$E_{bs} = E_{bsm} \cdot A_s \tag{1.6}$$

여기서, $E_{bsm}$ : 서비스 건물 1 $m^2$를 짓는 데 드는 평균비용

$A_s$ : 서비스 건물의 총 면적[$m^2$]

### 1.3.2 연간 생산비용

설계된 공작기계의 연간 생산비용 $C$는 다음 식으로 주어진다.

$$C = N \cdot \sum_{j}^{n} C_j \tag{1.7}$$

여기서, $N$ : 연간 생산대수

$C_j$ : 공작기계의 $j$번째 부품의 단가

$n$ : 공작기계에 들어가는 부품의 개수

부품의 생산 단가에는 다음 항목이 포함된다.

• 공작물의 재료비  고정 비용으로 두 형식의 비교에 고려할 필요가 없다.
• 작업자의 임금(인건비)  가공비이며, 복지비, 간접 노무비 등이 포함된다.
• 오버헤드(overhead)  절삭공구에 대한 재생경비, 장비의 유지보수비용, 작업자의 교육비, 장비의 운전에 드는 비용 등이 포함된다.

### 1.3.3 경제성 평가기준

새로운 공작기계의 설계 및 제조는 완전한 창안이 아니면 기존의 공작기계를 개선하거나 대체하는 경우가 대부분이다. 따라서 식 (1.1)로부터 아래 식이 성립할 때 경제적으로 적정하다고 평가될 수 있다.

$$C_{tn} < C_{te}$$

즉,
$$C_n + k_n \cdot C_{in} < C_e + k_e \cdot C_{ie} \tag{1.8}$$

여기서 첨자 $n$은 새 공작기계 쪽이며, 첨자 $e$는 대체하거나 개선하기 위하여

선택된 기존의 공작기계 쪽을 의미한다. 즉 $C_{tn}$은 새 기계의 생산비용이며, $C_{te}$는 기존 기계의 생산비용이다.

만약 투자자본의 회수기간이 양쪽 경우에 동일하다고 가정하면, $k_n = k_e = k$ 이므로 식 (1.8)은 다음과 같이 된다.

$$\frac{C_{in} - C_{ie}}{C_e - C_n} < \frac{1}{k} \tag{1.9}$$

투자자본의 회수기간이 $T$일 때 $T = \frac{1}{k}$ 이므로, 식 (1.9)는 다음 식으로 바꿀 수 있다.

$$\frac{C_{in} - C_{ie}}{C_e - C_n} < T \tag{1.10}$$

이와 같이 연간 총비용은 새로운 장비의 가능성을 평가하는 데 기준이 될 뿐만 아니라, 여러 가지 설계를 수행하는 방법이나 서로 다른 설계버전을 비교하는 데도 유용한 기준이 된다.

## 1.4 공작기계의 공학적 설계과정

설계(設計, design)는 창조과정이라고 말할 수 있다. 사실 설계에 대한 육감을 가진 엔지니어는 논리적인 의사결정능력을 가지고 있으며, 그 능력으로 주어진 문제에 대하여 가능한 해를 찾아낼 수 있는 것이다. 결국 모든 대안을 주의 깊게 해석한 후에 최적 해에 도달하게 되는 것이다.

옛날에는 설계가 시간과 비용에 무관하게 이루어졌고 이것은 바로 생산으로 이어져 왔다. 그러나 지금은 보다 높은 생산성을 유지할 수 있도록 새로운 설계 해를 구하는 것이 요구되고 있다. 이러한 요구에 따라 설계비용을 크게 증가시키고 있다. 또 한 사람의 설계자가 잡다한 성질의 많은 인자를 모두 고려하여 최적 해를 구할 수는 없기 때문에 설계는 계속적인 팀 활동이 이루어져야 하는 것이다.

그림 1.2는 다른 공학, 경제학, 자연과학, 인문과학들이 어떻게 설계에 관련되는지를 보여주는 것이다. 새로운 기계를 설계하는 데 드는 큰 비용과 설계자에

게 주어진 무거운 책임을 고려하여, 올바른 설계 해가 최소비용으로 구해질 수 있도록 설계과정을 체계화할 필요가 있다.

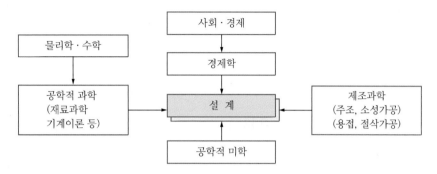

그림 1.2 설계에 영향을 미치는 주변 학문

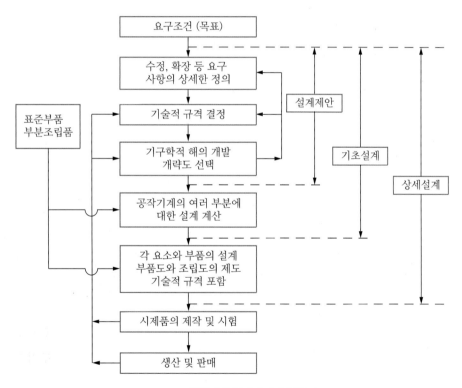

그림 1.3 공작기계 설계과정의 블록선도

새 공작기계를 설계하는 설계과정을 블록선도로 나타낸 것이 그림 1.3이다. 그림에서 알 수 있는 바와 같이 설계과정은 세 가지 중요한 단계(설계제안 - 기초설계 - 상세설계)를 거쳐서 이루어진다.

설계에서 각 단계의 마지막에 극한적인 가능성 해석(critical feasibility analysis)이 이루어져야 한다. 또 기술적인 보고서가 만들어지고 고객에게 제시되어야 한다. 설계과정에 포함되는 각 단계를 하나하나 설명한다.

## 1.4.1 요구조건의 검토

고객은 그 기계로 가공할 부품의 정보를 제공함으로써, 설계되는 공작기계의 요구조건(requirements)을 개괄한다. 그 정보는 부품의 품명, 연간생산량, 가공될 치수와 표면형상, 부품의 재질, 가공공차, 요구되는 표면, 가공의 질 등을 포함해야 한다. 이러한 정보는 적당한 가공방법과 절삭공구를 선택하는 기준이 된다.

고객은 전문지식의 부족으로 정확한 요구를 정의하지 못할 때가 있다. 설계자는 고객의 요구가 가능한 것인지를 체크해 주어야 한다. 또한 적합한 제품이 이미 나와 있는지를 체크해 주어야 한다. 새로운 제품을 설계할 때는 경쟁력 있는 상품을 만들어야 한다. 그러므로 설계자는 경제적으로 적정한지 어떤지를 알기 위하여 초보적인 경제성 평가를 해야 한다. 고객과의 상담에서 설계된 공작기계의 시장 잠재력을 증가시키기 위한 요구조건을 설명하고 그에 맞도록 수정할 필요가 있다.

## 1.4.2 기술적인 규격

기술적인 규격(technical specifications)은 설계에 필수적인 변수 목록을 만드는 것이다. 공작기계의 중요한 규격에는 주운동의 속도범위, 이송운동의 속도, 전기 모터의 동력비 등이 있다. 또 정량적인 항목 이외에도 설계에 필수적인 요소들을 규정해야 한다. 예컨대 속도의 방법과 이송비의 조정, 공작기계에 채용될 수 있는 기계화와 자동화의 정도, 공작기계의 외형 등을 규정해야 한다. 한편 설계자는 지나치게 특수화된 규격을 피해야 한다. 잘못된 규격은 지나친 설계의 요구조건과 완성품의 잘못된 기술에서 생겨나며, 필요 이상으로 제품의 단가를 높이게 된다.

### 1.4.3 기구학적 해의 선정

기술적인 규격이 정해지면, 설계자는 요구하는 형상과 치수를 가진 표면을 가공할 수 있도록 상대운동의 조합을 구성해야 한다. 여러 가지 가능성들이 평가되고 기술적으로 가능성이 보이는 것들이 선택된다. 기본운동의 조합에서 불가능한 해는 제거되고 기술적으로 가능한 것들이 선택되어 기구학적 해가 구해진다.

하나의 기구학적 해는 공작물과 공구 사이의 운동을 관련짓는 것이며 공작기계 장치의 개략도(layout)로 현실화된다.

### 1.4.4 설계계산

설계계산(設計計算, design calculations)은 변속장치, 이송장치, 베드, 주축 등 공작기계의 중요부분의 설계를 포함한다. 이들 계산들은 앞의 해석에서 규정된 범위에서 이루어진다. 또 최종 버전은 대상의 경제적 가능성을 비교 검토하여 결정된다.

### 1.4.5 부품도와 조립도

최종적으로 설계된 결과를 도면으로 그리는 과정이다. 도면작성은 치수, 공차, 가공규격(채용할 가공방법 포함) 등을 포함해서 완성해야 한다. 특별한 주의(remark)는 설계계산의 단계를 통하여 얻어져야 한다. 또 가능한 한 표준부품과 표준조립품을 쓰도록 상세도를 그려야 한다.

공작기계의 공학적 설계과정은 이상의 단계들로 나누어지지만, 설계과정은 근본적으로 순환적인 공정인 것이다. 즉 부분적으로 피드백 과정을 거쳐서 도면이 얻어지는 것이다. 또 시작품을 만들고 시험한 후에(특별한 경우에는 상품을 판매한 후에) 문제점을 피드백시켜서 기술적인 규격과 요구까지도 수정해 나가야 한다. 이처럼 설계자는 유연성 있는 태도를 가져야 하며, 이러한 정신이 그림 1.3의 피드백 루프로 설계과정에 제시되어 있다.

1. 공작기계란 무엇인가?

2. 공작기계에서 모성의 원칙을 예를 들어 설명하라.

3. 공작기계의 구비조건을 설명하라.

4. 공작기계에서 가공오차의 종류와 이에 영향을 주는 인자들을 설명하라.

5. 공작기계에서 가공능률을 향상시키는 방안에 대하여 설명하라.

6. 공작기계를 설계할 때 경제성 평가의 기준을 설명하라.

7. 공작기계설계에서 경제성 평가 기준식을 쓰고, 각 인자를 구하는 방법을 설명하라.

8. 공작기계의 공학적 설계과정을 단계별로 나누어 설명하라.

# CHAPTER 2

# 공작기계의 분류 및 특성

공작기계는 절삭가공으로 기계부품을 만드는 기계로서, 재료와 공구의 상대운동이 필요하고 재료를 깎아내는 공구가 있어야 한다. 본 장에서는 공작기계의 기본운동과 공구의 종류를 기술하고, 그것의 조합으로 이루어지는 범용 공작기계의 종류와 특성을 설명한다. 또한, 특수용도 공작기계 및 NC 공작기계의 현황과 특성을 살펴보고, 공작기계의 발전 추세를 전망한다. 그리고, 각종 공작기계에 대하여 절삭동력의 계산방법을 제시한다.

## 2.1 공작기계의 기본운동

공구나 공작물의 상대운동에 의하여 절삭가공이 이루어지고 새로운 가공면이 생성된다. 저항을 받으면서 재료를 제거하는 운동[절삭운동], 면을 생성하기 위하여 절삭운동과 다른 방향으로 상대위치를 이동시켜 주는 운동[이송운동], 공구와 공작물의 초기위치를 조정해 주는 운동[위치조정운동] 등에 의하여 원하는 가공면을 얻을 수 있다.

### 2.1.1 절삭운동

절삭운동(切削運動, cutting motion)은 공구나 공작물의 상대운동으로서 칩(chip)을 발생시키는 운동이며, 주운동(primary motion)이라고도 한다. 절삭동력의 대부분이 이 운동으로 소비된다. 직선운동(linear motion)과 회전운동(rotary motion)이 있으며, 공작물이나 공구의 어느 한쪽에 운동을 주고 다른 쪽은 고정시켜 둔다.

- 공작물을 운동시키는 절삭운동  선반(회전운동), 플레이너(직선운동)
- 공구를 운동시키는 절삭운동  밀링머신(회전운동), 셰이퍼(직선운동)

공구와 공작물의 상대속도를 절삭속도(cutting speed)라고 하며 보통 단위는 m/min로 표시한다. 절삭속도방향의 저항(cutting force)을 주분력이라고 하며, 절삭속도와 곱하여 소요동력을 구하는 데 이용된다.

## 2.1.2 이송운동

직선이나 곡선을 이동시키면 평면이나 곡면이 생성된다. 이때 직선이나 곡선을 그리는 것이 절삭운동이며, 그것을 이동시키는 운동이 이송 운동(移送運動, feed motion)이다. 이송운동은 대부분 직선운동으로 이루어지지만 원통연삭과 같이 회전이송을 하는 경우도 있다.

이송운동은 공작물이나 공구 중에서 어느 한쪽에 작용시킨다. 또 이송운동은 연속적(continuous)으로 주거나 간헐적(intermittent)으로 주며, 간헐적 이송은 절삭운동의 끝과 다음 절삭운동 시작의 사이에 준다. 이송운동에는 아래와 같은 예가 있다.

- 선반  공구에 연속적인 직선운동
- 셰이퍼  공작물에 간헐적인 직선운동
- 원통연삭기  공작물의 연속적인 회전운동과 직선운동

이송속도(移送速度, feed rate)는 시간당 이송량(mm/min)으로 나타낼 수 있지만, 1회전당 이송량(feed per revolution : mm/rev) 또는 1왕복당 이송량(feed per stroke ; mm/str.)으로 표시하는 경우가 많다. 밀링과 같이 다인공구의 경우에는 1날당 이송량(feed per edge)으로 표시할 수도 있다.

## 2.1.3 위치조정운동

위치조정운동(位置調整運動, positioning motion)은 절삭과정의 운동이 아니고 준비과정의 운동이므로 대체로 정적인 운동이거나 힘을 수반하지 않는 운동이다. 드릴가공의 위치결정운동과 선삭에서 절삭깊이를 주거나 바이트를 가공위치까지 이동시키는 운동이 그 예이다. 그러나 이 운동도 가공시간을 단축시키거나 가공정밀도를 높이는 데 기여하므로, 신속정확하게 위치결정을 할 수 있도록 공작기계설계에 고려해야 한다.

## 2.2 절삭공구

절삭공구(切削工具, cutting tool)는 공작물보다 경도가 높고 예리한 날을 가지고 재료를 쉽게 깎아낼 수 있어야 한다. 구비조건으로는 고온경도가 높고, 내마멸성과 인성이 크며, 마찰계수가 작아야 한다. 이러한 재료로서 고탄소강, 합금강 그리고 고속도강 등으로 발전해 왔으며, 분말야금기술에 의해 개발된 초경합금에 이르러 절삭속도가 획기적으로 개선되었다. 최근에는 세라믹스, CBN, 다이아몬드 등 새로운 공구재료가 개발되고, 피복공구 등이 새로이 제안되어 고속절삭에 크게 기여하고 있다.

한편 절삭공구의 모양도 완성형, 고정형으로부터 공구의 날을 갈아 끼울 수 있는 형태(throw away tip)로 바뀌고 있다. 또 가공목적에 따라서 다양한 모양의 공구가 개발되고 있다. 일반적으로 절삭날의 개수에 따라서 단인공구(single-point tool), 다인공구(multi-point tool), 입자공구(abrasive wheel)로 나눌 수 있으며, 그에 따라 가공방식이 달라진다.

### 2.2.1 단인공구

단인공구(單刃工具)는 절삭날과 자루를 가진 절삭공구이며, 선반, 셰이퍼, 플레이너, 슬로터, 보링머신 등에 쓰이고 있다. 그림 2.1(a)는 전형적인 단인공구를 나타내며, 완성형 바이트로서 각부 명칭이 표시되어 있다 그림 2.1(b)는 자루(shank)에 팁을 경납땜으로 고정하고 연삭하여 사용하는 바이트이다. 그림 2.1(c)는 홀더에 인서트 팁(insert tip)을 스크루로 고정하여 사용하며, 수명이 다 된 인서트는 버리고 새것으로 바꾸어 사용하게 되므로 재연삭이 필요없다.

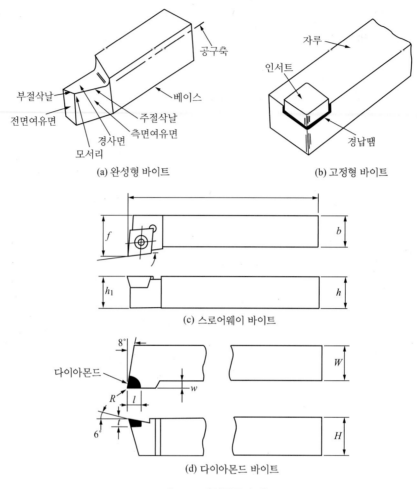

(a) 완성형 바이트

(b) 고정형 바이트

(c) 스로어웨이 바이트

(d) 다이아몬드 바이트

그림 2.1  단인공구의 예

또 홀더와 인서트는 여러 가지 형태가 있으며 용도에 따라서 적당한 것을 선택해야 한다. 최근에는 인서트의 모양이 원형절삭날로 된 것도 있다. 그림 2.1(d)는 최근에 개발된 것으로 다이아몬드 팁을 자루에 붙인 다이아몬드 바이트이다.

## 2.2.2 다인공구

다인공구(多刃工具)는 두 개 또는 그 이상의 절삭날이 동일 몸체에 열로 붙어 있는 것이다. 다인공구에는 밀링커터, 드릴 등이 있는데 주로 회전공구이며, 테이퍼 또는 평행으로 된 자루(shank)를 가져서 스핀들에 끼워 고정할 수 있다. 자루가 없는 경우 아버에 끼워 쓸 수 있도록 공구 몸체에 구멍이 있다. 또 브로치와 같이 직선절삭운동에 쓰이는 다인공구도 있다.

### (1) 밀링커터

밀링커터(milling cutter)는 원통의 둘레에 절삭날이 설치되어 있으며, 대표적인 것으로 다음과 같은 것이 있다.

- 플레인 밀링커터[plain milling cutter. 그림 2.2(a)]
- 측면 밀링커터[side milling cutter. 그림 2.2(b)]
- 각형 측면 밀링커터[angular side milling cutter. 그림 2.2(c)]
- 엔드 밀링커터[end milling cutter. 그림 2.2(d)]
- 총형 밀링커터[formed milling cutter. 그림 2.2(e)]
- 정면 밀링커터[face milling cutter.  그림 2.2(f)]
- 심은날 커터[inserted tooth cutter. 그립 2.2(g)]

또 밀링커터의 각부 명칭은 그림 2.3과 같다.

### (2) 드릴

드릴(drill)은 비틀림홈을 가진 봉 끝에 두 개의 절삭날이 있어서 회전에 의하여 구멍을 뚫는 공구이다. 드릴은 그림 2.4와 같이 자루(shank)와 몸체(body)로 이루어져 있으며, 자루는 지름 13 mm까지는 평행형(straight shank)으로서 드릴척에 고정하여 사용하며, 그 이상은 테이퍼형(taper shank)으로서 드릴링머신의 주축에 바로 끼워서 사용한다. 드릴에는 그림 2.5와 같이 여러 가지 종류가 있다.

### (3) 리머

리머(reamer)는 원통 몸체에 모선방향의 직선날이 여러 개 붙어 있어서, 드릴로 뚫은 구멍의 내면을 다듬는 공구이다. 보통은 날이 리머축에 평행인 직선날 리머이지만, 조금 기울어져 있는 경사날 리머도 있으며 핸드 리머의 경우에 이용된다. 그림 2.6에 리머의 몇 가지를 나타내었다.

(a) 플레인커터          (b) 측면커터          (c) 각형측면커터

(d) 엔드밀링커터                    (e) 총형커터

(f) 정면커터                    (g) 심은날커터

그림 2.2  **밀링커터의 종류**

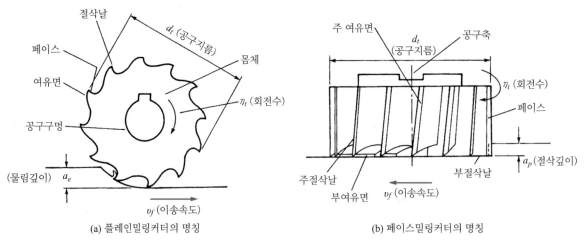

(a) 플레인밀링커터의 명칭                    (b) 페이스밀링커터의 명칭

그림 2.3  **밀링커터의 각부 명칭**

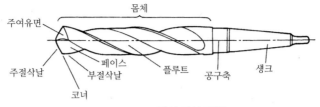

그림 2.4 **드릴의 각부 명칭**

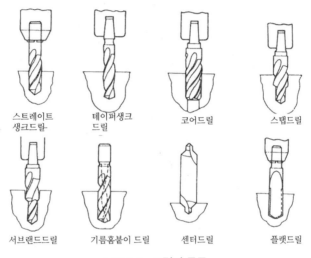

그림 2.5 **드릴의 종류**

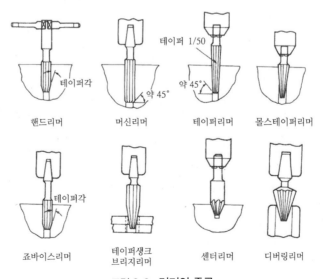

그림 2.6 **리머의 종류**

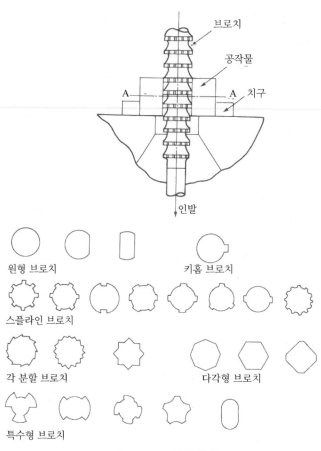

원형 브로치               키홈 브로치

스플라인 브로치

각 분할 브로치            다각형 브로치

특수형 브로치

그림 2.7  브로치의 형태

## (4) 브로치

브로치(broach)는 치수가 점차적으로 커지는 여러 개의 절삭날이 열을 지어 고정되어 있는 다인공구이다. 직선운동에 의하여 절삭날 하나하나가 단인공구처럼 절삭하지만 날이 모두 통과하면 가장 큰 절삭날의 치수만큼 가공된다. 날의 모양에 따라서 원형이나 각형 홈, 스플라인 또는 다각형, 특수모양의 내면을 1회에 가공할 수 있다(그림 2.7).

## (5) 탭과 다이스

탭(tap)은 구멍에 암나사를 내는 공구이며, 다이스(dies)는 봉에 수나사를 내는

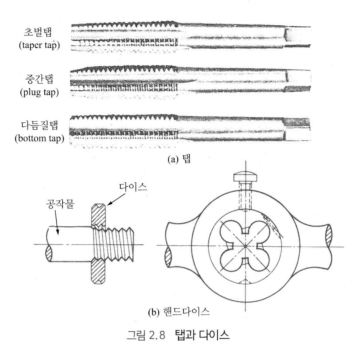

초벌탭
(taper tap)

중간탭
(plug tap)

다듬질탭
(bottom tap)

(a) 탭

다이스

공작물

(b) 핸드다이스

그림 2.8 **탭과 다이스**

공구이다. 탭과 다이스는 회전운동과 직선이송운동의 조합에 의한 나선형 운동으로 주운동이 이루어지며, 절삭날의 점진적인 치수변화에 의하여 절삭이 진행된다. 따라서 이들은 나선형 브로치(helical broaches)라고 생각될 수 있다.

내경나사는 터릿선반이나 드릴 프레스에서 탭으로 가공되며, 외경나사는 터릿선반이나 특수 나사절삭기에서 다이스로 가공된다. 또 재료의 제거량이 아주 미세하기 때문에 수가공으로도 가능하다. 탭의 형상과 다이스의 형태를 그림 2.8에 나타낸다.

## 2.2.3 입자공구

입자공구(粒子工具, abrasive wheels)는 경도가 큰 입자를 적당한 형상으로 성형하여 공구로 사용하는 것이며, 입자 하나하나가 절삭날 역할을 하므로 다인공구로 생각할 수 있으나, 날이 무수히 많으며 불규칙하고 쉽게 탈락될 수 있으므로 다인공구와는 구분된다. 그 대표적인 예가 연삭숫돌(grinding wheel), 호닝숫돌(hone) 등이다.

## (1) 연삭숫돌

연삭숫돌(grinding wheel)은 탄화규소(SiC)나 알루미나(Al$_2$O$_3$)와 같이 경도가 대단히 높은 입자들을 요구되는 형상으로 결합시켜 만든 공구이다. 따라서 입자, 결합제, 공극의 세 가지 요소에 의하여 숫돌의 성질이 결정된다. 입자는 재질과 입도 분포로 나눌 수 있으며, 결합상태와 공극의 양에 따라 경도(결합도)와 조직(밀도)으로 그 특성을 규정할 수 있다. 그래서 입자(abrasive grain), 입도(grain size), 결합도(경도, grade), 조직(structure), 결합제(bond)를 연삭숫돌의 다섯 가지 구성요소라고 하며 그림 2.9와 같이 표시한다.

### ① 입 자

연삭입자의 종류로서 천연산 입자와 인조입자가 있는데 인조입자가 주로 쓰인

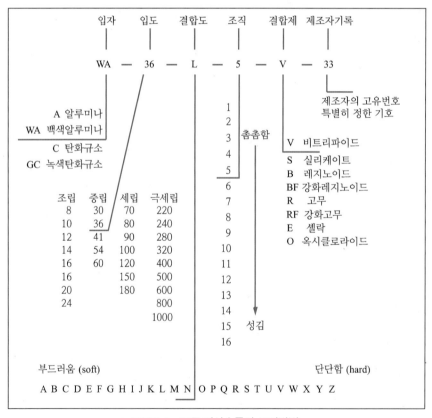

그림 2.9  표준 연삭숫돌의 표시방법

다. A(알루미나 ; 갈색), WA(순도높은 알루미나 ; 백색), C(탄화규소 ; 흑색), GC(순도높은 탄화규소 ; 녹색), D(다이아몬드), B(질화붕소결정, CBN) 등이 있다.

### ② 입도

입도(粒度)는 입자의 크기를 나타내며 메시(mesh)로 표시한다.

- 조립　8, 10, 12, 14, 16, 20, 24
- 중립　30, 36, 46, 54, 60
- 세립　70, 80, 90, 100, 120, 150, 180
- 극세립　220, 240, 280, 320, 400, 500, 600, 800, 1000

### ③ 결합도

결합도(結合度)는 숫돌의 단단한 정도를 나타낸다. 알파벳 대문자로 표시하며 A, B가 부드럽고 M, N이 중간이며 Y, Z가 가장 단단한 것을 의미한다.

### ④ 조직

조직(組織)은 숫돌의 단위체적당 입자의 수, 즉 밀도를 말하며 공극의 양을 나타내는 것이다. 1, 2, 3, 4, 5, 6, 7, 8, 9, 10, 11, 12, 13, 14, 15로 표시하며 작은 수가 촘촘한 것이며 클수록 성긴 것이다. 또한 연삭숫돌 체적에 대한 숫돌입자 체적의 비인 입자율(粒子率, grain percentage)로 조직을 표시하기도 한다. 이때 성긴 조직을 W, 중간조직을 m, 치밀(촘촘)한 조직을 C로 나타낸다.

### ⑤ 결합제

결합제(結合劑)는 입자를 결합시켜 성형하는 접착제이며, 종류에 따라서 규정된 문자로 나타낸다. 즉 V(비트리파이드), S(실리케이트), R(고무), B(레지노이드), E(셀락), M(메탈본드), O(옥시클로라이드) 등이 있다.

### ⑥ 형상 및 치수

형상과 치수, 제조자의 약호 등을 위의 다섯 가지 기호 다음에 병기한다.

### (2) 호닝숫돌

사각형의 긴 숫돌(honing stone)을 축에 방사상으로 붙여서 구멍의 내면을 정밀다듬질하는데 쓰는 공구를 혼(hone)이라 한다(그림 2.10).

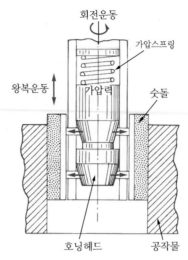

회전운동

가압스프링

왕복운동

가압력

숫돌

호닝헤드      공작물

그림 2.10  혼과 호닝운동

## 2.3  공작기계의 분류

공작기계의 가공방식은 공구의 종류, 절삭운동, 이송운동의 조합에 의하여 이루어질 수 있으며, 그에 따라서 공작기계의 종류가 정해진다. 그러나 모든 조합이 가공을 가능하게 하는 것은 아니므로, 실용되는 조합은 제한적이다. 현재 사용되고 있는 공작기계를 분류하면 표 2.1과 같다. 이것은 기본적인 분류이며 동일 공작기계에 있어서도 여러 가지 형태가 있다. 예컨대, 선반에는 수직식, 수평식이 있으며, 나사선반, 차륜선반 등 특수목적 선반이 있다.

표 2.1  공작기계의 기본적 특징

| 기계종류 | 절삭운동 | | 이송운동 | | 공구 형태 | 비 고 |
|---|---|---|---|---|---|---|
| | 적용대상 | 운동형식 | 적용대상 | 운동형식 | | |
| 보통선반 | 공작물 | 수평축 회전운동 | 공구 | 연속적 직선운동 | 바이트 | 원통가공 대부분의 선반 |
| 수직선반 | 공작물 | 수직축 회전운동 | 공구 | 연속적 직선운동 | 바이트 | 원통가공 차륜선반 |

(계속)

| 기계종류 | 절삭운동 | | 이송운동 | | 공구형태 | 비 고 |
|---|---|---|---|---|---|---|
| | 적용대상 | 운동형식 | 적용대상 | 운동형식 | | |
| 수평보링<br>머신 | 공구 | 수평축<br>회전운동 | 공작물<br>(공구) | 연속적<br>직선운동 | 바이트 | 구멍가공<br>테이블형 보링머신 |
| 수직보링<br>머신 | 공구 | 수직축<br>회전운동 | 공구 | 연속적<br>직선운동 | 바이트 | 구멍가공<br>지그보러 |
| 드릴링머신 | 공구 | 수직축<br>회전운동 | 공구 | 연속적<br>직선운동 | 드릴 | 구멍가공<br>직립, 레이디얼,<br>벤치 드릴프레스 |
| 리밍머신 | 공구 | 수직축<br>회전운동 | 공구 | 연속적<br>직선운동 | 리머 | 구멍다듬질 |
| 태핑머신 | 공구 | 수직축<br>회전운동<br>(역회전 가능) | 공구 | 연속적<br>직선운동 | 탭 | 암나사가공 |
| 셰이퍼 | 공구 | 수평축<br>직선운동 | 공작물 | 간헐적<br>직선운동 | 바이트 | 평면가공 |
| 플레이너 | 공작물 | 수평축<br>직선운동 | 공구 | 간헐적<br>직선운동 | 바이트 | 평면가공 |
| 슬로터 | 공구 | 수직축<br>직선운동 | 공작물 | 간헐적<br>직선운동 | 바이트 | 평면, 홈가공 |
| 수평밀링<br>머신 | 공구 | 수평축<br>회전운동 | 공작물 | 연속적<br>직선운동 | 밀링<br>커터 | 평면가공<br>만능밀링머신 |
| 수직밀링<br>머신 | 공구 | 수직축<br>회전운동 | 공작물 | 연속적<br>직선운동 | 밀링<br>커터 | 평면가공, 홈가공<br>니타입, 베드타입 |
| 브로칭머신 | 공구 | 수직축(수평축)<br>회전운동 | 공구점 | 치수의<br>진적 증가 | 브로치 | 다인공구 키홈,<br>스플라인가공 |

| 기계종류 | 절삭운동 | | 트래버스 이송 | | 이송운동 | | 공구형태 | 비고 |
|---|---|---|---|---|---|---|---|---|
| | 적용대상 | 운동형식 | 적용대상 | 운동형식 | 적용대상 | 운동형식 | | |
| 수평평면<br>연삭기 | 숫돌 | 수평축<br>회전운동 | 공작물 | 직선운동 | 공작물 | 간헐적<br>직선운동 | 연삭숫돌<br>(원주면) | 입자<br>공구 |
| 수직평면<br>연삭기 | 숫돌 | 수직축<br>회전운동 | 공작물 | 직선운동 | 공작물 | 간헐적<br>직선운동 | 연삭숫돌<br>(측면, 단면) | 〃 |
| 원통<br>연삭기 | 숫돌 | 수평축<br>회전운동 | 공작물 | 직선운동 | 공작물 | 연속적<br>회전운동 | 연삭숫돌<br>(원주면) | 〃 |
| 내면<br>연삭기 | 숫돌 | 수평축<br>회전운동 | 공구 | 직선운동 | 공작물 | 회전운동 | 연삭숫돌<br>(원주면) | 〃 |
| 호닝머신 | 숫돌 | 수직축<br>회전운동 | 공구 | 직선운동 | – | – | 혼<br>(숫돌) | 〃 |

## 2.4 범용 공작기계의 특성

### 2.4.1 선반

선반(旋盤, engine lathe)은 공작물의 회전운동[절삭운동]과 단인공구(바이트)의 직선운동[이송운동]으로 원통형 공작물을 가공하는 가장 기본적인 공작기계이다.

선반은 그림 2.11과 같이 베드(bed)와 그 위에 장착된 주축대(headstock), 심압대(tailstock), 왕복대(carriage), 이송변환기어장치(feed change gear system)로 구성되어 있다.

베드는 구조 부분의 기본요소로서 왕복대의 운동을 안내하며 가공정밀도 향상에 지배적인 영향을 준다. 주축대는 베어링으로 주축(spindle)을 지지하고 변속기어장치를 내장하고 있어서, 회전주운동과 속도변환을 담당한다. 심압대는 데드센터(dead center)로서 공작물의 자유단을 지지하거나, 드릴과 같은 공구를 장착하여 특수가공에 이용될 수 있다. 왕복대에는 베드위에 올려진 새들(saddle)이 있고, 그 위에 전후 이송대(cross slide), 회전대(swivel), 상부이송대(upper slide), 공구대(tool post or tool rest)가 차례로 올려져 있으며, 새들 앞쪽에 에이프런(apron)이 있어서 이송나사(lead screw)나 이송봉(feed rod)과 함께 이송속도를 조절할 수 있으며 전후이송을 위한 변속기어장치도 내장하고 있다. 이송변환기어장치는 주축대 앞쪽에 있으며 변환기어와 이송나사, 이송봉 등으로 구성된다. 선반의 규격은 보통 베드 위의 스윙, 왕복대 위의 스윙, 양센터 사이의 최대거리로 나타낸다.

- 선반에서 가공할 수 있는 작업내용은 다음과 같다.

- 외경절삭(cylindrical turning)
- 단면절삭(facing)
- 테이퍼가공(taper turning)
- 총형절삭(form turning)
- 내경절삭(boring)
- 나사절삭(thread cutting)
- 절단가공(cutting-off)

- 선반의 작업방법은 공작물을 고정하는 방법에 따라서 다음으로 나눌 수 있다.

- 척작업(chucking work)
- 센터작업(supporting work between centers)
- 면판작업(clamping work on faceplate)

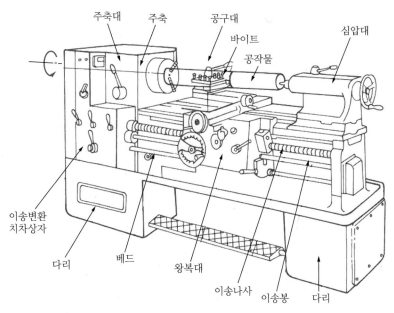

주축대    주축    공구대    바이트    공작물    심압대

이송변환
치차상자

다리    베드    왕복대    이송나사   이송봉   다리

그림 2.11 선반의 구조

– 선반의 종류에는 다음과 같은 것들이 있다.

- 보통선반(engine lathe)
- 탁상선반(bench lathe)
- 특수선반(special purpose lathe) : 차륜선반, 크랭크축선반, 정면선반, 모방선반, 릴리빙선반, 목공선반, 스피닝 선반 등
- 터릿선반(turret lathe)
- 자동선반(automatic lathe)
- NC 선반(numerical control lathe)

## 2.4.2 보링머신

그림 2.12에 나타낸 보링머신(boring machine)은 단인공구의 회전운동[절삭운동]과 공작물의 직선운동 또는 공구의 직선운동[이송운동]에 의하여 구멍의 내면을 가공하는 공작기계이다. 중소형 공작물에 대한 테이블수평형(table type horizontal boring machine)은 공작물에 이송을 주며, 대형 중량 공작물에 대한 바

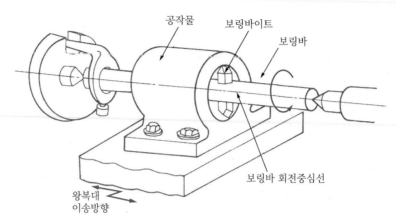

공작물　보링바이트　보링바

보링바 회전중심선

왕복대
이송방향

그림 2.12　보링머신의 한 가지 예

닥형(floor type horizontal boring machine)이나 수직형(column type jig boring machine: jig borer)의 경우 공구 쪽에 이송을 준다.

보링머신에서 행정(行程, stroke)을 크게 하려면 보링바(boring bar)의 길이를 길게 해야 하므로 떨림 등의 문제가 수반된다. 그래서 외팔보형보다 양단지지방식을 취하거나, 보링바의 강성을 충분히 고려한 설계가 요구된다.

### 2.4.3 드릴링머신

드릴링머신(drilling machine)은 다인공구(드릴)의 회전운동[절삭운동]과 공구의 직선운동[이송운동]으로 구멍을 뚫는 공작기계이다.

드릴링머신에 드릴 대신 리머를 장착하여 뚫린 구멍의 내면을 정밀하게 다듬질가공하는 경우에는 리밍머신(reaming machine)이라 한다.

또 주축역회전의 운동기구를 갖추고 드릴 대신에 탭을 장착하여 구멍에 암나사를 가공하는 경우도 있는데, 태핑머신(tapping machine)이라 한다.

드릴링머신에는 용도와 형태에 따라서 다음과 같은 몇 가지 종류가 있다.

- 탁상 드릴링머신(bench drill machine)  작업대에 올려놓고 사용하며, 스핀들에 테이퍼로 장착된 드릴척으로 $\phi 13\,\text{mm}$까지의 드릴을 고정하여, 핸들레버에 의하여 이송을 주면서 작업한다(그림 2.13).
- 직립 드릴링머신(upright drilling machine)  바닥에 설치하며 테이블을 상하 및 회

전이동시킬 수 있으므로 공작물의 가공위치를 조정할 수 있다. 주로 $\phi 13\,mm$ 이상의 섕크드릴을 사용하며 이송은 수동 또는 자동이송이 가능하다.

- 레이디얼 드릴링머신(radial drilling machine)  고정베이스에 세워진 칼럼에 대하여 상하로 이동되고 회전될 수 있는 암(arm)이 설치되어 있으며, 암 위에 암의 반경방향으로 이동될 수 있는 주축대를 가진 드릴링머신이다. 대형공작물의 구멍가공에 이용된다.

그 외에 특수 드릴링머신으로서 터릿 드릴링머신(turret drilling machine), 다두 드릴링머신(multi-head drilling machine), 다축 드릴링머신(multiple spindle drilling machine) 등이 있다.

## 2.4.4 셰이퍼

셰이퍼(shaping machine ; shaper)는 단인공구(바이트)의 수평직선운동[절삭운동]과 공작물의 간헐적 직선운동[이송운동]으로 평면을 가공하는 공작기계이다 (그림 2.14). 공구의 모양과 이송형식에 따라서 더브테일 또는 홈가공도 가능하다.

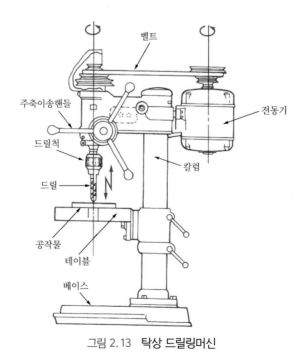

그림 2.13  탁상 드릴링머신

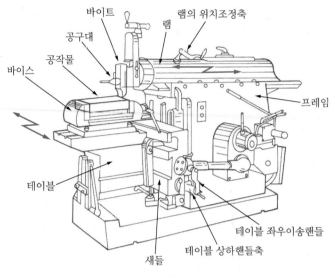

그림 2.14  세이퍼의 구조

공구의 직선운동은 크랭크-레버기구(crank-lever mechanism)에 의하여 램을 직선운동시킴으로써 얻어진다. 이 경우 운동 형태는 급속귀환운동(quick return motion)으로 절삭행정(切削行程)은 저속이고 귀환행정(歸還行程)은 급속이며, 절삭행정 중에서도 속도가 일정하지 않다.

이송운동은 나사기구(screw mechanism)로 이루어지며, 래칫-폴 기구(ratchet and pawl)에 의하여 간헐적으로 귀환행정중에 수행된다.

## 2.4.5  플레이너

플레이너(planing machine; planer)는 공작물의 직선운동[절삭운동]과 단인공구(바이트)의 간헐적 직선운동[이송운동]에 의하여 평면을 가공하는 공작기계이다. 셰이퍼에 의한 평면가공보다 훨씬 넓은 평면을 가공할 수 있다. 플레이너의 구조를 그림 2.15에 나타내었다.

절삭운동은 긴 베이스(베드) 위에 테이블을 놓고 그 위에 공작물을 장착하여 테이블을 운동시키는 것이다. 직선운동기구로는 래크와 피니언에 의한 방식, 워드레오널드구동방식, 유압구동방식 등이 있다. 이송운동은 크로스레일에 장착된 공구대를 나사기구로 간헐적으로 이동시키는 것이다.

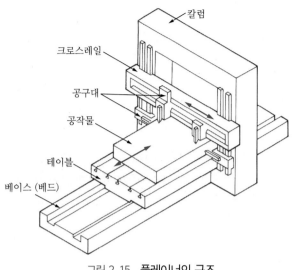

칼럼

크로스레일

공구대

공작물

테이블

베이스 (베드)

그림 2. 15   플레이너의 구조

## 2.4.6 슬로터

슬로터(slotting machine ; slotter)는 단인공구(바이트)의 수직방향 직선운동[절삭운동]과 공작물의 간헐적 직선운동[이송운동]에 의하여 작은 평면이나 홈을 가공하는 공작기계이다. 따라서 슬로터는 수직식 셰이퍼라고 할 수 있다.

## 2.4.7 밀링머신

밀링머신(milling machine)은 다인공구(밀링커터)의 회전운동[절삭운동]과 공작물의 직선 운동[이송운동]의 조합에 의하여 평면을 가공하는 공작기계이다. 공구의 회전축이 수평인 수평밀링머신(horizontal milling machine)과 공구의 회전축이 수직인 수직밀링머신(vertical milling machine)이 있다(그림 2.16).

수평밀링머신에서 테이블이 수평면에서 일정 각도만큼 회전될 수 있는 경우 만능밀링머신(universal milling machine)이라 한다. 수평밀링머신에 사용되는 밀링커터에는 플레인커터(plain milling cutter), 측면커터(side milling cutter), 각형커터(angular milling cutter), 총형커터(formed cutter) 등이 있다. 수직밀링머신에 사용되는 밀링커터에는 정면밀링커터(face mill), 엔드밀링커터(end mill), 더브테일커터(dovetail cutter) 등이 있다.

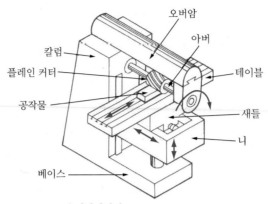

(a) 수평밀링머신 (horizontal milling machine)

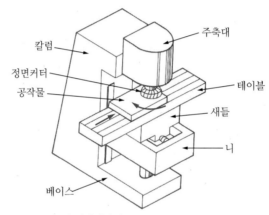

(b) 수직밀링머신 (vertical milling machine)

그림 2.16  밀링머신의 구조

밀링머신에서 할 수 있는 작업에는 다음과 같은 것들이 있다.

- 플레인커터에 의한 평면가공
- 홈파기커터에 의한 홈가공
- 엔드밀에 의한 키홈가공
- 엔드밀에 의한 캠가공
- 각형정면커터에 의한 더브테일가공
- 총형커터에 의한 형상가공

- 정면커터에 의한 평면가공
- 홈파기커터에 의한 반달키홈가공
- 엔드밀에 의한 단면가공
- 각형커터에 의한 각홈가공

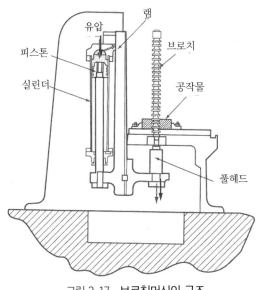

그림 2.17 브로칭머신의 구조

## 2.4.8 브로칭머신

브로칭머신(broaching machine ; broacher)은 다인공구(브로치)에 직선운동[절삭운동]을 주고, 날의 치수를 점점 크게 하여 차츰 깊게 깎도록 함으로써[이송작용] 키홈이나 스플라인 내면을 가공하는 공작기계이다(그림 2.17).

## 2.4.9 연삭기

연삭기(研削機, grinding machine ; grinder)는 입자공구(연삭숫돌)의 회전운동[절삭운동]과 공작물의 회전운동 또는 직선운동[이송운동]에 의하여 원통 또는 평면을 정밀가공하는 공작기계이다. 연삭숫돌은 경도가 높은 입자로 성형되어 있고 입자 하나하나가 절삭공구 역할을 하므로 고속 미세절삭으로 경질의 공작물이 가공된다. 따라서 주축은 고속회전이 필요하게 되며 요동이 적어야 한다.

연삭기에는 수평축 평면연삭기(horizontal-spindle surface grinder), 수직축 평면연삭기(vertical-spindle surface grinder), 원통연삭기(cylindrical grinder), 내면연삭기(internal grinder)가 있다. 핀과 같은 소형 축을 원통연삭하는 경우, 공작물을

센터로 지지하지 않고 보조휠에 의하여 회전이송과 트래버스(traverse)이송을 시켜주는 센터리스연삭기(centerless grinding machine)도 있다. 그림 2.18~2.20에 각종 연삭기의 운동형식을 나타낸다.

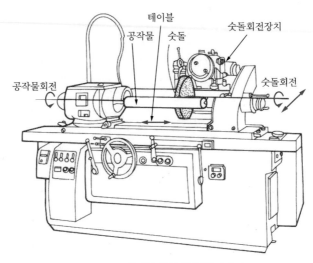

그림 2.18 **테이블 왕복형 원통연삭기**

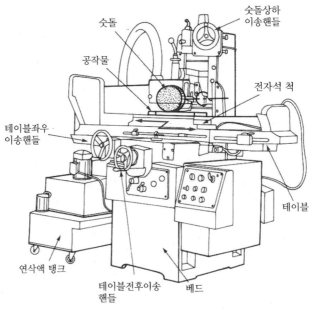

그림 2.19 **수평축 평면연삭기**

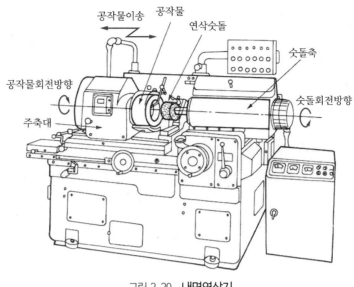

그림 2.20  내면연삭기

## 2.4.10 호닝머신과 슈퍼피니싱머신

사각형 단면을 가진 몇 개의 숫돌을 회전축 주위에서 원통의 내면으로 가압하면서, 일정속도 회전운동[절삭운동]과 등속 왕복운동[이송운동]을 주어서 원통의 내면을 정밀다듬질하는 가공을 호닝(honing)이라 한다. 이 가공에 이용되는 기계가 호닝머신(honing machine)이다. 축의 표면에 숫돌을 가압하면서 공작물을 회전시키고[절삭운동] 숫돌에 축방향 미소진동을 주어서 축의 표면을 정밀다듬질하는 가공을 슈퍼피니싱(superfinishing)이라 한다(그림 2.21).

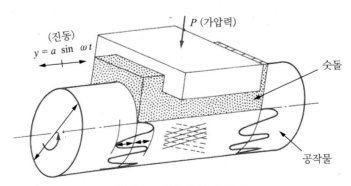

그림 2.21  슈퍼피니싱의 원리

## 2.5 특수용도 공작기계의 종류

앞 절에서 살펴본 공작기계들은 표 2.1의 분류표에 들어 있는 것으로서 보편적으로 널리 쓰이는 공작기계이다. 그러한 공작기계의 형태변경에 의하여 특수 목적으로 사용되는 공작기계도 많이 개발되어 왔다. 이러한 공작기계를 범용 공작기계와 구분하여 특수용도 공작기계라 하고, 이 절에서 종류와 특징을 살펴본다.

기능을 단순화하여 어떤 가공공정만을 수행하는 단능공작기계, 어떤 한 가지 부품만을 가공하는 전용공작기계, 기어와 같이 특수한 부품을 가공하는 특수공작기계, 자동화 기능을 가진 자동공작기계, 컴퓨터로 수치제어되는 CNC 공작기계, 몇 가지 공정을 시스템으로 조합한 트랜스퍼머신, 몇 가지 공정을 하나의 기계에서 수행할 수 있는 복합공작기계 등 여러 가지가 있다.

### 2.5.1 원통가공용 특수기계

원통가공(圓筒加工)용 기계는 선반이 주류를 이루며, 원통연삭기도 포함된다. 범용선반 이외에 단축 반자동선반, 램형 터릿선반, 다축 자동선반 등이 있으며, 나사와 같은 특수 부품을 가공하는 단능선반도 있다. 그림 2.22에 단축 반자동선반을 나타내었다.

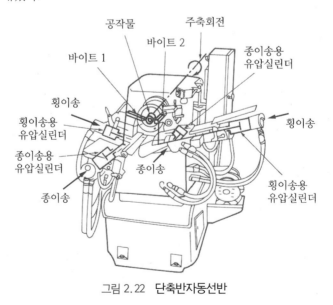

그림 2.22  단축반자동선반

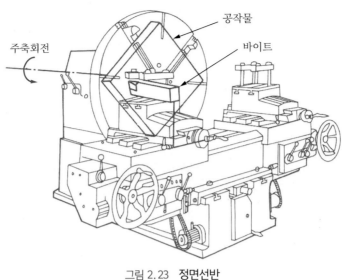

공작물

바이트

주축회전

그림 2.23 정면선반

## 2.5.2 평면가공용 특수기계

평면가공(平面加工)용 기계에는 셰이퍼, 플레이너, 밀링머신 등이 있는데, 이들의 특수형태로 개조된 공작기계가 있으며, 선반에서 단면가공을 이용한 평면가공법도 있다. 예를 들면 그림 2.23과 같이 정면선반은 평면을 가공하는 특수형태의 선반이다. 가공원리는 밀링가공과 동일하고, 플레이너의 테이블과 같이

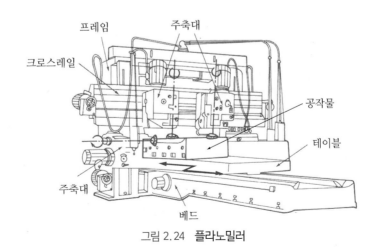

프레임

크로스레일

주축대

공작물

테이블

주축대

베드

그림 2.24 플라노밀러

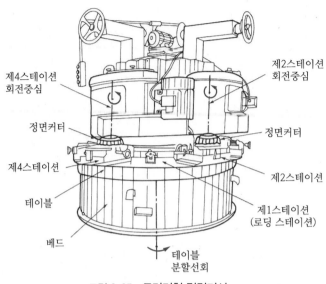

제4스테이션
회전중심

제2스테이션
회전중심

정면커터

정면커터

제4스테이션

제2스테이션

테이블

제1스테이션
(로딩 스테이션)

베드

테이블
분할선회

그림 2.25  로터리형 밀링머신

베드 위에서 왕복운동하는 테이블에 공작물을 장착하여, 넓은 평면을 가공하는 공작기계로서 플라노밀러(planer type milling machine ; plano miller)가 있다(그림 2.24). 그림 2.25와 같이 주축대가 여러 개 있는 로터리형 밀링머신도 있으나 최근에 머시닝센터가 그 기능을 대신하고 있는 실정이다.

### 2.5.3 구멍가공용 특수기계

구멍가공용 기계에는 드릴링머신이 주류를 이루며 보링머신, 내면연삭기 등이 있다. 특수목적용 드릴링머신으로 그림 2.26~그림 2.28과 같은 것이 있다.

터릿 드릴링머신(turret drilling machine)은 터릿공구대처럼 선회할 수 있는 장치에 주축대를 설치하고, 가공공정에 필요한 공구들을 각 주축대에 장착하여, 순차적으로 가공하는 특수 드릴링머신이다. 단일 회전주축인 경우에는 공구교환시간이 필요한데 그것을 줄일 수 있다. 다두 드릴링머신(multi-head drilling machine)은 몇 대의 직립 드릴링머신의 칼럼을 병렬로 설치하고, 테이블을 공유한다. 가공공정에 필요한 공구를 각 축에 장착하고, 테이블 위의 공작물을 좌우로 옮기면서 여러 공정을 순차적으로 실행하는 것이다.

다축 드릴링머신(multiple spindle drilling machine)은 하나의 주축에 유니버설

조인트로 여러 개의 공구축을 연결하고, 공작물을 작업테이블에 고정한 후 한 번의 이송으로 여러 개의 구멍을 동시에 뚫는 것이다.

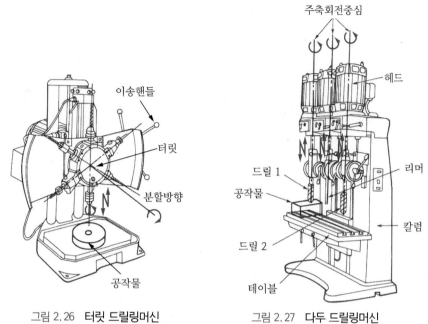

그림 2.26  터릿 드릴링머신

그림 2.27  다두 드릴링머신

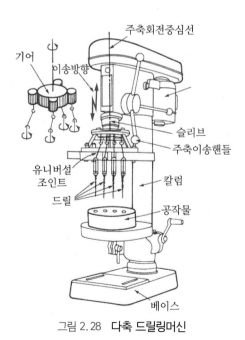

그림 2.28  다축 드릴링머신

### 2.5.4 절단가공용 공작기계

금속을 깎아서 절단(切斷)하는 공구로서 원형톱(circular saw), 직선톱(straight saw), 띠톱(band saw)이 있으며, 각각의 톱을 사용하는 공작기계를 원형톱기계 (circular sawing machine), 왕복톱기계(hack sawing machine), 띠톱기계(band sawing machine)라 한다. 최근에는 레이저를 이용한 CNC형 절단가공기 및 워터제트 등도 활용되고 있다. 그림 2.29의 (a)는 원형톱기계, (b)는 띠톱기계를 나타내었고 그림 2.30은 다이아몬드 전착 와이어(wire)에 의한 반도체용 실리콘 잉곳을 자르는 줄톱기계(wire sawing machine)이다.

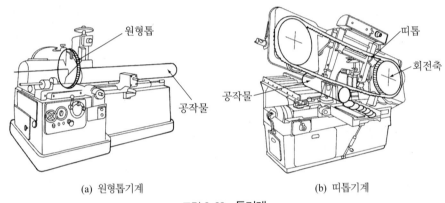

(a) 원형톱기계        (b) 띠톱기계

그림 2.29 **톱기계**

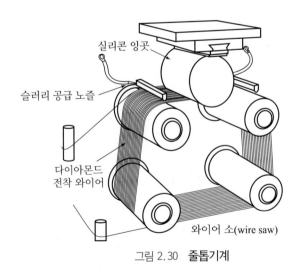

그림 2.30 **줄톱기계**

### 2.5.5 기어가공용 공작기계

웜과 웜기어의 물림관계에 따라서 웜형커터(호브라고 한다)를 이용하여 기어를 가공하는 기계가 호빙머신(hobbing machine)이며, 그림 2.31에 나타내었다.

래크와 기어의 물림관계, 피니언과 기어의 물림관계를 이용하여 기어를 가공하는 기계를 기어셰이퍼(gear shaper)라고 한다. 이때 래크공구(rack cutter) 또는 피니언공구(pinion cutter) 가 직선절삭운동을 하며, 공작물은 회전테이블의 회전에 따라서 회전이송운동을 한다. 그림 2.32는 래크형 커터를 이용하는 기어셰이퍼이다. 이상의 방법으로 가공된 기어는 잇면이 미세하게 각을 이루므로, 셰이빙커터와 물려 돌게하여서 면을 매끈하게 다듬는 기계가 기어셰이빙머신(gear shaving machine)이다.

### 2.5.6 자동화 공작기계

최근에 자동화 기법으로 수치제어(數値制御, numerical control) 관련기술이 크게 발전하여 컴퓨터 이용 수치제어(CNC)가 공작기계 자동화에 지배적인 도구로 되고 있다. NC 공작기계의 종류와 특징은 2.6절에서 기술한다.

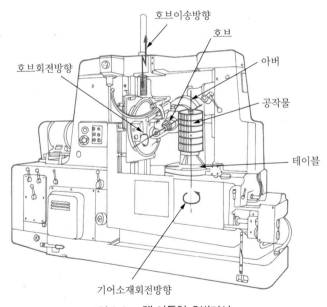

**그림 2.31 램 이동형 호빙머신**

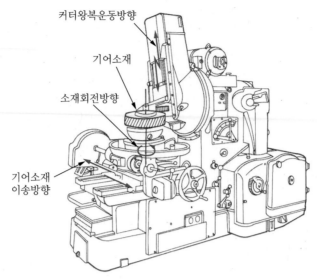

그림 2.32 래크커터형 기어셰이퍼

트랜스퍼머신(transfer machine)은 그림 2.33과 같이 몇 개의 공작기계 주축을
설치하고, 적당한 레일이나 컨베이어에 의하여 공정순서에 따라 각 공작스테이
션으로 공작물을 옮겨서 가공하는 복합적인 가공시스템이다. 이때 이동은 릴레
이에 의한 순서제어나 컴퓨터에 의한 제어로 이루어지며, 이동수단은 레일 위의
펠릿(pallet) 이동, 로터리 인덱싱 테이블(indexing table), 상부 컨베이어 등에 의
한다.

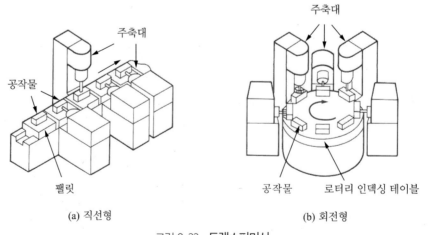

(a) 직선형                            (b) 회전형

그림 2.33 트랜스퍼머신

### 2.5.7 평행링크형 가공기

밀링머신에서 금형을 가공할 때 공구의 이송을 고속화하는 방법으로 고안된 것이며, 그림 2.34와 같이 평행링크 3조가 주축을 지지하고 있다. 이들 링크에 각변위를 주면 주축이 이동하는데, 이동체가 경량화되고 하중이 분산되고 굽힘력이 없는 구조이므로, 고속이송과 정밀위치결정이 가능하며 주축의 고속화와 결부시키면, 절삭가공에 의한 급속시작품제작(RP ; rapid prototyping)이 가능하게 된다. 1996년도 일본 공작기계 전시회에서 히다치(Hitachi)와 도요다(Toyoda)가 차세대 공작기계 형식이라고 제안 전시하면서 "Parallel Mechanism based Milling Machine"이란 이름으로 출품한 바 있으며, 앞으로 많은 발전이 기대되는 공작기계 형태이다.

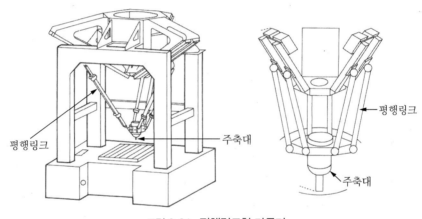

평행링크   주축대

평행링크

주축대

그림 2.34  평행링크형 가공기

### 2.5.8 특수절삭가공용 공작기계

이상의 일반가공 이외에도 초음파가공, 방전가공, 전해가공, 전자빔가공, 레이저가공, 화학연마, 분사가공 등 다양한 가공방법이 있는데 그 중 몇 가지를 살펴본다.

그림 2.35는 초음파가공기(超音波加工機, supersonic machinery)인데, 공작물과 공구 사이에 경질 입자를 충전하고 공구에 초음파진동을 주면 미립자가 공작물을 조금씩 이탈시켜가면서 가공하는 것이다.

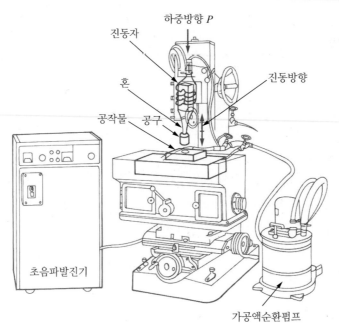

그림 2. 35 **초음파가공기**

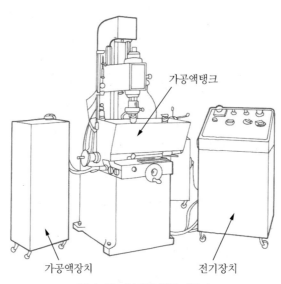

그림 2. 36 **형가공 방전가공기**

그림 2.36은 형가공용 방전가공기(die-making electrical discharge machine ; EDM)이다. 공작물을 (+)극, 공구를 (-)극에 연결하고 절연액 속에서 단속적인

방전을 시키면, 방전열로 인하여 공작물이 소량씩 녹아서 제거되는 것이다. 단속적인 방전기구, 절연액의 순환, 공구 또는 공작물의 이송 등의 조정이 가능하도록 만들어져 있다 또 전극으로 와이어를 이용하는 와이어컷 방전가공기(wire cut EDM)도 있다.

그림 2.37은 전해연삭기(電解研削機, electrolytic grinding machine)이다. 공작물을 (+)극, 공구를 (−)극에 연결하고 전해액을 보내면서 전기를 통하면 공작물의 금속이 이온화하여 녹아내린다. 이와 같이 전기분해를 이용한 가공이 전해연마(電解研磨)인데, 공작물에 음이온 물질이 붙어서 스케일이 생기면 전기분해를 방해하므로 연삭숫돌로 제거해 준다. 이와 같이 전해연마(90% 제거) 와 연삭가공(10% 제거)을 병행하는 가공방법이 전해연삭가공이다.

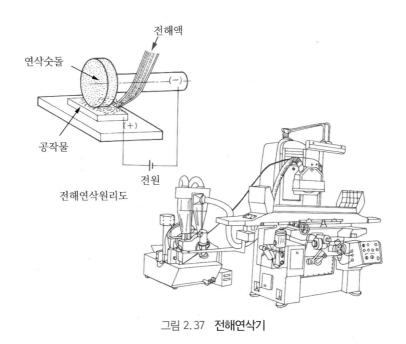

그림 2.37  전해연삭기

## 2.6  NC 공작기계의 특성

NC는 numerical control의 약어로 수치와 부호로 구성된 수치정보(code data)로 기계의 운동을 지령하여 제어하는 것을 의미하며, 일반적으로 구멍이 뚫린 종이테이프 또는 자기테이프, 플로피디스크 등으로 기계의 이송거리, 이송속도, 운동의 종류, 작업조건 등을 표시한 부호를 기록하여 지령하며, 이 장치를 갖춘 공작기계를 수치제어공작기계(NC 공작기계 ; numerical control machine tools)라 한다.

일반적으로 범용 공작기계는 사람이 직접 기계를 조작하지만, 수치제어공작기계는 NC 장치에서 NC 프로그램에 의해 기계조작이 이루어지는 것이며, 기계 본체와 NC 장치(NC controller)로 구성된다. 최근 NC장치에는 소형 컴퓨터가 내장되어 있어서 제어기능이 대폭 향상되어 있는데 이것을 CNC(computerized numerical control)라고 한다. 그래서 최근의 NC 공작기계는 대부분 CNC 공작기계를 의미한다. 이 절에서는 NC 공작기계의 종류와 특징을 살펴본다.

## 2.6.1 NC 공작기계의 분류

NC가 장착된 공작기계는 NC 선반, NC 밀링, NC 연삭기, NC 드릴링머신, NC 절단기, NC 방전가공기, NC 와이어컷, 머시닝센터, 그리고 그라인딩센터 등 공작기계의 거의 모든 분야에 적용되고 있다. 최근의 NC 공작기계는 NC 기술의 발달과 더불어 고속·고정도화, 다기능화, 복합화되어 가고 있으며, 사용범위도 매우 넓어지게 되었다 표 2.2는 NC 공작기계의 분류를 보여주고 있다.

## 2.6.2 NC 선반과 터닝센터

### (1) NC 선반의 개요

공작기계 부분의 고속경량화 경향 및 NC 장치의 발전과 더불어 고정밀도를 유지하며 생산성을 높이기 위하여 범용선반에서 정밀도가 높고 제어하기 쉬운 수치제어자동선반(numerical control automatic lathe)으로 발전하였다.

수치제어방식에 의한 자동선반은 최근 급격한 발전이 이루어졌으며, 대부분은 터릿식 공구대를 가지고 있어서 다양한 종류의 가공을 수행할 수 있다. NC 선반의 경우 공구의 운동, 공구의 선택, 주축의 회전수제어 등이 완전히 자동으로 이루어지며, 최근에는 CNC 방식으로 다기능화되고 있다 또한, 일반적으로 고강성의 경사형 베드를 채용하여 절삭칩의 배출을 용이하게 하고, 강력한 고속절삭을

표 2.2 각종 NC 공작기계

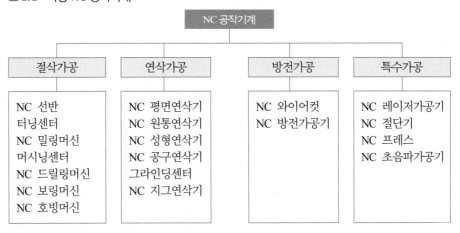

가능하게 하고 있다. 다수의 공구대를 가진 것, 회전공구(드릴이나 엔드밀 등)의 공구대를 가진 것 등 여러 종류의 방식이 있다. NC 선반의 구성도를 그림 2.38에 나타내었으며, 그림 2.39는 NC 선반의 사진이다.

## (2) NC 선반의 종류

NC 선반에 있어서도 범용선반과 마찬가지로 수평방향의 주축구조를 가진 수평형 NC 선반과 수직으로 되어 있는 수직형 NC 선반 등 용도, 구조에 따라 여러 가지 종류가 있다 표 2.3은 NC 선반의 종류를 나타낸 것이다.

표 2.3 NC 선반의 종류

| 구조상의 분류 | 주축의 수 | 1 헤드주축형<br>2 헤드주축형(대향형, 병렬형, 보조주축형)<br>4 헤드주축형 |
| --- | --- | --- |
| | 베드의 구조 | 수평형 베드, 경사형 베드 |
| | 공구대의 구조 | 터릿형, 드럼형, 빗날형 |
| | 심압대의 구조 | 심압대 유<br>심압대 무 |
| 기능상의 분류 | | 일반형 |
| | | 복합가공형(터닝센터) |

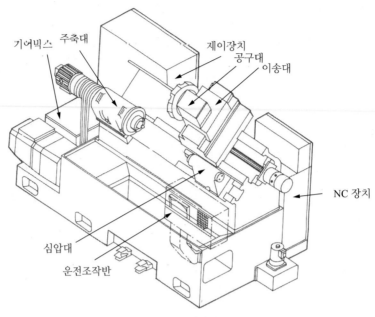

기어박스　주축대　　　　　재이장치
　　　　　　　　　　　공구대
　　　　　　　　　　　　이송대

NC 장치

심압대

운전조작반

그림 2.38　NC 선반의 구성

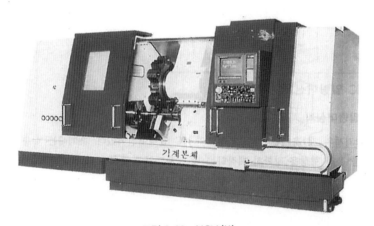

기계본체

그림 2.39　NC 선반

## 2.6.3 터닝센터

　NC 선반을 기초로 한 복합공작기계를 터닝센터(turning center)라고 하며, 수
직형 NC 선반을 기초로 한 것과 보통의 NC 선반을 기초로 한 2종류가 있다(그

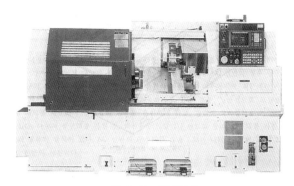

그림 2.40  터닝센터

림 2.40). 일반 NC 선반을 기초로 한 터닝센터는 선반의 주축을 C축으로 하여 제어가 가능하고 공구대에 회전공구가 사용될 수 있도록 주축구조를 갖추고 있는 것으로 이것에 의해 선삭, 밀링가공, 구멍가공, 탭가공을 가능하게 한 것이다. NC 선반형 터닝센터는 소형의 공작물을 공작물자동교환장치(auto loader)와 조합하여 가공하는 경우가 많다.

수직형 선반을 기초로 한 팰릿메거진(PMG)을 장착한 터닝센터는 비교적 큰 공작물의 FMS 가공을 주로 수행하고 있다.

## 2.6.4 NC 밀링머신 및 머시닝센터

### (1) NC 밀링머신의 개요

NC 공작기계의 제1호기는 1952년 MIT의 NC 밀링머신이었다. 초기에는 항공기 부품과 같은 복잡한 윤곽 형상을 정확히 제작하는 데 사용되었고, 그후 다목적화된 NC 밀링머신의 용도는 급속히 증가하였다. 특히, NC 밀링머신은 3차원의 복잡한 형상 부품가공의 경우, 범용 밀링머신보다 가공효율이 우수하고 또한 이것이 발전하여 자동공구교환장치(ATC)를 장착한 머시닝센터로 발전되었다.

머시닝센터는 최근에 공작기계의 중심을 이루고 있는 기계로서 공작물을 테이블 위에 한번만 설치하고도 밀링가공, 구멍가공, 리머가공, 탭가공 등의 작업을 자동적으로 수행하는 공작기계로 자동팰릿교환장치(APC), 자동계측, 공구파손감지장치, 일정부하절삭, 각종 자동운전기능을 갖춘 기계이다. 주축의 설치방향에 따라 수평형 머시닝센터와 수직형 머시닝센터로 분류된다.

또한 주변장치의 조합에 의해 폭넓은 사용이 가능하다. 머시닝센터에 팰릿메거진(PMG)을 조합하는 것에 의해 많은 종류의 공작물을 순차적으로 가공하는 FMC와 수개의 기계를 조합하는 것에 의해 FMS를 구축하는 것이 가능하며 이를 통한 공장자동화를 구성할 수 있다. 여기서는 NC 밀링머신과 머시닝센터는 구조상 유사성이 있으므로 머시닝센터를 기준으로 설명한다.

## (2) 머시닝센터의 분류

머시닝센터는 주축의 설치방향에 따라 크게 수직형과 수평형으로 나눌 수 있다. 수평형 머시닝센터는 칩처리나 절삭유의 배출이 용이하여 자동화 시스템에 이용하기에 보다 유용하며, 장기간 가공이 이루어지는 대형 공작물의 가공에 적합한 구조이다. 수직형 머시닝센터는 칩처리 등에는 다소 어려운 점이 있으나

| 주축방향 | 이송축의 구성 | 구성모양 | 이송축의 구성 | 구성모양 |
|---|---|---|---|---|
| 수평형 | 새들형 | 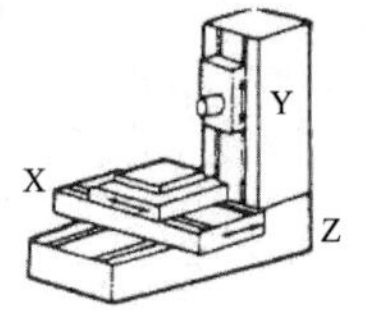 | 램형 | 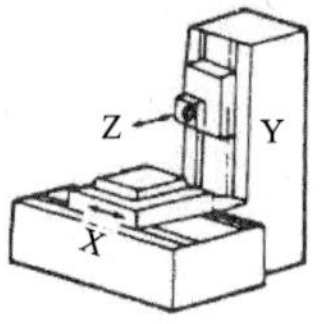 |
| | 칼럼이동형 | 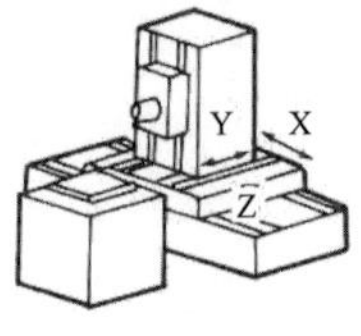 | 니형 | 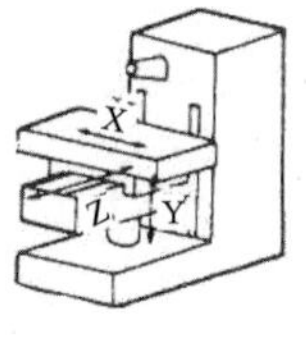 |
| 수직형 | 새들형 | 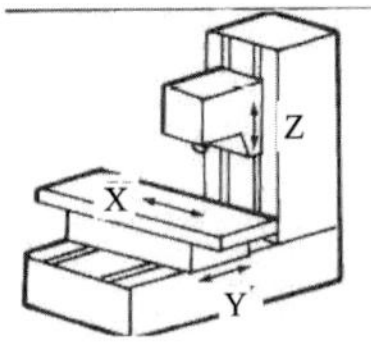 | 문형 | 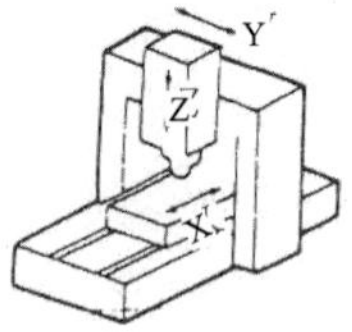 |
| | 칼럼이동형 | 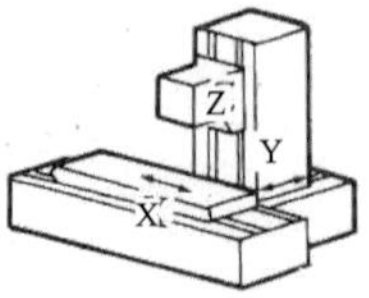 | | |

그림 2.41  **머시닝센터의 분류**

공작물의 설치 등의 작업준비에 보다 유용하여 상자형 공작물의 다면가공에 적합하다. 또한 머시닝센터는 이송축(X, Y, Z축)의 배치에 따라 그림 2.41과 같이 분류할 수 있다.

### (3) 머시닝센터의 구성

머시닝센터의 구성은 범용밀링과 유사하며 베드 위에 칼럼(column)과 X, Y, Z축에 해당하는 니(knee), 새들(saddle), 테이블(table)에 서보모터에 의한 서보제어기구가 부착되어 상하, 전후, 좌우운동이 NC 지령에 의해 이루어지도록 설치되어 있고, 밀링공구가 장착되는 주축(spindle)과 CNC 컨트롤러로 이루어져 있다. 또한 자동공구교환장치(ATC, automatic tool changer)를 부착하여 여러 가지의 밀링작업, 드릴링 및 보링가공을 자동공구교환에 의해 수행할 수 있도록 한 것이다. 그림 2.42는 머시닝센터의 구성요소를 나타내고 있다.

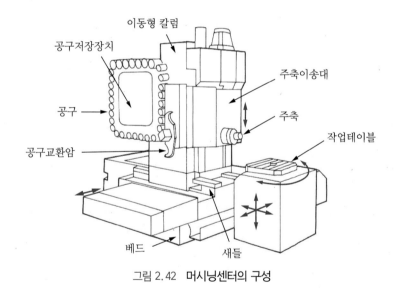

그림 2.42 머시닝센터의 구성

## 2.6.5 NC 드릴링머신

기계가공 중 많은 부분을 차지하는 드릴링작업은 생산성 및 정밀도를 높이는 방향으로 발전하였다. 드릴링가공기술은 생산성 향상을 목적으로 점차 고속화되어 가고 있으며, 특히 전자제품 등의 고기능화, 다양화, 소형화에 대응하기 위해 구멍가공이 미세화, 심공화되어가고 있다. 따라서 드릴링머신에서도 NC화의 채택과 주변장치의 개발이 활발히 이루어지고 있다. 그림 2.43은 NC 드릴링머신을 보여 주고 있다.

대부분은 터릿식의 주축헤드에 여러 개의 공구를 장착하여 드릴가공이나 태핑가공 등이 가능하다. 종류는 수직형과 수평형으로 나누어지며, 다축 NC 드릴링머신도 있다.

그림 2.43 NC 드릴링머신

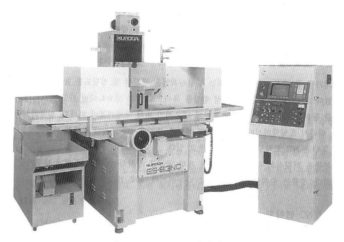

그림 2.44 NC 연삭기

### 2.6.6 NC 연삭기

연삭가공은 공작물의 최종 정삭가공으로 고정밀가공이 요구되고, 가공공정이 복잡하여 NC 공작기계로의 보급이 늦게 되었다. 그러나 연삭작업의 고정반복기능 및 숫돌의 자동수정기능 등이 개선되어 보급이 증가하고 있다. NC 연삭기에는 NC 원통연삭기, NC 평면연삭기, 그라인딩센터 등이 있다(그림 2.44).

### 2.6.7 NC 방전가공기

NC 방전가공기(放電加工機)에는 형상 방전가공기와 와이어컷 방전가공기가 있다. 그림 2.45는 형가공용 방전가공기를 보여주고 있다. 형상 방전가공기는 구리, 흑연, 텅스텐 등의 전도성 재료를 전극으로 사용한다. 미리 제품형상으로 가공한 전극과 공작물 사이에 방전작용을 일으켜 공작물을 가공하는 방식이다.

그림 2.46은 형가공용 방전가공기의 원리를 보여주고 있다. 방전가공기의 경우 공작물이 전도체이면 소재의 강도에 관계없이 가공이 가능하므로 열처리강이나 초경합금, 파인세라믹 등의 경취성 재료의 가공도 용이하다. 또한 NC화가 진행됨에 따라 기존의 범용 방전가공기에 비해 형상정밀도를 높일 수 있어 사용이 증가되고 있다.

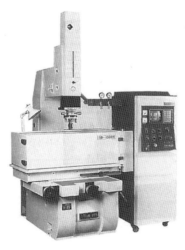

그림 2.45 NC 형가공용 방전가공기

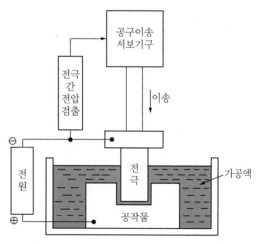

그림 2.46 형가공용 방전가공기의 원리

그림 2.47은 와이어컷 방전가공기이며, 전극으로 가는 와이어를 이용하여 와이어와 공작물 사이에 방전을 일으켜 공작물을 가공한다. 와이어로는 황동선이나 텅스텐선으로 복잡한 2차원 형상의 부품가공에 매우 유용하다. 그림 2.48은 와이어컷 방전가공기의 원리를 보여주고 있다.

그림 2.47 와이어컷 방전가공기

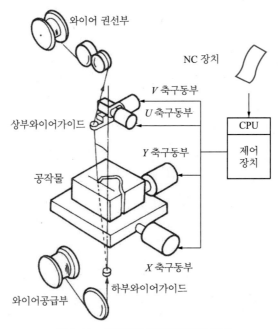

그림 2.48 와이어컷 방전가공기의 원리

## 2.6.8 NC 공작기계에 의한 생산자동화

NC 공작기계의 개발과 함께 생산기술은 자동화 및 무인화(無人化)로 발전이 이루어지고 있다. 생산공정에 자동화를 시작한 것은 미국의 포드 자동차사로, 동일한 정도를 가진 부품을 대량으로 생산하는 것이 가능하게 됨에 따라 최초로 자동차 엔진조립에 배열작업방식(라인화)을 도입하였다. 그 이후 트랜스퍼머신(transfer machine), 트랜스퍼라인(transfer line) 등이 개발되어 흐름 생산이 가능하게 되었으며, 영국의 모린스 자동차 회사에서 이용하였다. MIT에서 개발한 NC 공작 기계를 이용한 자동화 기술은 NC 장치의 고도화와 컴퓨터의 고기능화가 어울려 컴퓨터에 의한 직접 제어방식이 개발되게 되었다. 이를 DNC(direct numerical control)라 하는 공작기계의 집단 제어방식에 의한 생산시스템이며, 그 이후 FMC, FMS, FA로 발전되어 공장의 무인화가 지속적으로 고도화되고 있다.

### (1) 트랜스퍼머신과 트랜스퍼라인

공작기계를 이용한 가공시스템의 구성은 크게 두 가지 형태로 나누어 볼 수 있다. 한 가지는 공작기계 한 대를 매개로 구성하는 것이고, 또 다른 하나는 공작기계군을 이용하는 형태이다. 이를 생산시스템과 관련지어 보면 다품종 소량생산과 소품종 다량생산을 대상으로 하는 두 경우와 관계된다고 할 수 있다.

트랜스퍼라인은 소품종 다량생산의 전형적인 예로, 특히 자동차산업의 발전과 함께 소품종 다량생산용의 효과적인 가공시스템의 요구에 따라 1950년대 후반에 개발되어 실용화된 가공시스템이다. 자동차 부품 가공에는 트랜스퍼라인과 같이 다수의 공작기계의 집합체에 소재 투입에서부터 완성품 반출까지를 자동적으로 수행하도록 구성함으로써 생산성 향상을 기할 수 있다.

트랜스퍼라인의 개략적인 구성을 보면 가공기능이 있는 스테이션, 공작물을 각 스테이션에 이송하는 반송라인, 반송라인에 소재를 투입하거나 라인으로부터 완성품을 반출하는 로드, 언로드 스테이션으로 구성되어 있다. 이같이 트랜스퍼라인은 가공시스템에 요구되는 가공기능에 반송기능을 통합한 것으로 한 개의 가공시스템으로 취급할 수 있고 실용화 초기에는 트랜스퍼머신으로 명칭하여 하나의 공작기계 기종으로 위치를 차지하고 있었다. 특히 라인 구성없이 1대의 가공기계에 결합한 경우 트랜스퍼머신이라 하고 복합가공기계의 일종으로 볼 수 있다.

## (2) DNC 시스템

수치제어기술을 이용한 가공자동화의 발달과정은 공작기계에 NC 개념이 도입된 이래로 몇 대의 NC 공작기계를 직접 중앙제어관리하는 DNC로 발달되었다. DNC란 직접 수치제어(direct numerical control), 또는 분배수치제어(distributed numerical control)란 뜻으로 여러 대의 공작기계를 한 대의 컴퓨터에 연결하여 전체 시스템의 관리를 가능하게 한 것이다. 또한 NC 공작기계의 작업성, 생산성을 향상시킴과 동시에 그것을 조합하여 머신셀(machine cell)을 구성하여 운용, 제어, 관리를 할 수 있으며, 컴퓨터에서 많은 지령데이터를 직접 각 기계로 보내 운전을 할 수 있다. DNC 시스템의 예를 그림 2.49에 나타내었다.

DNC는 프로그램을 CNC 공작기계에 전송할 뿐만 아니라 다음과 같은 기능을 갖추고 있다.

- 프로그램의 편집기능
- 가공스케줄의 자동생성기능
- 가공시간 등 가공실적의 집계기능
- 가공상태의 감시기능

DNC에는 BTR형과 CNC형의 두 가지 방법이 있다. BTR(behind tape reader)형은 컴퓨터가 NC 정보의 파일을 정한 계획에 따라 NC 장치에 이송하여 가공을 실현하는 방법이고, 개별 NC 장치는 컴퓨터와 관계없이 작동이 가능하므로 컴퓨터의 고장에 대해서도 작업이 가능하다. CNC형은 NC 기능의 일부 또는 전부가 컴퓨터에 내장되어 있어 지령펄스가 컴퓨터로부터 직접 공작기계로 전달되어 작동이 이루어진다. 그러므로 BTR형에 비해 각 기계군의 가격은 저렴하지만 컴퓨터가 정지하면 모든 작업이 중단되는 것이 단점이다.

이러한 군관리시스템(DNC)의 개발은 NC 공작기계가 다수 존재함에 따른 각 기계의 비효율성을 최소화하여 작업능률의 개선을 도모할 수 있어 출현하게 되었다 DNC의 개발과 함께 작업의 자동화 및 무인화 실현이 가능하게 되었다.

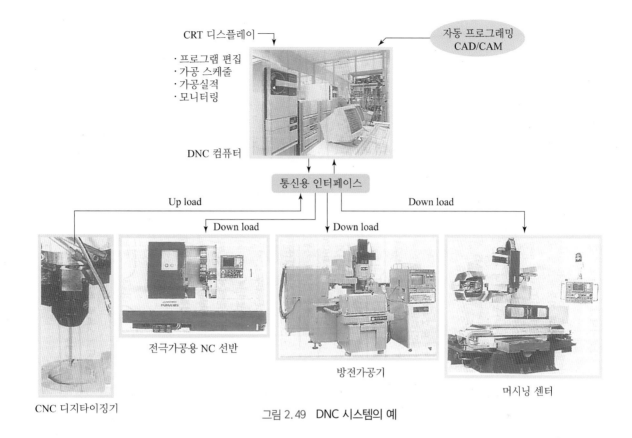

CRT 디스플레이

·프로그램 편집
·가공 스케줄
·가공실적
·모니터링

DNC 컴퓨터

자동 프로그래밍
CAD/CAM

통신용 인터페이스

Up load

Down load

Down load

Down load

CNC 디지타이징기

전극가공용 NC 선반

방전가공기

머시닝 센터

그림 2.49  DNC 시스템의 예

## (3) FMC와 FMS

최근 다품종 소량생산에 대한 자동화의 필요성이 대두되기 시작하여 NC 공작기계에 공작물의 자동장착 및 이탈기능과 부품이송기능을 첨가하여 하나의 가공셀을 형성한 FMC(flexible manufacturing cell)가 이루어져 한 개의 셀에서 한 종류의 작업을 완성할 수 있도록 구성하여 생산효율을 높이고 있다. FMC는 FMS의 기본 구성단위로서 확장성이 있고, 그렇지만 단독 가동이 가능하고, 합리적이고 유연성이 있는 자동생산시스템이다.

일반적으로 FMC의 구성기능은 다음과 같다.

· 가공기능  1~2대의 NC 공작기계로 된 가공기능
· 반송기능  로봇, AGV 또는 APC 등의 내부 반송기능
· 창고기능  공구 및 공작물의 매거진, 팰릿, 소형창고 등의 창고기능

- 보정기능  센서 등에 의한 이상 감지와 응급처리
- 제어기능  가공이나 공정 등에 관한 생산정보와 공구, 공작물의 흐름을 제어
하는 셀제어기능

이러한 여러 가공셀들과 자동창고 및 공작물 이송시스템 등으로 조합하여 생산성과 유연성을 이룬 가공시스템을 FMS(flexible manufacturing system)라 하며, 이를 통해 공작물의 가공뿐만 아니라 반송, 소재관리, 시스템제어 등의 중요한 기능을 자동화한 것이다

이로부터 한 공장을 자동화하여 생산성을 향상시키기 위해 생산관리, 공정제어, 가공 FMS, 자동조립 FMS 및 성능검사 FMS 등을 통합한 것이 FA(factory automation)로 발전하였다. FA는 공장규모의 오토메이션을 말하는데, NC 공작기계가 등장하고 컴퓨터기술이 발전됨에 따라 오토메이션 영역은 계속 발전되어 왔다.

FA의 발전단계는 표 2.4와 같다.

표 2.4  **FA 발전단계**

| FA 발전단계 | 공장 자동화 레벨 |
|---|---|
| 제1단계 | 자동기기(NC 공작기계, 로봇 등)의 도입 |
| 제2단계 | 복수의 자동기기 운영, 자동반송시스템, 자동창고시스템의 도입, 설계의 자동화(CAD/CAM) |
| 제3단계 | 공장 전체의 자동화 |
| 제4단계 | 기업 전체 생산시스템의 자동화 |

이와 같이 FA, FMS에 의한 자동화 시스템의 구성사례가 많지만, 최근에는 대규모의 FMS보다는 FMC 또는 FMC의 조합에 의한 시스템을 구축하여 생산물량의 변화에 쉽게 추종하도록 한 것이 많다. 또한 현장에서는 트랜스퍼라인(transfer line)에 NC 공작기계를 설치하여 유연성을 갖게 한 FTL(flexible transfer line)방식의 전용가공방식이 많이 적용되고 있다.

그림 2.50은 NC 공작기계를 이용한 자동화 시스템의 발전단계를 보여주고 있다.

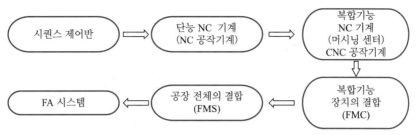

그림 2.50   NC 공작기계를 이용한 자동화 시스템

## 2.7   공작기계의 절삭동력

일반적으로 동력은 단위시간당의 일 또는 에너지로 표시된다. 따라서 절삭에서 동력은 절삭속도와 절삭저항의 곱으로 구해진다. 절삭속도는 절삭조건으로 주어지는 값이지만, 절삭저항은 절삭과정에서 공구동력계로 측정하거나 절삭이론에 의해서 계산해야 구해지는 값이다. 이때 절삭저항을 이론적으로 구하는 방법을 논하는 것은 절삭이론에 속하며, 여기서는 그 결과만 이용한다.

절삭저항은 절삭동력(切削動力)을 구하는 데 쓰일 뿐만 아니라 공작기계의 각 부재를 설계할 때 강도계산의 자료로 쓰인다. 이러한 절삭저항은 이론적으로 정확하게 구하는 식이 없으므로, 여러 형태의 경험식에 의하여 구하는 경우가 많다. 실험식은 기계공학편람이나 기계설계편람 등에 수록되어 있다. 또 절삭가공에서는 주운동과 이송운동이 함께 이루어지므로 주분력과 이송분력, 절삭속도와 이송속도를 알아야 절삭동력을 구할 수 있다. 연삭과 같이 이송분력과 이송속도가 아주 적은 경우, 이송동력을 무시할 수도 있다. 각종 가공방법에 대하여 절삭동력을 구하는 식을 제시한다.

### 2.7.1  선삭의 절삭동력 : $N_t$ [마력: hp]

$$N_t = N_c + N_f = \frac{P_1 V_c}{60 \times 75} + \frac{P_2 V_f}{60 \times 75 \times 1000} \tag{2.1}$$

여기서, $N_c$ : 절삭동력[hp]　　　　　　　　$N_f$ : 이송동력[hp]

$P_1$ : 주분력[kgf]　　　　　　　　$P_2$ : 이송분력[kgf]

$V_c$ : 절삭속도$(=\pi Dn/1000)$ [m/min]

$V_f$ : 이송속도$(=ns)$ [mm/min]

$D$ : 공작물지름[mm]　　　　　$s$ : 회전당 이송량[mm/rev]

$n$ : 주축회전수[rpm]

## 2.7.2 드릴링의 절삭동력 : $N_d$ [마력 : hp]

$$N_d = N_c + N_f = \frac{M2\pi n}{60\times75\times100} + \frac{P_f V_f}{60\times75\times100} \tag{2.2}$$

여기서, $M$ : 비틀림모멘트[kgf-cm]　　　$P_f$ : 피드방향 스러스트[kgf]

$n$ : 주축회전수[rpm]　　　　　$V_f$ : 이송속도[mm/min]

## 2.7.3 밀링가공의 절삭동력 : $N_m$ [마력: hp]

$$N_m = N_c + N_f = \frac{P_1 V}{60\times75} + \frac{P_2 V_f}{60\times75} \tag{2.3}$$

여기서, $P_1$ : 주분력[kgf]　　　　　　　$P_2$ : 이송분력[kgf]

$V$ : 절삭속도[m/min]　　　　　$V_f$ : 이송속도[m/min]

## 2.7.4 플레이닝의 절삭동력 : $N_c$ [마력: hp]

$$\text{절삭행정동력} : N_c = \frac{((W+w)\mu + nP)V_c}{60\times75} \tag{2.4}$$

$$\text{귀환행정동력} : N_r = \frac{(W+w)\mu V_R}{60\times75} \tag{2.5}$$

여기서, $W$ : 테이블의 무게[kgf]　　　$w$ : 공작물의 무게[kgf]

$\mu$ : 베드의 마찰계수　　　　　$n$ : 동시에 작업하는 바이트 수

$V_C$ : 절삭속도[m/min]　　　　$V_R$ : 귀환속도[m/min]

$P$ : 주분력[kgf]

### 2.7.5 셰이퍼의 절삭동력 : $N_s$ [마력 : hp]

셰이퍼의 경우에는 절삭행정과 귀환행정의 전 구간에서 속도가 변하므로 절삭동력도 시시각각 변한다. 따라서 최대절삭동력만 구하면 다음 식과 같다.

$$N_s = \frac{PV_{cmax}}{60 \times 75} \tag{2.6}$$

여기서, $P$ : 절삭저항[kgf]       $V_{cmax}$ : 최대절삭속도[m/min]

### 2.7.6 연삭동력 : $N_g$ [마력: hp]

연삭에서는 이송속도가 연삭속도에 비하여 아주 작으므로 다음 식으로 근사계산된다.

$$N_g = \frac{PV_g}{75} \tag{2.7}$$

여기서, $P$ : 연삭저항[kgf]       $V_g$ : 연삭속도[m/s]

## 2.8  공작기계의 발전방향과 문제점

인류가 추구해온 것은 품질 좋은 물건을 값싸고 보다 빨리 구입하는 것이기 때문에 공작기계의 요구 기능과 성능은 고품질의 부품을 생산성 높게 가공하는 것이다. 이 요구를 만족시키기 위한 수단으로서 공작기계의 고정밀화와 고신뢰화, 고속화, 자동화 등이 추구되어 왔다. 뿐만 아니라 최근에는 공작기계 하나만이 아니고, 여러 대의 공작기계들을 관리, 제어, 통제하는 FMS, 공장 전체의 제조활동을 관리, 제어, 통제하는 FA, 더 나아가서 판매활동까지도 포함하여 모든 생산활동을 관리, 제어, 통제하는 CIM(computer integrated manufacturing)으로 발전하여 시스템화가 진행되고 있다.

따라서 공작기계는 시스템 내부에 포함되어 하나의 요소로 역할을 하게 된다. 그러나 본래의 목적이 없어지는 것이 아니고, 오히려 시스템과 조화를 이루면서 한층 더 본래의 기능 및 성능을 발휘하는 것이 요망되고 있다.

이러한 요구에 부응하여 수치제어에 의한 자동화가 공작기계에 적용되었으며, 고속화, 고정밀화, 고신뢰화가 어느 정도 달성되고 있다. 그러나 정밀도, 기능, 성능을 더욱 향상시키는 데는 한계에 부딪히고 있다.

그래서 차세대 공작기계가 가져야 할 주요기능으로서 고속화, 고정밀화, 다기능화, 공정의 복합화 등을 실현하는 것이 공작기계의 개발의 과제로 되어 있다. 즉 초고속 복합공작기계를 어떻게 실현할 것인가가 핵심적인 문제이고 발전 목표인 것이다.

### 2.8.1 주축계의 고속화

생산성과 정밀도의 향상을 위하여, 특수 신소재를 가공하기 위하여, 절삭과 연삭가공의 공정을 복합화하기 위하여 절삭속도를 높여야 하며, 주축의 회전속도를 고속화(高速化)해야 한다. 여기에 수반되는 문제점은 다음 몇 가지로 나누어서 해결해야 한다.

- 베어링　　동압미끄럼베어링, 구름베어링, 유정압베어링, 공기정압베어링, 자기베어링
- 윤활　　　그리스윤활, 오일미스트윤활, 오일에어윤활, 제트윤활
- 냉각　　　베어링 냉각, 구동계의 냉각
- 변속기구　기어변속, 벨트구동
- 구동모터　소형화, 경량화, 저발열의 주축구동용 내장형 모터
- 기타　　　균형(balance), 밀봉(seal), 동력 손실, 소음

### 2.8.2 이송계의 고속화

주축의 고속화에 부응하여 이송계의 고속화도 부가되어야 고능률, 고정밀가공이 될 수 있다. 고속이송에 따르는 문제들은 다음과 같이 나누어서 해결해야 한다.

- 운동체　　급속기동·정지를 위해서 관성력을 경감 – 경량화구조

- 안내면    마찰저항의 최소화 – 동압안내면, 구름안내면, 정압안내면
- 구동기구  래크와 피니언(rack and pinion), 볼스크루(ball screw), 리니어 모터(linear motor)
- 제어계    NC의 정보처리, 서보기구의 추종제어, 위치검출기

### 2.8.3  공작기계의 복합화

제품을 제작할 때 다수의 공정을 경유하게 되면 공정 사이에 부품의 정체가 일어나고, 제작의 리드타임이 길어지고 시간관리가 어려워져서 제조원가가 상승한다. 따라서 다수의 공정을 한 장소에(한 기계에) 집약해서 한 번의 준비작업으로 부품가공을 완성할 수 있다면 경제적일 수 있다. 이러한 목적으로 여러가지 공정을 하나의 기계에서 수행하는 공작기계, 즉 복합공작기계(複合工作機械)가 개발되고 있다. 머시닝센터는 보편화된 유용한 복합공작기계이며, 그 외에도 여러 가지 형태로 고안되고 있으나 아직 해결되어야 할 다음과 같은 문제점이 많다.

- 선삭과 밀링가공의 복합화  공구계(tooling system)의 차이
- 절삭과 연삭의 복합화      가공조건의 차이, 요구정밀도의 차이
- 담금질과 연삭의 복합화    가열방법의 문제, 열변형의 문제
- 계측과 가공의 복합화      기구구성, 열과 힘에 의한 변형, 환경, 계측시간
- 조립과 가공의 복합화      힘의 차이, 환경의 차이

1. 공작기계의 절삭운동과 이송운동에 대하여 설명하라.

2. 다인공구의 종류를 쓰고, 사용하는 공작기계를 열거하라.

3. 심은 날(insert tooth)을 이용하는 공구의 종류를 조사하라.

4. 탭과 다이스에 의한 나사절삭공정을 설명하라.

5. 연삭숫돌의 다섯 가지 구성요소를 설명하라.

6. 연삭숫돌의 표시방법과 그 내용을 설명하라.

7. 공작기계의 종류를 쓰고, 기본운동과 사용공구에 의한 특징을 설명하라.

8. 선반의 구조와 각부 명칭을 설명하라.

9. 지그보링머신의 기능에 대하여 조사하라.

10. 드릴링머신의 종류를 쓰고 특징을 설명하라.

11. 셰이퍼의 급속귀환운동과 속도특성을 설명하라.

12. 만능밀링머신의 정의와 작업내용을 설명하라.

13. 연삭으로 평면을 가공할 때, 기계와 가공방법의 특징을 설명하라.

14. 재료의 절단법(절삭절단, 비절삭절단)에 대하여 설명하라.

15. 공작기계의 자동화 방법을 조사하라.

16. 트랜스퍼머신의 구성 예를 들어 설명하라.

17. 평행링크형 절삭가공기에 대하여 설명하라.

**18.** NC 선반과 터닝센터의 특징적인 차이점과 이에 따른 구조적인 차이점에 대해 설명하라.

**19.** DNC에 대해 설명하라.

**20.** 머시닝센터를 이용하여 가공용 FMS를 구성하여 보라.

**21.** NC 공작기계를 이용한 자동화 시스템의 발전단계에 대해 설명하라.

**22.** 절삭동력을 구하는 기본개념을 설명하고, 드릴링의 경우 계산식을 설명하라.

**23.** 공작기계의 복합화에 있어서 문제점과 대책을 설명하라.

# CHAPTER 3 공작기계의 구조물 설계

공작기계의 구성과 구조물 설계를 위하여 설계기준, 재료의 선정, 설계방법 등을 제시한다. 그리고 기본설계를 위하여 구조물의 정적, 동적 및 열적 설계조건 등을 알아보고, 구조물의 각종 부품, 즉 베드(bed), 테이블, 칼럼(column), 하우징 및 크로스레일 등의 설계시 알아야 할 사항 등을 설명한다.

## 3.1 공작기계 구조물의 구성 및 설계

### 3.1.1 공작기계 구조물의 구성

공작기계는 기본적으로 공구와 공작물 간의 상대운동을 통해 가공을 수행하게 되며, 가공정밀도를 높이기 위해서는 목적하는 상대운동이 이루어질 수 있도록 정밀한 기구설계와 그 변동을 최소화할 수 있는 구조로 구성되어야 한다. 공작기계는 많은 부품으로 구성되어 있으며 설계는 베이스, 주축대, 구동시스템 등의 부품단위로 되어 있다. 따라서 공작기계의 구조와 설계기술을 이해하기 위해서는 각 부품의 명칭 그리고 공작기계에 설치하는 위치, 기본적 기능과 형상구조 등의 지식을 가지고 있어야 한다. 그림 3.1은 머시닝센터에 대해 주요 요소부품의 명칭을 나타내고 있다. 이와 같이 1대의 공작기계는 요소부품의 집합체로 주요 구성요소를 살펴보면 다음과 같다.

• 베이스(base), 베드(bed), 칼럼(column), 크로스빔(cross beam), 프레임(frame) 등의 공작기계 본체

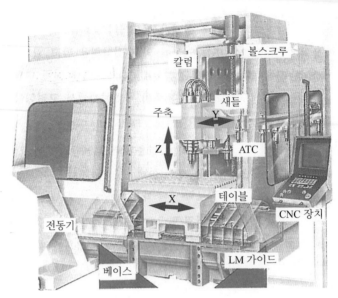

그림 3.1 수직형 머시닝센터의 구성

- 공작물 또는 공구를 회전시키는 주축 및 이송테이블을 정확하게 이동하도록 안내하는 안내면(guide way)
- 테이블(table), 공구대와 새들(saddle) 등과 같은 운동체
- 운동체를 안내면에 따라 이동시키는 볼스크루(ball screw), 래크(rack), 피니언(pinion) 그리고 변속장치 등의 동력전달부와 구동모터

이 밖에도 NC 공작기계의 경우 NC 장치 및 ATC 또는 APC 등의 관련 시스템이 추가 구성되고 있다. 최근에는 공작기계의 요소부품의 구성에 따라 기능의 차이가 크게 나는 구조도 있다. 이 경우에는 대형부품, 소형부품, 일반부품, 결합부품, 부속품으로 분류하여 계층 간 모듈 방식으로 이를 조합하여 구성하는 공작기계의 개발도 행해지고 있다.

그리고 공작기계의 NC화와 동시에 생산성 향상 대책도 진행되고 있다. 이것은 주축회전 속도의 고속화를 시작으로 이송시스템의 고속화, 공구교환 및 공작물교환의 고속화 등 각 요소부품의 고속화가 행해지고 있다. 공작기계의 고속화는 주축 및 안내면의 구동동력을 설정함에 있어서도 영향을 주며, 구조설계할 때 설계기준이 재래의 공작기계와 다르게 설정될 수밖에 없다. 따라서 NC화와 더불어 새로운 관점으로 설계 재원에 유의하여 구조설계를 수행하여야 한다.

여기서 간단히 공작기계의 각 구성부품들의 설계 요건들을 살펴보기로 한다.

## (1) 공작기계 본체

공작기계의 본체는 공작기계의 골격을 형성하는 중요한 부분으로 제작시의 기하학적 형상 정도가 기계 수명이 다할 때까지 유지되도록 기계구조물에 작용하는 하중 그리고 발생되는 열에 의한 열변형이 고려되어 구조물 설계가 이루어져야 한다. 즉 본체는 공작기계의 각 요소부품 및 공작물의 자중과 절삭 또는 연삭에 의한 절삭력을 받고 있으며, 따라서 부하에 대한 변형을 가능한 한 작게 하는 구조로 강성설계 그리고 열에 의한 변형을 제어할 수 있는 열변형 특성을 고려한 설계가 필요하다. 본체의 구조설계에서 고려해야 되는 점을 요약 하면 다음과 같다.

- 굽힘 및 비틀림 하중에 대한 구조물의 강성을 유지할 수 있는 구조설계
- 열변형을 최소로 하는 구조설계 및 재료 선택
- 칩처리 등 사용상의 유용성을 확보한 구조설계
- 전산기법 도입에 의한 구조물 최적설계
- 작업 안전 및 환경을 고려한 구조설계
- 부품 결합부의 강성을 유지하는 설계

## (2) 주축 및 안내면

주축(主軸, spindle) 및 안내면은 공작기계의 상대운동 정밀도를 결정하는 주요 요소로 공작기계의 요구정도에 맞추어 운동정밀도가 보장되는 구조설계 및 윤활방식을 채용하여야 한다. 주축 및 안내면의 구조설계에서 고려해야 되는 점을 요약하면 다음과 같다.

- 공작기계의 요구정밀도에 적합한 윤활방식 및 베어링 설계
- 회전정도 및 안내정도를 확보할 수 있는 구조설계
- 진동에 대한 감쇠성능 및 열특성을 고려한 재질 선정
- 열변형 방지 대책 및 이를 고려한 구조설계
- 고속화에 따른 밀봉대책

### (3) 테이블(table), 새들(saddle) 등의 운동체

운동체(運動体)는 공작물의 크기 및 공작기계의 가공능력에 맞추어 동력전달부의 특성에 적합하도록 설계가 이루어져야 한다. 특히 수직형 밀링과 같이 주축이 칼럼으로부터 길게 나와 움직이는 경우에는 수직방향의 하중이 외팔보(cantilever) 구조의 선단에 작용하여 칼럼에 큰 굽힘변형을 일으키므로 이를 보상할 수 있는 구조(카운터밸런스 부착 등)설계가 필요하다.

### (4) 동력전달부 및 구동모터

동력전달부(動力傳達部)의 설계는 동력손실을 최대한 줄이고 동력원으로부터 절삭점쪽으로 진동 및 열 등이 전달되지 않도록 하여야 한다. 최근 주축구동의 경우 공작기계의 유연성을 높이기 위해 일반적인 벨트구동방식이 아닌 직결하는 방식 또는 주축내장형의 방식 등이 사용되고 있다. 볼스크루의 경우에 있어서도 이송시스템의 고속화에 따른 열변형이 가공정밀도에 큰 영향을 미칠 수 있으므로 이를 줄이기 위한 냉각방법 및 고정방법 등에 대한 고려가 필요하다. 이러한 공작기계의 구조에 대해 세부적으로 살펴본다.

## 3.1.2 구조물의 설계기준

두 개의 슬라이드면을 가진 공작기계의 베드는 중심에 집중하중 $P$를 받는 단순지지보로서 그림 3.2와 같이 단순화할 수 있다.

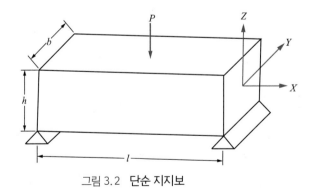

그림 3.2   단순 지지보

보에 작용되는 최대 수직응력은 다음 식으로 계산될 수 있다.

$$\sigma_{\max} = \frac{M_{\max} \cdot z_{\max}}{I_y} \tag{3.1}$$

여기서, $M_{\max}$ : 최대굽힘 모멘트

$z_{\max}$ : 중립면에서 최대거리

$I_y$ : 중립면에 대한 보의 단면이차모멘트

그러므로 식 (3.1)은 다음과 같이 나타낼 수 있다.

$$\sigma_{\max} = \frac{\dfrac{Pl}{4}\dfrac{h}{2}}{\dfrac{bh^3}{12}} = \frac{3}{2}\frac{Pl}{bh^2}$$

보에 수직인 하중이 작용할 때 허용응력(allowable stress) $[\sigma] = \dfrac{3}{2}\dfrac{Pl}{bh^2}$ 이므로 보의 충분한 강성을 위해 요구되는 최소 체적 $V_\sigma$는 다음과 같이 된다.

$$V_\sigma = bhl = \frac{3}{2}\frac{P}{[\sigma]}\left(\frac{l^2}{h}\right) \tag{3.2}$$

또 단순지지보의 최대 처짐량은 다음 식으로 주어진다.

$$\sigma_{\max} = \frac{Pl^3}{48EI_y} \tag{3.3}$$

여기서, $E$ : 보 재질의 종탄성계수(Young's modulus)

윗식에서 보의 변형이 허용치$[\delta]$를 넘지 않으면 $[\delta] = \dfrac{Pl^3}{48EI_y} = \dfrac{Pl^3}{48E\dfrac{bh^3}{12}}$ 이

므로 하중하에서 보의 변형 허용치를 초과하지 않는 최소 체적 $V_\delta$는 다음과 같이 된다.

$$V_\delta = bhl = \frac{P}{4E[\delta]}\left(\frac{l^2}{h}\right)^2 \tag{3.4}$$

그러므로 최적 설계조건을 $V_\sigma = V_\delta$에서 구하면,

$\dfrac{3}{2}\dfrac{P}{[\sigma]}\left(\dfrac{l^2}{h}\right)=\dfrac{P}{4E[\delta]}\left(\dfrac{l^2}{h}\right)^2$ 이므로

$$\frac{l^2}{h}=\frac{6E[\delta]}{[\sigma]} \tag{3.5}$$

모든 구조에서 최적비 $\dfrac{l^2}{h}$은 식 (3.5)의 요건에서 결정된다.

즉, $\delta$는 작용하는 힘에 의한 것이고, $\sigma$와 $E$는 구조물의 재료 자체에 기인하는 것이므로 이들 값에 따라 최적비가 결정된다.

**예** 기계적 성질이 다른 강과 주철의 두 가지 보에 대하여 생각해 보자.

강은 $E = 2.0 \times 10^4 \,[\text{kgf/mm}^2]$, $\sigma = 14 \,[\text{kgf/mm}^2]$, $\delta = 0.002 \,[\text{mm}]$이고, 주철은 $E = 1.2 \times 10^4 \,[\text{kgf/mm}^2]$, $\sigma = 3 \,[\text{kgf/mm}^2]$, $\delta = 0.002 \,[\text{mm}]$이다.

$$\text{강의 경우} : \left(\frac{l^2}{h}\right)_{opt} = \frac{6 \times 2 \times 10^4 \times 0.002}{14} = 17.14$$

$$\text{주철의 경우} : \left(\frac{l^2}{h}\right)_{opt} = \frac{6 \times 1.2 \times 10^4 \times 0.002}{3} = 48$$

여기서, 최적의 $\dfrac{l}{h}$ 값을 갖는 두 보의 체적비율은 다음과 같다.

$$\frac{V_{CI}}{V_{MS}} = \frac{\dfrac{3}{2} \times \dfrac{P}{3} \times 48}{\dfrac{3}{2} \times \dfrac{P}{14} \times 17.14} = \frac{\dfrac{P}{4 \times 1.2 \times 10^4 \times 0.002} \times (48)^2}{\dfrac{P}{4 \times 2 \times 10^4 \times 0.002} \times (17.14)^2} = 13.06$$

보에 수직하중으로 발생하는 인장응력만이 보의 파손의 원인이라고 가정하면, 주철제 보의 체적은 강철제 보의 체적보다 13.06배 크다.

$\dfrac{l^2}{h}$ 변화에 의한 강과 주철의 $V_\sigma$, $V_\delta$의 변화는 그림 3.3에 나타나 있다. 보의 길이가 동일할 때 일반 강철제 단면의 높이는 주철보다 2.8배 크다. 따라서 일반 강철제 보의 부피는 주철보다 13.06배 작고, 단면높이는 2.8배 크기 때문에 두께는 약 36.5배 작다.

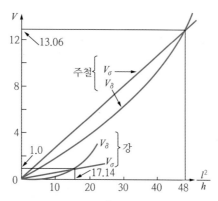

그림 3.3 주철과 강의 $\dfrac{l^2}{h}$에 관한 $V_\sigma$와 $V_\delta$의 변화

$V_\sigma$와 $V_\delta$의 교차점에 대한 최적치 $\dfrac{l^2}{h}$의 값보다 작은 조건하에서는 구조설계가 강도(強度, strength) 기준이 되고, 이 값보다 큰 경우에는 강성(剛性, stiffness) 기준이 되어야 함을 그림 3.3에서 보여주고 있다. 실제로는 공작기계의 대부분에서 $\dfrac{l^2}{h}$의 비는 최적치보다 큰 값을 사용한다. 결론적으로 대부분의 공작기계의 구조설계에서 결정적인 요소는 구조의 하중전달능력이 아니라 강성이다.

일반강의 구조는 주철구조보다도 가볍고 높이는 높고 두께는 얇다. 그러나 강 구조에는 보강 리브가 제공되어야 하고 제작상 노력도 많이 들어 전체적인 경제성을 고려해야 한다.

### 3.1.3 기계 구조용 재료의 선정 기준

#### (1) 재료의 성질에 의한 선정

단순한 장력에 의한 보의 선팽창(線膨脹)은 다음 수식으로 나타낼 수 있다.

$$\Delta l = \frac{Pl}{EA} \tag{3.6}$$

여기서, $P$ = 인장력, $l$ = 길이, $A$ = 횡단면적, $E$ = 재료의 종탄성계수, $P/\Delta l$는 보의 강성으로 $EA/l$로 바꾸어 쓸 수 있다.

같은 강성을 갖는 두 개의 보에서는 다음과 같다.

$$\frac{E_1 A_1}{l_1} = \frac{E_2 A_2}{l_2}$$ (3.7)

보의 길이가 같을 때 $l_1 = l_2 = l$, $E_1 A_1 = E_2 A_2$

보의 무게는 $\gamma_1 A_1 l$과 $\gamma_2 A_2 l$이고, $\gamma_1$과 $\gamma_2$는 보 1과 2의 각각의 비중량(比重量)이다. 따라서 두 보의 중량비는

$$\frac{W_1}{W_2} = \frac{\gamma_1 A_1}{\gamma_2 A_2} = \frac{E_2 \gamma_1}{E_1 \gamma_2} = \frac{E_2/\gamma_2}{E_1/\gamma_1}$$ (3.8)

보의 무게는 $E/\gamma$에 반비례하며, 이 값은 인장응력을 받는 재료의 비강성(단위무게당 강성)이라 한다. 재료의 비강성이 커지면 커질수록 하중에 의한 구조물의 변형이 임계치를 초과하지 않도록 지지할 수 있는 구조물 무게는 점점 가벼워진다. 몇 종류의 재료의 비강성(比剛性)이 표 3.1에 표시되어 있다.

표 3.1에서 강과 듀랄루민은 인장상태에서 거의 같은 비강성을 가짐을 볼 수 있다. 듀랄루민은 중량이 가볍고 사용상 특정 분야에 한정되어있고 산업현장에서는 그 쓰임이 극히 제한적이다. 여러 종류 금속의 강성을 비교해 보면 거의 비슷한 값을 가진다. 결론적으로 경제성을 고려할 때 고가의 합금 재료보다도 구조강이 효과적임을 알 수 있다.

공작기계의 구조재는 일반적으로 주철이다. 주철 사용은 최근 10년 동안에 그 이용이 늘고 있다. 최근에는 용접기술의 발달로 강철을 용접해서 쓰는 경우가 늘어났다. 주철을 선택할 것인지 강구조를 선택할 것인지는 아래 요건에 의해 결정된다.

표 3.1 **재료의 비강성**

| 재 료 | $E$ [kgf/cm$^2$] | $\gamma$ [kgf/cm$^3$] | $E/\gamma$ |
|---|---|---|---|
| 저 탄 소 강 | $2.0 \times 10^6$ | $7.8 \times 10^{-3}$ | $2.56 \times 10^8$ |
| 중 탄 소 강 | $2.1 \times 10^6$ | $7.8 \times 10^{-3}$ | $2.69 \times 10^8$ |
| 합 금 강 | $2.1 \times 10^6$ | $7.8 \times 10^{-3}$ | $2.69 \times 10^8$ |
| 회 주 철 | $1.2 \times 10^6$ | $7.2 \times 10^{-3}$ | $1.67 \times 10^8$ |
| 듀 랄 루 민 | $0.75 \times 10^6$ | $2.8 \times 10^{-3}$ | $2.68 \times 10^8$ |

- 강은 동적·정적 하중하에서 높은 강성을 가진다.
- 강은 인장, 비틀림, 굽힘하중하에서 높은 비강성을 가진다.
- 주철은 강에 비해 높은 감쇠성를 가진다.
- 주철은 강에 비해 마찰 특성이 양호하다.

### (2) 구조재료의 경제성에 의한 선정

주철구조를 택할 것인가 혹은 강구조를 택할 것인가는 구조물 제작 비용과 관계된다.

- 재료의 경제성: 주조 완성품의 재료의 양이 적다 해도 실제 금속 사용은 많을 수 있다. 이것은 주조시 코어의 사용으로 인한 홀이 생성되고 그 결과 슬러지의 생성 및 가공비의 증가를 가져오기 때문이다.
- 주형과 용접기구들의 가격
- 가공경비

재료성질, 작업상의 문제 및 경제성을 종합하면 주철이나 강의 선택은 다음과 같이 요약할 수 있다.

- 강은 단조로운 구조, 큰 하중을 받는 경우에 사용된다.
- 주철은 일반 수직하중의 영향을 받는 복잡한 구조에서 더 유리하다.
- 최근에는 용접과 주조 기술이 병합되어 이용되고 있다. 제작이 어려운 복잡한 구조에서 주요부를 주조부와 용접부로 구분한다.

## 3.2  구조물의 정적, 동적 및 열적 설계

### 3.2.1  정적 설계

공작기계의 동적 특성은 전달함수 개념으로 나타낼 수 있으며, 이런 요소는 입출력 변수비에 의해 규명된다. 입력변수가 정적인 양(정적 힘)이면 공작기계의 정적 특성(靜的 特性)으로 기술되며, 이에 반하여 입력변수가 시간에 대한 변량(동적 힘)일 경우 공작기계의 동적 특성으로 기술된다. 설계자는 이러한 공작기계의 정적 및 동적 특성(動的 特性)을 고려하는 것이 필요하다.

## (1) 정강성의 정의

정하중 상태에서 작용하는 힘과 변위 관계로 설명될 수 있다(그림 3.4). 변위
－하중곡선에서 하중/변위, 즉 단위변위를 일으키는 데 필요한 하중을 강성(剛
性, stiffmess)이라 한다. 이때 강성을 $dP/dY = \tan\alpha = K_{pi}$의 관계식으로 힘 $P_i$
에서의 정강성(靜剛性)으로 정의한다. 여기서 변위 $Y$는 힘 $P$가 작용하는 방향
의 변위이다.

일반적으로 공작기계의 강성특성은 그림 3.4(a)와 같이 비선형성을 나타내게
되지만, 그림 3.4(b)에서와 같이 $P = f(Y)$의 관계가 $P_1$과 $P_2$사이에서 선형적
이라면, 이 범위에서의 강성은 일정하게 되고 다음과 같이 정의된다.

$$K_{P_1 - P_2} = \frac{\Delta P}{\Delta Y}$$

$P = f(Y)$의 관계가 그림 3.4(c)와 같이 힘이 변화되는 모든 범위에서 선형적
이면, 요소의 정강성은 다음 식으로 표시된다.

$$K = P/Y \tag{3.9}$$

## (2) 복합시스템의 정강성

다수의 요소로 구성된 공작기계는 가공시 변형을 수반하며 이때 각 요소는 임
의의 탄성계수를 가진 탄성체이다. 그러므로 공작기계는 여러 스프링으로 결합
된 시스템으로 모형화할 수 있다. 다수의 스프링으로 구성된 공작기계는 병렬,

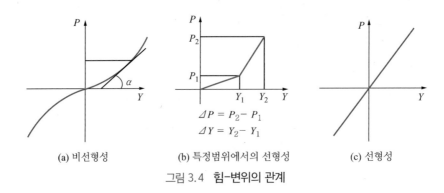

(a) 비선형성　　　(b) 특정범위에서의 선형성　　　(c) 선형성

그림 3.4 힘-변위의 관계

직렬 구성의 단순스프링 시스템으로 해석할 수 있다. $K_1$, $K_2$, $K_3$의 강성을 가지는 스프링의 직렬 시스템에 힘 $P$가 가해진 경우를 생각하면 그림 3.5(a)에서 개개의 스프링의 변위를 더한 합변위 $Y$는

$$Y = Y_1 + Y_2 + Y_3 = \frac{P}{K_1} + \frac{P}{K_2} + \frac{P}{K_3}$$

스프링 시스템의 합성강성, 즉 등가 스프링 상수를 $K$, 컴플라이언스(compliance)를 $C\left(= \frac{1}{K}\right)$라 하면,

$$\frac{P}{K} = \frac{P}{K_1} + \frac{P}{K_2} + \frac{P}{K_3}$$

$$\frac{1}{K} = \frac{1}{K_1} + \frac{1}{K_2} + \frac{1}{K_3} \tag{3.10}$$

$$C = C_1 + C_2 + C_3$$

여기서 공작기계 요소가 동력전달에 사용된다면 등가 강성의 역수는 각 강성의 역수들의 합으로 나타낼 수 있다. 모터로부터 출력축으로의 회전전달을 나타내고 있는 그림 3.5(b)를 해석하기 위해 축의 비틀림 컴플라이언스를 $C_1$, $C_2$, $C_3$, $C_4$라 하자. 이때 비틀림 컴플라이언스는 비틀림 강성의 역수로서 단위 토크가 가해질 때의 축의 양끝단 사이의 비틀림각을 나타낸다. $i_{12}$, $i_{23}$, $i_{34}$는 각각 축 1과 2, 2와 3, 3과 4 사이의 전달비(傳達比)를 나타낸다. 따라서 시스템의 등가 컴플라이언스 $C_e$는 다음과 같다.

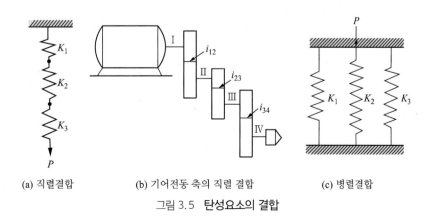

(a) 직렬결합          (b) 기어전동 축의 직렬 결합          (c) 병렬결합

그림 3.5 **탄성요소의 결합**

$$C_e = C_1 i_{1,2}^2 i_{2,3}^2 i_{3,4}^2 + C_2 i_{2,3}^2 i_{3,4}^2 + C_3 i_{3,4}^2 + C_4 \qquad (3.11)$$

여기서 전달률은 1보다 작다고 가정하면 회전속도는 점점 줄어든다. 그러면 식 (3.8)에서 보는 바와 같이 모든 축의 컴플라이언스가 같다면 등가 컴플라이언스는 축 4에 의해 가장 큰 영향을 받는다. 따라서 등가 컴플라이언스를 줄이려면 축 4의 치수를 크게 해야만 한다. 즉 등가 컴플라이언스에 가장 큰 영향을 주는 요소의 강성을 높여야 하는 것이다.

그림 3.5(c)에서 병렬 결합스프링 시스템을 보면, 개개의 스프링은 같은 변위를 가지고, 힘은 분산되어 작용하므로

$$Y = Y_1 = Y_2 = Y_3$$
$$P = P_1 + P_2 + P_3$$
$$KY = K_1 Y + K_2 Y + K_3 Y \qquad (3.12)$$
$$\therefore K = K_1 + K_2 + K_3$$

식 (3.9)에서 알 수 있는 바와 같이 병렬 시스템인 경우 등가 강성을 증가시키는 좋은 방법은 체인을 가장 강한 요소로 강화하는 것이다. 예를 들면, 전체 강성의 90%를 차지하는 스프링과 10%를 차지하는 스프링이 있다고 가정하자. 약한 요소의 강성을 2배로 올리면 전체 강성은 110 : 100의 비율로 증가하는 반면 강한 요소의 강성을 2배로 올리면 190 : 100의 비율로 증가하게 된다.

## 3.2.2 동적 설계

### (1) 동강성의 정의

한 요소에 동하중이 작용하면 변위는 시간에 대한 함수로 나타내어진다. 선형 시스템인 경우 단순 조화력이 작용하면 조화 변위가 일어난다. 그러나 작용하는 동하중이 일정한 값을 가질 때 변위는 힘의 진동수대로 변화하게 된다. 따라서 동하중과 동적변위와의 비는 다음과 같이 나타낼 수 있다.

$$K_{dyn} = \frac{P_{dyn}}{Y_{dyn}}$$

여기서, $K_{dyn}$은 동강성, $P_{dyn}$은 동적 하중 그리고 $Y_{dyn}$은 동적 변위이다.

요소의 동강성은 작용하중의 진동수에 의존하고, $C_{dyn} = Y_{dyn}/P_{dyn}$은 동적 컴플라이언스 또는 리셉턴스(receptance)라고 한다. 정적 변위 $Y_{st}$를 일으키는 정하중을 $P_{st}$라 하고 $k$를 스프링 상수라 하자. 이때 정하중에 상당한 동하중 $P_{dyn}$이 작용하여서 그때 발생한 동적 변위 $Y_{dyn}$가 정적 변위의 $A$배만큼 증가한다고 하면, $Y_{dyn} = Y_{st}A$가 된다. 즉 $A = Y_{dyn}/Y_{st}$가 되며, $A$는 정적 변위에 대한 동적 변위의 비로서 배율계수(倍率係數, magnification factor)라고 한다.

따라서 정강성과 동강성(動剛性) 사이에는 다음과 같은 관계가 있다.

$$K_{dyn} = \frac{k}{A} \tag{3.13}$$

배율계수에 영향을 주는 것은 다음 두 가지가 있다.

- 감쇠계수 $c$
- 각진동수비 $\eta = \left( \dfrac{\omega}{\omega_0} \right)$, 여기서 $\omega$는 가진 각진동수, $\omega_0$는 시스템의 고유 각진동수

식 (3.10)에서 보는 바와 같이 배율계수가 커질수록 요소의 동강성은 감소함을 알 수 있다.

외력 $F_{\max}\cos\omega t$가 작용하는 점성감쇠를 받는 강제 진동의 운동방정식은 그림 3.6으로부터 다음과 같다.

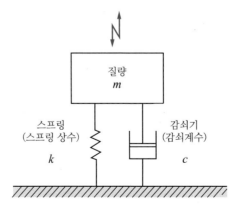

그림 3.6 **진동 기본형**

$$m\ddot{x} + c\dot{x} + kx = F_{\max}\cos\omega t \tag{3.14}$$

여기서 $F_{\max}$는 외력의 최대값, $\omega$는 각진동수이다.

$\dfrac{k}{m} = \omega_0^2$, $\dfrac{c}{m} = 2n$이라 하면,

$$\ddot{x} + 2n\dot{x} + \omega_0^2 x = \frac{F_{\max}}{m}\cos\omega t \tag{3.15}$$

이 방정식의 해를 구하고 $\dfrac{F_{\max}}{m} = F_0$라 두면, 진폭 $A_1$은 다음과 같다.

$$A_1 = \frac{F_0}{\sqrt{4n^2\omega^2 + (\omega_0^2 - \omega^2)^2}} \tag{3.16}$$

여기서 $\omega = \omega_0$로 두면

$$A_1 = \frac{F_0}{2n\omega_0} = \frac{F_{\max}}{c\omega_0} \tag{3.17}$$

그림 3.7은 감쇠계수와 각진동수비와의 관계를 보여준다. 그림에서 보는 바와 같이 강제 진동수의 진폭을 최소화하기 위해서 가능하면 고유각진동수와 외력의 각진동수의 값 차이가 커야 함을 알 수 있다.

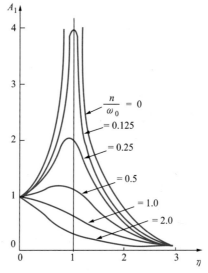

그림 3.7  감쇠계수 $C$에 대한 각진동수비 $\eta$와 진폭 $A_1$의 관계

## (2) 복합시스템에 대한 동강성

진동학적인 견지에서 보면 공작기계는 다자유도 시스템이며 그 각각의 자유도는 질량, 강성, 감쇠에 의해 구성된다. 공작기계에서 각 질량은 특정한 방법으로 연관되어 있고 각기 고유진동수와 그에 대응하는 진동모드를 가지고 있다. $n$자유도를 가지는 공작기계는 2차 미분방정식 형태의 $n$모드로 표현될 수 있다.

$$m_i \frac{d^2 y}{dt^2} + \rho_i \frac{dy}{dt} + k_i y = a_i P \tag{3.18}$$

공작기계의 동적 컴플라이언스는 위 형태의 $n$개 미분방정식을 풀어야 구해진다. 여기서 $m_i$, $\rho_i$, $k_i$, $a_i$는 각기 $i$번째 진동모드에 대한 질량, 감쇠, 강성과 힘 인자를 나타낸다. 총 변위 $y$는 $y = y_1 + y_2 + \cdots + y_n$, 동적 컴플라이언스는 $y/P$이다. 공작기계의 동적 컴플라이언스는 공작물에 조화력을 주어서 구해진다. 시스템 요소의 강성 변화는 전체 시스템의 정강성과 동강성을 변화시킨다. 따라서, 공작기계 각 부분의 정·동강성을 해석하는 것이 필요하다. 요소들의 강성 증가는 시스템 전체의 높은 정강성뿐만 아니라 동강성의 증가 효과를 가져온다.

## (3) 진동에 대한 설계조건

기계요소를 설계할 때는 진동시스템의 고유진동수(固有振動數)가 점검되어야 하며, 다음을 만족하여야한다.

- 고유진동수들 중 가장 작은 값은 가장 큰 가진진동수보다 2.5배 큰 것이 좋다.
- 고유진동수들 중 가장 큰 값은 가장 작은 가진진동수보다 2.5배 작은 것이 좋다.

기계에서 가진진동수는 회전축, 기어, 스핀들에서 주로 나타난다. 선반스핀들의 최고 회전수가 $n_{\max} = 1200 \, \text{rpm}$일 때, 그 값은 최대 가진진동수가 $f_e = \frac{1200}{60} = 20 \, \text{Hz}$로 대체로 낮다. 따라서 선반 유닛의 고유진동수는 $f > 50$이어야 한다. 이러한 기계에 있어서 요소들의 강성 증가는 고유진동수 증가와 전체의 동적 거동을 증가시킨다. 연삭기와 같은 고속 절삭 기계는 휠의 지름이 작은 것은 회전수가 높고, 반면 지름이 큰 것은 회전수가 낮다. 연삭기의 평균 연삭속도는 1800 m/min일 때, 가진진동수(加振振動數)는 다음과 같다.

$$f_e = \frac{1000 \times 1800}{\pi \cdot D \cdot 60}[\mathrm{Hz}] \tag{3.19}$$

여기서, $D$ : 연삭휠의 지름

예를 들어, 휠 지름이 500 mm이면 가진진동수는 $f_e = 19.1\,\mathrm{Hz}$이고, 50 mm이면 191 Hz가 된다. 근본적으로 설계조건이 다른 2개의 연삭기는 다음을 고려하여 설계 제작하여야 한다.

- 대형 휠을 사용하고 무게가 가벼운 연삭기 : 강성이 크고 가벼워서 진동모드 고유진동수가 높게 유지된다. 높은 고유진동수를 갖는 것은 정밀도 측면에서 바람직하지 못하다.
- 소형 휠을 사용하고 무게가 무거운 연삭기 : 무게 때문에 고유진동수가 낮게 유지된다.

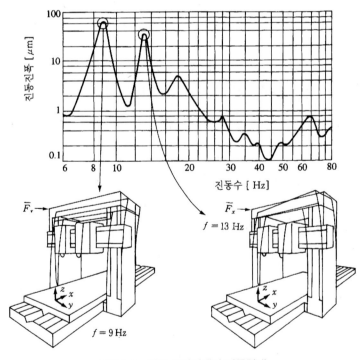

그림 3.8 일반 공작기계의 진동형태

다인 절삭날을 사용하는 기계의 동적 거동해석은 매우 어렵다. 예를 들면, 절삭날 $Z=10$인 수직밀링머신에서 스핀들 속도가 $n_{min}=240$, $n_{max}=1200$ 범위에서 회전수에 따른 가진 주파수는 다음과 같다.

$$f_{e\,min} = \frac{240 \times 10}{60} = 40, \ f_{e\,max} = \frac{1200 \times 10}{60} = 200$$

설계시에 밀링머신의 각 요소들의 고유진동수가 $40/2.5 = 16\,Hz$와 $200 \times 2.5 = 500\,Hz$ 범위에 속하지 않는 것은 현실적으로 매우 어려운 일이다. 이렇게 설계하기 위해 공작기계는 스핀들이나 아버에 질량을 더하는 것이 필요하다. 운전 중에 스핀들이나 아버에 공진을 일으키는 진동수가 된다면 무거운 질량을 스핀들이나 아버에 추가시켜 그 고유진동수를 감소시켜 공진으로부터 벗어나야 된다.

그림 3.8은 일반 공작기계의 복잡한 진동형태를 보여주고 있다. 가공시 발생하는 채터진동 등이 공작기계에 미치는 영향 등은 9장 공작기계의 동역학 부분에 자세히 기술하였다.

### 3.2.3 열적 설계

높은 가공정도가 요구되는 공작기계 등은 열변형(熱變形)이 설계에 중요한 요소가 된다. 정밀가공에서 가공오차 중 열변형이 40~70% 정도인 것으로 파악된다.

이러한 공작기계의 열원이 그림 3.9에 분류되어 있다. 그 중 주된 요인은 공작기계 내부에 있는 전동기, 기어, 베어링, 유압구동장치, 가공열, 분위기 및 복사열 등이다.

이들 열 및 주위의 열이 공작기계 내부에 전달된다. 공작기계 각 부분에 이용된 재료는 열전도율과 열팽창계수가 다르기 때문에 여러 가지 형태의 변형이 생긴다. 표 3.2는 일반 구조용 재료의 열전도율 및 선팽창계수를 나타낸다.

열변형은 평균온도 상승에 의해 단순 열팽창하게 되고 온도차에 의해 휘어지기도 한다.

그림 3.10은 열변형의 기본적인 패턴을 나타낸다.

• 온도 상승에 의한 단순 선팽창

$$\Delta l = \alpha \cdot \Delta \theta \cdot l \tag{3.20}$$

- 온도 차에 의한 굽힘(외팔보)

$$f_1 = (\alpha/2) \cdot \Delta\theta \cdot (l^2/h) = (\alpha/2) \cdot \Delta\theta \cdot \lambda \cdot l \tag{3.21}$$

- 온도 차에 의한 굽힘(양단 지지보)

$$f_1 = (\alpha/8) \cdot \Delta\theta \cdot (l^2/h) = (\alpha/8) \cdot \Delta\theta \cdot \lambda \cdot l \tag{3.22}$$

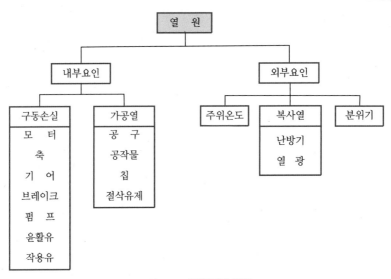

그림 3.9  공작기계 열원

표 3.2  각종 재료 물성값

| 재료 | | 밀 도 [g/m³] | 비 열 [J/g·k] | 열전도율 [W/m·K] | 선팽창계수 [×10⁻⁶] |
|---|---|---|---|---|---|
| 철강 재료 | 저탄소강 | 7.9 | 0.46 | 48 | 11 |
| | 고탄소강 | 7.8 | 0.50 | 50 | 10 |
| | Ni-Cr 강 | 7.8 | | 33 | 13 |
| | 스테인리스강(STS 410) | 7.8 | 0.42 | 24.5 | 10 |
| | 스테인리스강(STS 304) | 8.1 | 0.50 | 15.1 | 16.4 |
| | 주 철 | 7.86 | 0.46 | 54 | 10.5 |
| 비철 재료 | 알루미늄 | 2.69 | 0.903 | 238 | 23.9 |
| | 마그네슘 | 1.74 | 1.028 | 157 | 26 |
| | 동 | 8.93 | 0.385 | 403 | 17.0 |
| | 티타늄합금 | 4.4~4.7 | 0.472 | 4.1 | 9.0 |
| 기타 | 시멘트 콘크리트 | 3.0~3.15 | 0.84 | 10 | 6.8~12.7 |
| | 대리석 | 1.52~2.86 | 0.88~0.92 | | 5~6 |

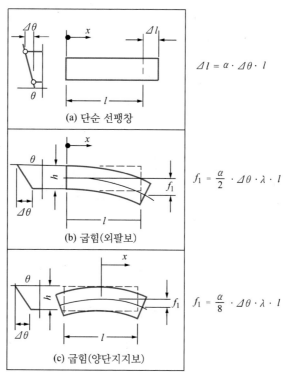

$$\Delta l = \alpha \cdot \Delta\theta \cdot l$$

(a) 단순 선팽창

$$f_1 = \frac{\alpha}{2} \cdot \Delta\theta \cdot \lambda \cdot l$$

(b) 굽힘(외팔보)

$$f_1 = \frac{\alpha}{8} \cdot \Delta\theta \cdot \lambda \cdot l$$

(c) 굽힘(양단지지보)

그림 3.10 **열변형의 기본 형태**

여기서 $\Delta l$은 연신율, $f_1$은 휨 크기, $\Delta\theta$는 온도상승 혹은 온도차, $\alpha$는 선팽창계수, $\lambda$는 $l/h$에 의한 구조물의 세장비를 나타낸다.

이러한 단순한 변형을 조합해서 구조물의 복잡한 변형으로 나타낼 수 있다. 공작기계 강성을 표시하는 척도에는 정강성 혹은 동강성이 이용되고, 열변형에 따른 열강성도 일반화되고 있다. 열강성 $S_{th}$은 다음과 같이 정의할 수 있다.

$$S_{th} = \Delta\theta / \Delta x \tag{3.23}$$

여기서, $S_{th}$는 열강성, $\Delta\theta$는 온도상승 또는 온도차, $\Delta x$는 변위량을 나타낸다.

그림 3.11은 수직 밀링의 변형 모양을 실험적인 해석에 의해 열변형 값으로 표시하였다. 종종 복잡한 계산은 유한요소법 등을 이용할 수 있다.

이러한 열변형의 대책을 위해 열원이 되는 모터, 기어 및 유압 구동장치 등을 가능하면 공작기계 본체와 분리하여 설계하고 가공중 발생하는 칩 등이 공구, 공작기계 및 공작물과 접촉하여 열전달되는 것을 줄이는 것이 좋다.

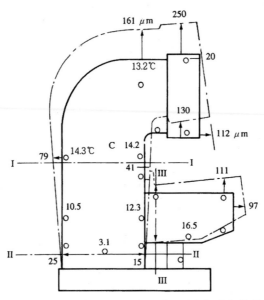

그림 3.11 수직밀링의 열변형 (유한요소법에 의한 계산)

공작기계에 오일샤워(oil shower) 등을 이용하여 공작기계 본체, 공구, 공작물의 온도를 제어할 필요가 있다. 특히 정밀도가 요구되는 공작기계는 실온(약 20℃)에서 변화값이 ±0.1~0.01℃로 유지할 필요가 있기 때문에 냉난방 설치 등을 고려하여야 한다.

## 3.2.4 공작기계의 기본설계 과정

일반적으로 공작기계 구조는 복잡한 형상을 가지고 있기 때문에 먼저 설계 도면을 작성하고 실제형상을 왜곡시키지 않는 범위에서 공작기계를 단순화시켜서, 힘과 반력을 구하고 강성을 계산하여 각 부분의 치수를 결정하여야 한다.

### (1) 기본설계 과정

#### ① 절삭력

절삭력(切削力, cutting force)은 공작물과 가공조건, 절삭공구의 마멸 등에 의해 결정되지만, 설계시에 힘의 크기보다 힘의 방향과 구조물에 작용하는 위치가 더 중요한 경우가 있다. 절삭력은 수직을 이루는 세 가지의 상호 분력으로 표현되는데, 이 분력들은 정확하게 결정되어야 한다. $z$방향의 분력 $P_z$와 $x$, $y$평면의 합력분력 $P_N$은 다음과 같이 구해진다.

$$P_z = k(a + 0.4c)b \qquad (3.24)$$

$$P_N = \sqrt{P_x^2 + P_y^2} = kb(0.4a + c) \qquad (3.25)$$

여기서, $P_x$ : 이송분력 $\qquad P_y$ : 배분력 $\qquad P_z$ : 주분력

$\qquad k$ : 비절삭력[kgf/mm$^2$], 구조용강 $k = 120 - 180$[kgf/mm$^2$]

$\qquad\qquad\qquad\qquad\qquad$ 주철 $k = 90 - 110$[kgf/mm$^2$]

$\qquad b$ : 칩의 폭[mm] $\qquad a$ : 칩의 두께[mm]

$\qquad c$ : 허용 플랭크 마모폭의 반[mm]

### ② 마찰력

마찰력(摩擦力, friction force)은 조인트가 움직일 때 마찰의 결과로 발생한다. 대부분의 경우 마찰력은 접촉면에 작용하는 수직력에 비례해서 발생된다. 마찰계수 $\mu$는 접촉면의 재료, 상대운동, 윤활, 접촉면의 표면 마무리 등의 많은 요소에 의해 결정된다. 다음은 일반적인 기준값이다.

- 건식마찰 $\quad \mu = 0.2 \sim 0.3$
- 반습식마찰 $\quad \mu = 0.03 \sim 0.2$
- 습식마찰 $\quad \mu = 0.002 \sim 0.05$
- 구름마찰 $\quad \mu = 0.001$(강), $\mu = 0.0025$(주철)

### ③ 반력

반력(反力, reaction forces)은 평형방정식에 의해 결정된다. 구조물이 정역학적으로 부정정상태이면 부가적인 변형 방정식들이 필요하다. 만일 지지면이 크지 않다면, 반력은 지지면 중심에 집중력으로 작용한다고 본다. 또 구조물의 질량, 피삭재, 부착기구, 클램프기구 등에 기인하는 힘도 고려하여야 한다.

특별한 하중을 받는 경우의 설계는 재료의 강도에 대한 일반적인 원리와 탄성이론을 적용하여 계산되어야 한다. 복합하중을 받는 상태하에서는 대부분의 공작기계들은 두 개의 수직 한 면에 굽힘과 비틀림을 받는 요소로 해석한다.

## (2) 강도의 계산 및 설계

### ① 굽힘 응력

보(beam)가 두 개의 수직한 면에 굽힘과 비틀림을 받는다면 강도 설계는 주응력 기준으로 계산된다. 굽힘에 의한 수직응력과 비틀림에 의한 전단응력을 알고 있다면 주응력은 계산할 수 있다. 관성주축을 알고 있는 임의의 박스 단면인 그림 3.12(a)를 살펴보면, $xy$면과 $xz$면에 작용하는 변에 작용하는 굽힘에 의한 단면의 최대 수직응력 $\sigma_{max}$은 다음 식에 의해 결정할 수 있다.

$$\sigma_{z\,max} = \frac{M_{z\,max} \cdot z_{max}}{I_{yy}} \tag{3.26}$$

$$\sigma_{y\,max} = \frac{M_{y\,max} \cdot y_{max}}{I_{zz}} \tag{3.27}$$

여기서, $M_{z\,max}$과 $M_{y\,max}$ = $xy$면과 $xz$면에 작용하는 최대 굽힘모멘트

$I_{yy}$, $I_{zz}$ = $y-y$축과 $z-z$축에 관한 단면이차모멘트

$y_{max}$, $z_{max}$ = $z-z$축과 $y-y$축에 가장 멀리 떨어진 거리

최대 수직응력은 두 수직응력의 대수합($\sigma_{max} = \sigma_{z\,max} + \sigma_{y\,max}$)이 최대가 되는 지점에서 발생한다. 그림 3.12(b)와 같은 직사각형 박스 단면에서는 최대 수직응력은 모서리들 중 한 곳에서 발생한다.

### ② 전단응력

원형단면에서의 전단응력 $\tau$은 다음 식에 의해 구할 수 있다.

$$\tau = \frac{M_{t\,max} \cdot \rho}{I_p} \tag{3.28}$$

여기서, $M_{t\,max}$ : 최대 비틀림 모멘트[kgf·mm]

$\rho$ : 단면의 중심으로부터 응력이 작용하는 점까지의 거리[mm]

$I_p$ : 단면의 극이차모멘트[mm⁴]

전단응력은 단면의 외면, 즉 원형 단면의 반지름 지점($\rho_{max} = r$)에서 최대가 된다.

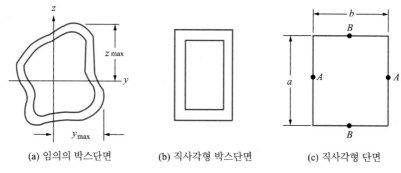

(a) 임의의 박스단면          (b) 직사각형 박스단면          (c) 직사각형 단면

그림 3.12  여러 가지 단면

$$\tau_{\max} = \frac{M_{t\,\max} \cdot r}{I_p} \tag{3.29}$$

③ 조합응력과 설계조건

단면의 한 점에서 굽힘응력에 의한 수직응력과 비틀림 모멘트에 의한 전단응력이 동시에 작용하면 주응력 $\sigma_P$는 다음 식으로 표현된다.

$$\sigma_P = \frac{\sigma}{2} + \sqrt{\left(\frac{\sigma}{2}\right)^2 + \tau^2} \tag{3.30}$$

만일 $xy$-면과 $xz$-면에 최대굽힘모멘트가 일어나고 같은 단면에서 비틀림 모멘트가 최대라면, 이 단면에서는 주응력이 최대가 될 것이라는 것은 명확해진다. 단면에 굽힘 모멘트와 토크가 같은 지점에서 작용되지 않는 경우는 최대하중이 작용하는 단면을 결정하기가 곤란하게 된다. 이 경우에서는 주응력의 파단이 일어날 가능성이 있는 선택된 임계 단면(臨界斷面, critical sections)에서 결정되어야 한다. 설계조건은

$$\sigma_{P\max} \leq [\sigma]$$

여기서, $\sigma_{P\max}$ : 최대 주응력          $[\sigma]$ : 허용응력

강은 $[\sigma] = 150 \sim 200 [\text{kgf/cm}^2]$     주철은 $[\sigma] = 80 \sim 120 [\text{kgf/cm}^2]$

(3) 강성의 계산 및 설계

굽힘 강성의 설계기준은 다음과 같다.

$$\delta_{z\,\mathrm{max}} \leq [\delta_z]$$
$$\delta_{y\,\mathrm{max}} \leq [\delta_y] \tag{3.31}$$

여기서, $\delta_{z\,\mathrm{max}}$, $\delta_{y\,\mathrm{max}}$ : $xy$면과 $xz$면의 최대변형량

$[\delta_z]$, $[\delta_y]$ : $xy$면과 $xz$면의 허용변형량

허용변형량은 공작기계에서 얻고자 하는 가공 정밀도를 결정하는 데 중요하다. 보의 최대변형량을 결정하는 방법은 재료의 강도에 관한 기본 과정으로부터 알 수 있다. McCaulay's법, 가상보법(fictitious-beam method), 면적모멘트법 (moment-area method) 등과 같은 몇몇의 방법을 주어진 설계도면에 따라 $\delta_{z_{\mathrm{max}}}$, $\delta_{y_{\mathrm{max}}}$ 을 결정하는 데 적용한다.

비틀림 강성에 관한 설계기준은 다음과 같다.

$$\frac{\psi_{\mathrm{max}}}{l} \leq \frac{[\psi]}{l} \tag{3.32}$$

즉, 구조물의 단위길이당 최대 비틀림각 $\psi_{\mathrm{max}}$은 허용값[$\psi$]을 넘지 않아야 한다. 보통의 정밀 공작기계의 허용값은 베드의 단위길이당 0.5°이다.

원형 단면의 비틀림각은 다음과 같이 주어진다.

$$\frac{\psi}{l} = \frac{M_t}{G \cdot I_p} \tag{3.33}$$

여기서, $\psi/l$ : 단위길이당 비틀림각          $G$ : 재료의 횡탄성계수

$I_p$ : 원형 단면의 극이차모멘트          $M_t$ : 비틀림 모멘트

### 3.2.5 구조물의 리브 설계

(1) 단면 형상과 강성

공작기계를 운전하는 동안에 그 구조의 대부분은 비틀림, 굽힘, 인장, 압축 등의 하중이나 복합하중에 의한 처짐으로 구속되어 있다. 단순인장이나 압축하중이 작용되면 각 요소의 강도와 강성은 단순히 단면적에 의존한다. 그러나 비틀림과 굽힘에 종속되는 각 요소의 변형이나 응력은 부가적으로 단변의 형태에 관

련된다. 금속의 일정한 부피가 다른 형식으로 분포되면 그것은 각기 다른 단면이차모멘트와 단면계수값을 나타낸다. 최대 단변이차모멘트와 단면계수를 갖는 형상은 아마도 최소의 응력과 변형을 보장한다고 생각된다. 같은 단면적의 4개의 다른 형상에 대한 특성이 표 3.3에 제시되어 있다.

표 3.3에서 박스형 단면은 가장 큰 비틀림 강성을 가지고 있으므로 강도와 강성면에 둘 다 가장 적당한 형태이다. 이 형태의 부가적 장점은 다른 면과 쉽게 접합할 수 있는 것이다. 접합된 모든 점을 고려하면 공작기계의 박스형 단면은 공작기계의 베드 등에 적용된다.

표 3.3 동일 면적을 가진 다른 모양의 강성비교

| 단 면 | 면 적 [mm²] | 무 게 [kgf/m] | 굽힘 모멘트[kgf·cm] | | 토 크[kgf·cm] | |
|---|---|---|---|---|---|---|
| | | | 강 도 | 처 짐 | 강 도 | 비틀림 |
| | 29.0 | 22 | 1 | 1 | 1 | 1 |
| | 28.3 | 22 | 1.12 | 1.15 | 43 | 8.8 |
| | 29.5 | 22 | 1.4 | 1.6 | 38.5 | 31.4 |
| | 29.5 | 22 | 1.8 | 1.8 | 4.5 | 4.5 |

## (2) 박스형 구조에서 구멍의 영향과 개선법

박스형 구소에서 원형 구멍은 지름의 약 2배만큼 비틀림 강성에 영향을 끼친다. 구조물의 정적·동적 강성의 감소는 적당한 덮개판을 이용해서 부분적으로 보상할 수 있다. 몇 가지 덮개판의 효과를 표 3.4에 나타내었다 표 3.4에서 보면 구멍에 의한 굽힘 강성은 적당한 덮개판을 사용해서 상당히 보강된다. 그러나 비틀림 강성에 대한 영향은 심각하며 덮개판도 그것의 향상에 별다른 도움을 주지 못한다.

표 3.4  박스구조의 덮개판 영향

| | 강성 | | | 진동수 | | | 감쇠능 | | |
|---|---|---|---|---|---|---|---|---|---|
| | X-X | Y-Y | Z-Z | X-X | Y-Y | Z-Z | X-X | Y-Y | Z-Z |
| | 100 | 100 | 100 | 100 | 100 | 100 | 100 | 100 | 100 |
| | 85 | 85 | 28 | 90 | 87 | 68 | 75 | 89 | 95 |
| | 89 | 89 | 35 | 95 | 91 | 90 | 112 | 95 | 165 |
| | 91 | 91 | 41 | 97 | 92 | 92 | 112 | 95 | 185 |

## (3) 보강재 사용에 의한 강성 개선

구조물의 강성은 리브(rib)와 보강재를 사용하여 향상시킬 수 있다. 그러나 리브와 보강재(補強材)의 영향은 그들이 어떻게 배열되는가에 따라 크게 좌우된다. 박스타입의 구조물에서 다양한 보강재의 배열방법에 따른 상대적인 평가를 표 3.5에 나타내었다.

표 3.5로부터 배열 5와 6에 사용된 보강재만이 박스타입 구조물이 굽힘 강성과 비틀림 강성에서 상당히 향상되고 있음을 보여준다. 선반의 베드와 같은 개방구조물의 강성 역시 보강재의 배열에 따라 크게 좌우된다.

표 3.6에서 배열 4, 5만이 구조물의 강성과 무게의 비의 측면에서 효율적임을 알 수 있다. 리브들이 대각선방향으로 두 평행판에 엇갈려 연결되어 있는 배열 4는 공작기계의 베드에 주로 사용되며 이를 워렌 빔(Warren beam)이라 한다.

표 3.5 **박스형 구조물의 굽힘 강성과 비틀림 강성에 대한 보강재 배열형태**

| 보강재 배열진 | 강 성 | | 무 게 | 단위무게당 강성 | |
| | 굽 힘 | 비틀림 | | 굽 힘 | 비틀림 |
|---|---|---|---|---|---|
| 1 | 1.0 | 1.0 | 1.0 | 1.0 | 1.0 |
| 2 | 1.10 | 1.63 | 1.1 | 1.0 | 1.48 |
| 3 | 1.08 | 2.04 | 1.14 | 0.95 | 1.79 |
| 4 | 1.17 | 2.16 | 1.38 | 0.85 | 1.56 |
| 5 | 1.78 | 3.69 | 1.49 | 1.20 | 3.07 |
| 6 | 1.55 | 2.94 | 1.26 | 1.23 | 2.39 |

표 3.6 개방 구조물의 비틀림 강성에 대한 보강재 배열 형태

| 보강재 배열 | 비틀림 강성 | 무 게 | 단위 무게당 비틀림 강성 |
|---|---|---|---|
| 1 | 1.0 | 1.0 | 1.0 |
| 2 | 1.34 | 1.34 | 1.0 |
| 3 | 1.43 | 1.34 | 1.07 |
| 4 | 2.48 | 1.38 | 1.80 |
| 5 | 3.73 | 1.66 | 2.25 |

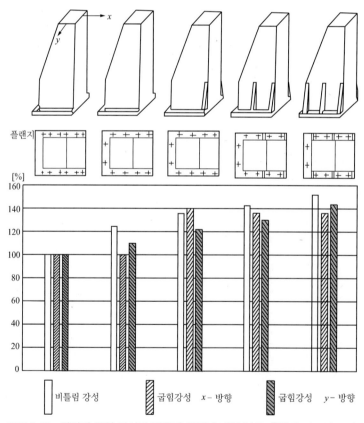

그림 3.13 칼럼의 굽힘 강성과 비틀림 강성에 대한 볼트 배열과 리브의 보강

### (4) 체결방법에 따른 강성의 평가

구조물의 강성은 또 볼트의 조임을 적절히 배열함으로써 향상시킬 수 있다. 볼트와 리브들이 수직 칼럼(vertical column)의 굽힘 강성과 비틀림 강성에 주는 영향을 그림 3.13에 나타내었다. 그림으로부터 볼트의 조임을 균일하게 배열함으로써 강성이 10~20% 향상될 수 있음을 알 수 있다. 플랜지 보강재를 덧붙이게 되면 칼럼의 강성은 거의 50%정도 증가될 수 있다.

대체로 공작기계의 강도는 조인트들의 강도에 따라 결정된다. 따라서 조인트들(선반의 주축대와 심압대를 베드와 연결시키는 조인트, 드릴링 머신의 바닥면과 칼럼을 연결시키는 조인트 등)은 가능한 강하게 만들어야 한다.

## 3.3 구조물의 각 구성부 설계방법

### 3.3.1 테이블의 설계

공작기계 베이스는 탄성 기초 위의 평판으로 해석할 수 있다. 따라서 평판에 작용하는 하중에 의한 최대 처짐을 고려하여 치수를 결정한다.

그림 3.14에서 보이는 바와 같이 공작기계의 테이블은 공작물을 지지한다. 순수하게 기능적 측면에서 본다면, 베이스는 고정된 테이블이다. 테이블은 공작물

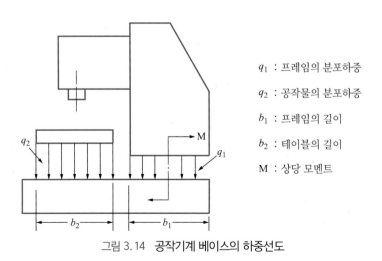

$q_1$ : 프레임의 분포하중

$q_2$ : 공작물의 분포하중

$b_1$ : 프레임의 길이

$b_2$ : 테이블의 길이

M : 상당 모멘트

그림 3.14  공작기계 베이스의 하중선도

을 지지할 뿐만 아니라 직선운동과 원운동을 하게 된다. 중소형 크기(최고 길이 100 mm)의 직각 테이블은 상부 $T$-홈을 가진 일체형으로 되어 있다. 대형 직각 테이블은 뼈대에 의해 연결된 2개의 평행 벽으로 구성된다. 뼈대는 일반적으로 각각 서로 직각이며 300~400 mm 떨어져 있다. $h$는 테이블의 높이 $h$이고 폭 $B$인 플레이너와 플레이너형 밀링에서 $h/B$는 0.1~0.18 사이이다. 큰 값은 좁은 폭의 테이블에 적당하다. $h/B$비가 0.14~0.16이면 일반적으로 최적조건이다.

소형 원형 테이블 지름($D < 1000$ mm)은 일체형으로 만들어지고, 대형 원형 테이블($D > 1000$ mm)은 반지름방향 리브를 보강한 두 개의 평형 평판으로 구성된다. 이러한 테이블은 일반적으로 회전할 수 있는 수직축을 가지고 있고 원형의 안내면이 있다. 예외적으로 $D > 7$~$8$ m를 가지는 큰 테이블은 2개의 안내면이 있다. 반지름방향 리브의 이상적인 개수는 10~16개이고, 많을수록 큰 지름을 가지고 있다. 원형의 보강재는 종종 원형의 안내면 아래쪽에 설치하고, 보강재는 안내면 표면의 최대 압력을 15~20% 정도 감소시킨다.

## 3.3.2 칼럼의 설계

수직 베드면이 설치된 공작기계의 칼럼(column)은 스핀들 헤드나 니테이블을 지지하며, 고정된 베드를 가진 공작기계 칼럼은 스핀들 헤드만을 지지한다. 수직 선반, 밀링, 보링머신과 같은 칼럼은 대칭평면에서 작용하는 힘을 받는다. 칼럼의 주요 설계 요건은 베드에서와 같이 높은 정적 및 동적 강성을 요구한다. 그리고 칼럼은 박스부분이나 얇은 원형의 벽으로 만들며 단면은 보강재를 사용하여 강화시킨다. 일반적으로 사용되는 공작기계 칼럼 단면을 표 3.7에 나타내었다. 칼럼의 높이는 단면의 길이보다 매우 커서, 3차원 하중에 의해 단면을 비틀어지게 하므로 보강재가 필요하다.

일반적으로 공작기계는 두 개의 수직평면의 굽힘, 전단 및 비틀림을 받는다. 칼럼의 굽힘에 의한 처짐은 고정된 외팔보로 해석될 수 있다.

칼럼의 전단에 의한 처짐 $\Delta$는 다음과 같이 계산된다.

표 3.7  칼럼의 단면

| 단 면 | 사 용 예 |
|---|---|
| 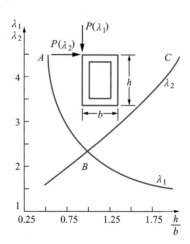 | 1. 원형 단면 : 레이디얼 드릴링머신 |
|  | 2. 사각형 단면 I : 수직 드릴 |
|  | 3. 사각형 단면 II : 보링머신, 밀링머신 |
|  | 4. 사각형 단면 III : 플레이너형 밀링머신, 플레이너, 선반 |

그림 3.15  전단변위 분포 계수

$$\Delta = \lambda \frac{Ql}{GA} \tag{3.34}$$

여기서,  $Q$ : 전단력          $l$ : 전단 변형에서 단면까지의 거리

  $A$ : 단면적          $G$ : 칼럼의 횡탄성계수

  $\lambda$ : 전단변위 분포계수

  계수 $\lambda$의 값은 그림 3.15의 곡선에서 결정된다.

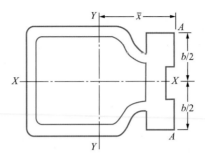

그림 3.16 밀링머신 기둥의 단면

직각 박스형 단면인 그림 3.16의 미끄럼 홈($A$ 지점)의 변위는 칼럼의 비틀림 $\psi$에 의해 발생되며 다음 식에서 결정된다.

$$X \text{ 방향의 처짐} : \Delta X = \frac{b}{2}\psi$$

$$Y \text{ 방향의 처짐} : \Delta Y = \bar{x}\psi$$

베이스의 굽힘으로 인한 칼럼 상부의 처짐량은 기둥과 만나는 부분에서 베이스의 기울임각과 기둥 높이를 곱하여 구할 수 있다. 칼럼 상부의 안내선 총 처짐이 $X$ 방향의 단위미터당 3~5 $\mu$m를 넘지 않고, $Y$ 방향에서 단위미터당 10~25 $\mu$m를 넘지 않도록 한다.

### 3.3.3 하우징 설계

공작기계에서 하우징은 주축부 하우징과 이송부 하우징이 있으며, 하우징은 분할되었거나 혹은 일체구조이다. 일반적으로 일체구조는 작아서 보통 크기의 공작기계에 널리 쓰인다. 분할 하우징은 조립하기에 쉬우나 강성이 일체구조 하우징의 강성보다 평균 50% 정도 작다.

### 3.3.4 크로스 레일, 암, 램 등의 설계

크로스 레일과 암은 절삭공구를 지지하기 위한 2개의 안내면이 있고, 2개의 상호 수직방향으로 움직일 수 있게 된다. 이동하는 공구를 가진 공작기계(수직선반, 플레이너, 플레이너형 밀링머신)의 크로스레일은 상대적으로 작은 기둥에 의해 지지되고, 3차원 하중에 종속되어 있는 보이다. 이들은 2개의 평면 내에서 비틀림과 굽힘을 받는다. 그림 3.17에 보이는 바와 같이 높이 $h$와 폭 $b$의 비는 수직밀링머신은 $h/b=1.5\sim2.2$, 플레이너는 $h/b=1\sim1.5$, 플레이너형 밀링머신은 $h/b=1.0$ 정도이다. 절삭력의 3~4배 이상 중량의 왕복대를 갖는 공작기계에서는 이보다 높은 값을 갖는다.

암은 $h/b$의 비가 2~3인 장방형 혹은 타원형의 중공 단면(中空 斷面)을 가지고 있다. 똑같은 무게에 대해서, 타원형의 강성이 직각형의 강성보다 15~20% 정도 높다. 새들과 왕복대 등의 구조물은 두 방향의 절삭공구나 공작물을 움직이게 한다. 새들과 운반대의 형태는 안내면의 작업조건에 따라 크게 좌우된다. 일반적으로 중량이 큰 공작기계의 새들이 닫힌 상자형태라면, 중간크기는 일체형이다. 새들의 폭에 대한 길이의 비는 $l/b>1.5\sim2$이고, 작은 값은 좁은 안내면에 적당하고 큰 값은 넓은 안내면에 알맞다.

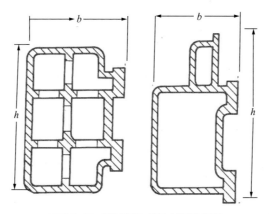

그림 3.17  기본적인 크로스레일 단면

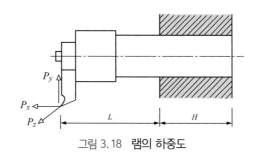

그림 3.18  램의 하중도

램은 절삭공구를 지지하고 절삭 왕복운동에 주로 사용한다. 램의 변형은 굽힘과 비틀림강성에 안내면과 마찬가지로 좌우된다. 램은 2개의 평면에서 비틀림과 굽힘을 받기 때문에 3차원 하중을 받을 때는 그림 3.18과 같이 탄성기조 위의 보로서 해석한다.

1. 머시닝센터의 주요 구성요소를 열거하고 각 구성요소별로 설계 시 고려사항을 설명하라.

2. 공작기계 구조용 재료를 선정할 때 고려해야 할 사항들에 대해 논하라.

3. 공작기계 구조물의 강성에 대해서 논하라.

4. 복합시스템이 직렬로 결합되어 있을 때 시스템의 합성강성(K)과 컴플라이언스(C)를 구하라.

5. 수직밀링에서 커터의 지름은 50~250 mm이고 그때 잇수는 8~14이다. 커터의 지름이 80~250 mm이고 각각의 잇수가 10~26이다. 최소 회전속도는 30 m/min이고 최고 회전속도는 500 m/min이다. 이때 수직밀링을 설계할 때 진동수 범위를 구하라.

6. 공작기계 설계 시 열적으로 고려해야 할 사항과 대책을 논하라.

# CHAPTER 4

# 공작기계의
# 안내면과 이송계

공작기계의 정확한 운동에 큰 영향을 미치는 안내면의 조건, 형상 및 재료에 대하여 알아보고, 안내면의 윤활 효과를 통해 유체마찰, 경계마찰 및 고체마찰의 마찰상태와 아울러 윤활유의 조건을 제시한다. 이런 안내면의 종류와 용도를 상세히 알아보고 설계조건과 안내면에 작용하는 힘의 계산과정을 통해 안내면 설계를 할 수 있다.

## 4.1 공작기계의 안내면

안내면(案內面)은 공작기계에 기하학적으로 정확한 운동을 주기 위한 기준이 되는 면으로서 기본적으로 직선운동(선반, 드릴링머신, 보링머신) 및 회전운동(수직형 터릿선반, 보링밀)을 가진다.

안내면은 다음을 만족해야 한다.

- 안내면 표면의 높은 정밀도 및 정확도
- 복귀의 정확성
- 안내면의 능력을 유지하는 내구성
- 내마멸성과 작은 마찰계수
- 높은 강성과 적당한 감쇠
- 윤활유 공급의 용이성

### 4.1.1 안내면의 조건

접촉면 사이에서 윤활조건에 따라서 미끄럼 표면 사이의 마찰은 고체마찰(固體摩擦), 경계마찰(境界摩擦), 유체마찰(流體摩擦)로 분류된다. 고체마찰은 미끄럼면에 윤활이 없을 때 발생하며 공작기계에서는 거의 볼 수 없다. 한 물체가 다른 물체에 미끄러질 때 두 물체 사이에 윤활이 있으면 미끄러지는 물체는 윤활막의 동적 움직임에 의해 그림 4.1과 같이 올라가거나 뜨게 된다.

동적 힘 $Q$는 일반적으로 다음과 같이 표현된다.

$$Q = K_h \cdot v \tag{4.1}$$

여기서, $K_h$ : 미끄럼 표면 형상과 웨지각(wedge angle) $\alpha$에 따른 계수

　　　　$v$ : 미끄럼 속도

미끄러지는 물체의 무게가 $G$라면 수직하중은

$$N = Q - G \tag{4.2}$$

식 (4.1)로부터 미끄럼 속도가 증가하면 동적 힘이 증가한다. $Q < G$의 조건에서는 미끄럼면은 경계윤활(境界潤滑, semi-liquid lubrication)의 조건이다. 이것은 두 물체는 유막에 의해 분리되지만 실제적으로 고체와 고체접촉(금속과 금속 접촉)이 공존한다. $Q > G$의 조건에서는 미끄럼 물체에 작용하는 수직하중이 위로 작용하기 때문에 뜨는 현상을 볼 수 있다. 그리고 미끄럼 표면은 유막에 의해 완전히 분리되어 있는 유체마찰 조건이 된다.

안내면은 미끄럼면 사이에 상대적으로 높은 마찰계수(摩擦係數)가 존재한다.

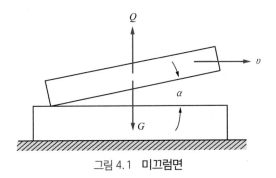

그림 4.1  미끄럼면

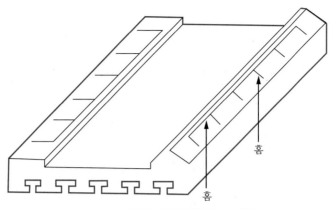

그림 4.2  경계 마찰 안내면의 홈 위치

이것은 심각한 마멸을 유발하며 기계의 정도와 수명을 감소시킨다. 안내면의 적당한 기능에 있어서 마찰은 가능한 한 작게 일어나고 미끄럼 표면에는 항상 최소의 윤활이 있어야 한다. 미끄럼 표면의 오일은 자동적인 방법 혹은 일정 간격으로 수동적인 방법으로 공급하여야 한다. 안내면에서의 유체 마찰의 일부분을 증가시키고, 접촉부의 마찰을 감소시키는 가장 일반적인 방법은 그림 4.2와 같이 미끄럼면에 윤활 홈을 설계하는 것이다. 홈은 일정 거리로 세로방향으로 설계한다.

## 4.1.2 안내면의 형상 및 재료

### (1) 안내면 형상

그림 4.3은 열린 안내면과 닫힌 안내면을 나타낸다. 열린 안내면은 미끄럼 속도가 높을 때는 접촉부에 좋은 윤활상태를 나타낸다. 반면 닫힌 안내면은 미끄럼 속도가 높지 않고, 칩이나 먼지 등의 이물질 축적이 잘 되지 않는 곳에 설치하는 것이 좋다.

### ① 평면형 안내면

그림 4.3(a)는 평면형의 안내면이다. 수직 및 수평방향의 구속이 없으므로 마멸시 안내면 조절판을 이용하여 조정이 용이하다. 닫힌 형태 평면형의 안내면은 윤활상태가 불량하고, 열린 형태는 이물질 등이 축적될 가능성이 있다. 이러한 평면형 안내면은 큰 하중을 지지하는 곳에 사용된다.

### ② V형 안내면

그림 4.3(b), (c)의 V형 안내면의 정점 부분은 하중에 의해서 자동 공차조절이 용이하고, 마멸의 영향이 적고, 이송의 정확성이 있으나 가격이 비싸다. V형 안내면은 그림 4.3(b)와 같은 대칭형과 (c)와 같은 비대칭형이 있다. V형 안내면이 이루는 각도는 90°이며, 큰 하중이 작용하는 곳은 꼭지점 각도를 120°로 증가시키기도 한다. V형 안내면은 플레이너(planer) 및 연삭기 등에 많이 사용된다.

### ③ 더브테일(dovetail)형 안내면

그림 4.3(d)와 같이 쐐기 등을 이용하여 공차조정도 가능하나, 제조나 검사가 평면형과 V형보다 어렵다. 주로 공간의 한계 때문에 높이가 제한되는 운반대, 새들(saddle) 및 니(knee) 등에 많이 사용된다.

### ④ 원통형 안내면

제조가 간단하지만 조립시 공차를 맞추기 어려우며 2개의 사이가 완전한 평형도를 이루어야 정밀도가 보장된다. 단점이 있지만 강성이 크기 때문에 밀링머신의 오버암(overarm), 레이디얼 드릴링 머신의 칼럼, 선반 심압대 그리고 슬리브(sleeve) 등에 사용된다.

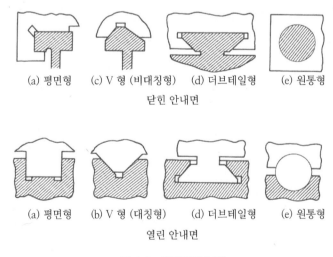

| (a) 평면형 | (c) V 형 (비대칭형) | (d) 더브테일형 | (e) 원통형 |

닫힌 안내면

| (a) 평면형 | (b) V 형 (대칭형) | (d) 더브테일형 | (e) 원통형 |

열린 안내면

그림 4.3  안내면의 형상

실제 현장에서는 2개의 조합된 안내면을 이용하여 공작기계 등에 많이 사용한다. 표 4.1은 다양한 안내면의 작용과 결합을 보여주고 있다.

표 4.1  조합된 안내면

| 조합 안내면 | | 사용 예 |
|---|---|---|
| 열린 V형 + 열린 V형 | | 플레이너 |
| 닫힌 V형 + 닫힌 V형 | | 정밀 선반, 터릿 선반 |
| 열린 평면형 + 열린 V형 | | 평면 연삭기 |
| 닫힌 평면형 + 닫힌 V형 | | 범용 선반, 고강성 보링머신 |
| 닫힌 평면형 + 닫힌 평면형 | | 고강성 선반, 브로칭머신, 플레이너형 밀링머신 |
| 닫힌 평면형 + 닫힌 평면형 | | 일반적인 수직 기둥 |
| 반 닫힌 더브테일형 + 반 닫힌 더브테일형 | | 니형 밀링머신, 드릴링머신 |

## (2) 안내면 재료

일반적 재료는 주철, 탄소강 그리고 합금강이지만 안내면이 베드와 결합할 때에는 내마멸성이 좋고, 미끄럼 운동이 원활한 회주철과 구상흑연주철 등이 사용된다. 회주철은 미끄럼 마찰에 의한 마멸성이 뛰어나며, 판상흑연이 윤활재 역할을 하고, 흑연 부분에 기름이 끼어 고착현상(固着現狀, seizing)을 방지한다. 특히 미하나이트 주철은 인장강도뿐만 아니라 내압성이 크고 마찰계수가 적어 안내면 재료로서 우수하다. 마멸저항이 큰 것이 필요할 때에는 고주파경화, 화염경화 등으로 열처리를 하면 마멸저항을 배가시킬 수 있다.

고정안내면과 이동안내면의 열처리 및 재질에 따라 마멸량에 큰 차이가 난다. 여러 연구 결과가 그림 4.4에 나타나 있다. 그림 4.4(a)에서 알 수 있는 바와 같이 이동안내면의 마멸량($f_1$)과 고정안내면의 마멸량($f_2$)의 합($f_1 + f_2$)은 양쪽 다 담금질하지 않은 경우에 가장 크지만, 양쪽 다 열처리한 것은 마멸량이 최소이다. 또 그림 4.4(b)에서 알 수 있는 바와 같이 양쪽 모두 주철인 재료가 마멸량이 가장 크다.

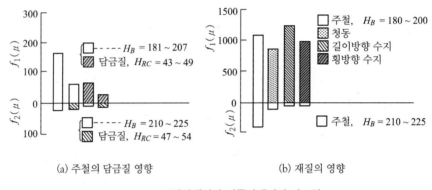

(a) 주철의 담금질 영향    (b) 재질의 영향

그림 4.4  고정안내면과 이동안내면의 마모량

경제성 등을 고려하여 표 4.2와 같이 조합단면을 이용하여 주철과 회주철 구조물을 조화롭게 이용하는 것이 좋다. 주철 안내면의 마멸저항은 크롬 피복을 20~25 $\mu$m하여 경도가 $H_{RC} = 70$으로 증가할 때 안내면의 마멸저항을 4~5배 향상시킬 수 있다. 몰리브덴 피복에 의해서도 같은 효과를 낼 수 있다.

그림 4.5(a)는 안내면과 베드를 용접에 의해 제조하는 방법이며, 그림 4.5(b)는 나사로 접합된 형태이다. 안내면 표면의 균일한 변형을 위해 다음 조건을 만족해야 한다.

$$t \leq 2h$$
$$t = 인접나사 \ 사이의 \ 거리$$
$$h = 안내면의 \ 높이$$

그림 4.6은 평면형 안내면과 더브테일 안내면을 조정하는 방법을 보여 준다.

표 4.2 조합단면의 형태

| 구분 | 형태 | | 사용 예 |
|------|------|------|---------|
| 저강성 | 두꺼운 벽 | 리브를 가진 얇은 벽 | 터릿선반, 소형 플레이너 |
| 중강성 | | | 터릿선반 |
| 고강성 | | | 보링머신, 슬로터, 플레이너 |
| | | | 수평형 베드 |

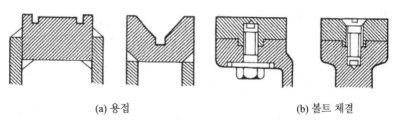

(a) 용접                        (b) 볼트 체결

그림 4.5 안내면 접합방법

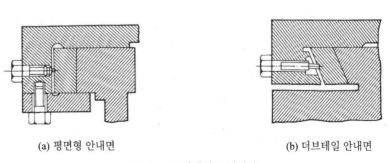

(a) 평면형 안내면                    (b) 더브테일 안내면

그림 4.6 안내면 조정방법

### 4.1.3 안내면의 보호장치

고정안내면과 이동안내면은 틈 사이에 먼지나 칩 등에 의해서 영향을 받는다. 안내면의 수명은 바깥으로부터 안내면 접촉 표면을 보호하는 장치를 갖춤으로써 연장시킬 수 있다. 보호장치로 널리 사용되는 것은 다음과 같다.

#### (1) 시 일

시일(seals)은 죄는 면에 의해 안내면의 끝부분에 고정된다. 가장 간단한 시일은 펠트(felt)블록으로 구성된다[그림 4.7(a)]. 그러나 펠트시일은 마멸이 빨리된다. 이것은 고무시일을 첨가함으로써 줄일 수 있다[그림 4.7(b)]. 더 좋은 방법은 펠트와 고무시일 안에 황동판을 첨가하는 것이다[그림 4.7(c)]. 모든 시일 형태의 성능은 죄는 면과 시일 사이에 용수철 판을 삽입시킴으로써 증대시킬 수 있다[그림 4.7(d)].

#### (2) 덮 개

고정안내면의 길이가 이동안내면 요소보다 짧다면 안내면은 항상 움직이는 요소로 덮혀있게 된다. 일반적으로는 이동안내면 요소가 고정안내면보다 길이가 짧다. 터릿선반, 연삭기의 커버 플레이트는 길이가 비교적 짧다. 텔레스코픽

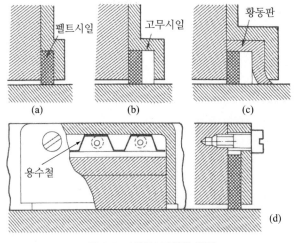

그림 4.7 시일의 다양한 형태

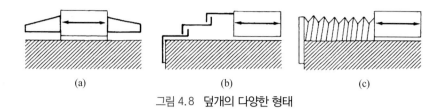

그림 4.8 덮개의 다양한 형태

(telescopic)형 커버는 이동요소의 행정이 클 때 사용되며, 롤링에 의해 지지된다. 연삭기는 큰 칩에 의해서 손상을 입을 수 있으므로 신축성이 있는 가죽형태의 보호 덮개를 사용한다. 그림 4.8은 여러 가지 덮개의 형태를 나타낸 것이다.

### (3) 보호띠

고정안내면과 이동안내면 사이에 강철띠를 이용하여 오물, 칩의 침투를 방지하기 위해 일정 두께의 강철띠를 삽입시킨다(그림 4.9).

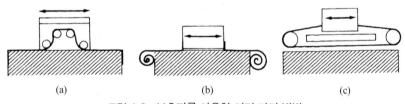

그림 4.9 보호띠를 사용한 여러 가지 방법

### (4) 기름홈

안내면에 기름홈을 만들면 급유에 의해 마찰상태를 개선하여 마모 측면에서 보호를 할 수 있다(그림 4.10).

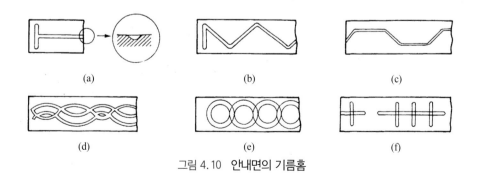

그림 4.10 안내면의 기름홈

### 4.1.4 안내면 윤활효과

안내면 편마멸에 의한 정도 저하, 안내면 윤활 불량에 의힌 운동성 저하 등, 윤활에 관계있는 많은 정도 저하 등을 방지하기 위해서 효과적인 윤활이 필요하다.

일반적으로 공작기계에서는 윤활 효과(潤滑效果)가 좋은 동압형 안내면을 사용한다. 그림 4.11에 표시했듯이 윤활속도에 대해 유체마찰상태(유체윤활), 혼합마찰상태(혼합윤활), 그리고 경계마찰상태(경계윤활)의 3종류의 마찰상태가 있다. 마찰계수는 마찰면의 윤활상태에 따라 변화한다.

한편 유체 윤활상태에서 윤활속도가 작아지면 마찰력은 작아지다가, 윤활속도가 어느 속도 이하가 되면 마찰력은 급격히 증대한다. 이 마찰력이 급격히 변환하는 윤활속도 이하의 속도영역의 윤활상태를 경계윤활상태라 부른다. 윤활유가 존재하는 경우와 고체접촉의 경우가 공존하는 영역이라고 볼 수 있다. 즉 불안전한 윤활상태이며 여기에서는 윤활유의 유성이 매우 중요하다. 슬립스틱(slip stick) 현상도 이 영역에서 발생한다. 윤활유 유막이 얇으면 고체마찰 영역이 되고 이 상태에서는 안내면에서 부착현상(附着現狀)이 생기고 움직임도 불안정해지고 안내면의 마멸(磨滅)도 급속히 진행되기 때문에 공작기계에서는 이 영역에서 사용을 피하는 것이 좋다. 그래서 적절한 유압과 윤활유의 선정이 필요하다.

경계 윤활상태에서는 안내면의 운동에서 불안정한 현상이 나타난다. 이것은 윤활유가 공작기계 안내면에 충분히 공급되지 않았기 때문이다. 예를 들면, 장시간 방치한 상태의 연삭기의 테이블을 구동하면 이러한 현상을 볼 수 있다. 이런 현상을 슬립스틱이라 부른다. 슬립스틱에는 이동체 중량, 구동계의 스프링상수 등이 영향을 미친다. 이 현상을 방지하기 위해서는 다음과 같은 조건을 유지하여야 한다.

- 경계윤활상태가 되지 않을 것
- 가능하면 유성이 높은 윤활유 사용
- 구동계의 정강성을 높게 할 것
- 이동부분의 중량을 작게 할 것
- 안내면에 특수 재료를 이용할 것
- 극압성이 높은 첨가제를 이용할 것
- 안내면 표면에 불소계 수지를 이용할 것

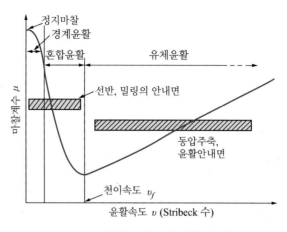

그림 4.11  윤활속도에 따른 마찰계수 특성

공작기계 안내면의 윤활유는 일반적으로 저속도 보통 하중에서는 중점도, 저속도 고하중에서는 고점도, 고속도에서는 저점도의 윤활유가 사용된다. 이들 윤활유의 공통의 요구조건은

- 유성이 우수할 것
- 극압성이 우수할 것
- 부착성이 우수할 것
- 산화안정성이 우수할 것
- 절삭유, 연삭유에 대해 안정성을 가질 것

그래서 안내면 윤활유에서는 이 슬립스틱현상과 안정한 운동 성능을 유지하기 위해서 유성, 극압성과 동시에 유막이 파손되지 않기 위해 윤활유에 극압첨가제(極壓添加劑)를 첨가한다. 이러한 윤활유의 적절한 공급을 위해 적당한 형상의 기름홈이 필요하다. 아울러 기름홈 설계시 안내면의 운동에 있어서 부상현상을 억제시킬 수 있는 설계가 필요하다.

## 4.2  안내면의 종류 및 용도

공작기계에 많이 사용되는 안내면의 종류는 다음과 같다.

- 미끄럼 안내면
- 유정압 안내면
- 구름 안내면
- 공기정압 안내면

### 4.2.1 미끄럼 안내면

미끄럼 안내면은 마찰저항을 작게 하는 것이 필요하다. 마찰저항을 작게 하고, 내마멸성을 증가시키기 위해 불소계 수지를 안내면에 붙이는 경우도 있으나, 고속 이송을 하면 열의 영향으로 박리되고 마찰저항이 증가되어 미끄럼 안내면으로는 작동할 수 없게 된다.

경계마찰 조건의 안내면은 비교적 높은 마찰계수(摩擦係數)를 가진다. 그러나 정밀 공작기계의 안내면 설계에 영향을 미치는 것은 마찰계수 자체보다는 미끄럼 속도의 변화와 시간 경과에 따른 마찰계수의 변화이다.

미끄럼속도 $v$에 따른 마찰계수 $\mu$의 변화는 그림 4.12와 같다.

미끄럼 운동은 처음에는 슬립스틱 효과에 많은 영향을 받는다. 미끄럼속도 0에서의 마찰계수(정마찰계수)는 천이속도(遷移速度) $v_0$속도에서보다 높다. 운동 초기에는 안내 요소들이 정마찰계수 $\mu$를 이기기 위해 긴장된다. 그러나 안내 요소들이 미끄러지기 시작하면 마찰계수는 낮은 값으로 떨어지다 다시 증가하게 된다.

안내면이 작동하기 위해 때때로 윤활유를 공급해 주어야 한다. 시간에 대한 마찰계수의 변화는 그림 4.13에 표시되어 있다. 그림에서 알 수 있는 바와 같이 안내요소들의 마찰저항은 일정하지 않고, 안내요소들의 하중 때문에 안내면에서 유막은 점점 빠져나간다. 따라서 안내면의 실제 마찰계수는 오일공급 후 경과된 시간에 좌우된다.

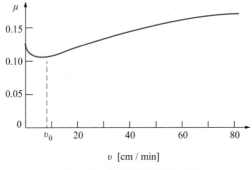

그림 4.12 **속도와 마찰계수 변화**

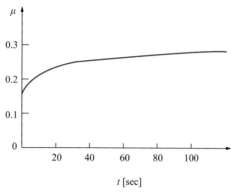

그림 4.13  마찰계수 변화 특성

경계마찰 조건하의 안내면은 마찰계수 변화 때문에 고정도 공작기계에 적용한다는 것은 상당히 어렵다.

## 4.2.2 구름 안내면

안내면에 마찰을 감소시키기 위해 슬라이딩 부분과 고정 안내면 사이에 볼(ball), 롤러(roller), 니들(needle)을 사용한 것으로 고속 이송에 일반적으로 사용되지만, 동강성이 작기 때문에 중절삭(重切削) 시 채터진동의 발생이 쉽다.

마찰의 성질이 미끄럼접촉에서 구름접촉으로 변하기 때문에 아래와 같이 개선된다.

- 윤활 안내로를 가지기 때문에 마찰력이 작고, 고속이송이 가능하다.
- 슬립스틱 현상이 줄어들기 때문에 낮은 속도에서도 일정한 운동이 가능하다.
- 롤링 부재들이 부하를 받고 있다면 높은 강성을 가진다.

이러한 성질 때문에 정밀한 절삭 공구의 움직임을 필요로 하는 고정밀도 공작기계에 적용된다. 롤링부재와 안내면의 접촉은 점 접촉 또는 선 접촉이 된다. 그러므로 안내면 구성요소의 좁은 부분에 많은 하중이 작용하여도 견딜 수 있어야 한다.

구름 안내면은 열린 형태와 닫힌 형태가 있다. 열린 형태의 몇 가지 예가 그림 4.14에 있다. 그림 4.14(b)의 V형태와 (d)의 형태는 서로 다른 형태의 조합으로 이용되고 있다. 열린 형태의 구름 안내면은 절삭과정 동안 하중 변화가 작을 때 사용된다.

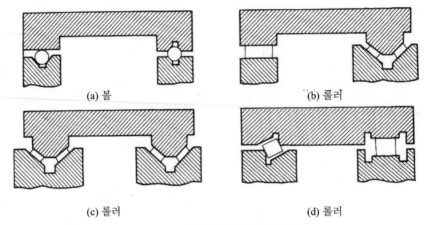

(a) 볼

(b) 롤러

(c) 롤러

(d) 롤러

그림 4.14  열린 형태의 구름 안내면

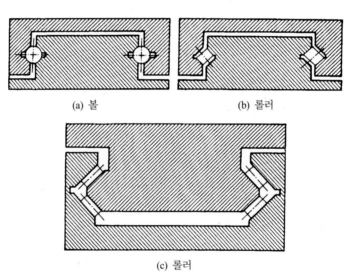

(a) 볼

(b) 롤러

(c) 롤러

그림 4.15  닫힌 형태의 구름 안내면

그림 4.15와 같은 닫힌 형태의 구름안내면은 부하가 크거나 높은 강성의 안내면이 필요할 때 사용된다. 그림 4.16은 센터리스 연삭기 등에 사용되는 한계움직임 슬라이딩 방식을 나타내고 있다. 롤링 요소의 운반대 길이 $l_c$의 결정방법은 다음과 같다.

$$l_c = l_g - \frac{l}{2} \tag{4.3}$$

여기서, $l_c$ : 운반대 길이, $l_g$ : 안내로 길이, $l$ : 이송 길이

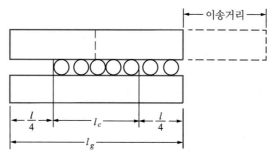

그림 4.16　한계움직임 슬라이딩 방식

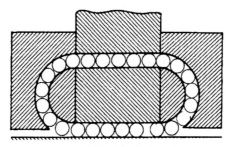

그림 4.17　순환롤링 요소의 무한 안내로

그림 4.17은 순환롤링 요소들을 가진 무한 안내로이다.

### 4.2.3 유정압 안내면

유정압 안내면은 하중을 지지하는 힘이 공급되는 유압으로부터 얻어지는 형태의 안내면으로서 다음과 같은 특징을 가지고 있다.

- 완전 유체마찰조건으로 마멸은 무시된다.
- 모든 속도에서 높은 하중 용량을 가진다.
- 고강성과 양호한 감쇠성능을 가진다.
- 이송과 세팅에서 고정도를 유지한다.

유정압 안내면의 마찰계수는 공기압 안내와 같은 정도로 비교적 낮고 비압축성 유체이며, 고부하 용량을 얻을 수 있는 점 등으로 대형 초정밀 공작기계의 안내(연삭기, 고용량 수평 보링머신, 머시닝센터)에 유정압 베어링과 함께 사용

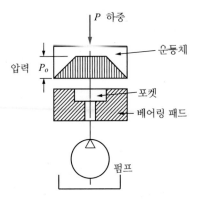

그림 4.18  정압 패드 베어링

되고 있다. 그러나 공급유의 압력 변동을 감소시키기 위해서는 댐퍼, 어큐뮬레이터(accumulator) 등 공기압에 비하여 많은 기기가 필요하므로 대형 기기에 사용된다.

정압 안내면의 작동원리는 그림 4.18에 보이고 있다. 오일은 펌프로부터 포켓(pocket)으로 공급된다. 요구 압력은 패드에 작용하는 하중에 의해 결정되는데, 하중 $P$가 크면 포켓 압력 $P_0$도 커진다. 그림 4.19는 하나의 펌프가 여러 개의 포켓으로 동시에 기름을 공급하는 장치이다. 패드 Ⅰ, Ⅱ에 작용하는 하중이 각각 $P_1$, $P_2$라 하고 $P_1 < P_2$이면, 요구되는 포켓압력 $P_{01}$, $P_{02}$보다 작다. 패드 Ⅰ, Ⅱ에 기름이 공급될수록 그 내부 압력은 상승한다. 압력이 $P_{01}$이 되면 패드 Ⅰ은 상승하기 시작한다. 그러나 지금 패드 Ⅱ를 올리기 위해 압력을 $P_{02}$로 올

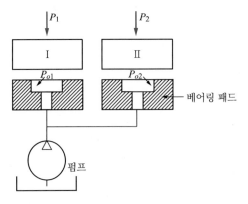

그림 4.19  하나의 펌프로 2개 패드에 윤활유 공급

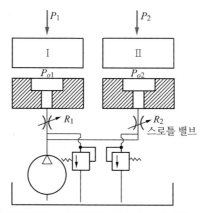

그림 4.20 스로틀밸브를 이용한 두 개의 패드 베어링으로 윤활유 공급

리기는 불가능하다. 펌프로부터 공급되는 기름은 패드 I의 압력 $P_{01}$으로 설정되어 있으므로 위의 배열에서는 각각의 패드에 펌프가 있어야 한다.

그림 4.20과 같이 스로틀밸브(throttle valve)가 공급회로로 연결될 때 하나의 펌프에서 여러 개의 포켓으로 공급이 가능하다. 스로틀밸브(교축밸브)는 통과하는 유량을 제한하는 기능을 가진다. 이는 양 끝단의 압력차로 인해 정해진 부피만큼의 유량을 통과시키게 된다. 스로틀밸브 $R_1$이 패드 I의 포켓 압력 $P_{01}$으로 설정된다면 펌프로부터 증가되는 유량이 패드 I을 통과해 공급되지 않는다. 동시에 패드 II의 공급라인으로 전환할 것이다. $R_2$는 패드 II의 포켓압력이 $P_{02}$에 세팅되어 원활한 공급이 가능하게 된다.

베어링 강성은 하중과 베어링 틈새에서의 유막두께에 의해 좌우되는 값이다. 따라서 고강성일 경우 되도록 유막두께를 작게 할 필요가 있다. 그러나 정압 안내면에서는 금속과 금속이 접촉하게 되므로 유막두께를 어느 정도 이하로 낮출 수가 없다. 일반적으로 유막두께는 0.0025~0.025 mm 이내이며, 고속으로 작동하는 패드베어링에서는 높은 값이 선택되어야 한다.

### 4.2.4 공기정압 안내면

공기정압 안내면의 주요 작동원리는 유정압 안내면과 비슷하나 가장 기본적인 차이점은 오일 대신에 압축공기가 공급되는 것이며, 다음과 같은 특징을 가진다.

- 압축된 공기의 공급이 중단된 이후에도 움직이는 장치들은 지정 위치에 정확하게 고정될 수 있다.
- 먼지나 연마제 입자 및 칩이 공기압력에 의해 표면에 붙는 것을 효율적으로 방지한다.
- 공기의 작용으로 안내면을 끄는 힘이 매우 작다. 그러므로 모든 미끄럼 속도에서 거의 무시할 만큼 작은 마찰력이 존재한다.

공기정압 안내면은 유정압 안내면과 비교해 볼 때 낮은 강성인데, 이것은 공기의 압축성 때문이다. 또한 공기는 오일보다 점성저항이 상대적으로 낮기 때문에 감쇠성도 좋지 못하다. 공기압 안내는 미끄럼 안내, 구름 안내에 비하여 마찰계수가 낮고 고정밀도 위치결정에는 유리하나 강성이 낮고 부항 용량, 부하 변동이 적은 용도에 한하여 이용 가능하다. 또 압력변동이 적은 깨끗하고 안정된 온도의 압축공기 공급이 필요하므로 부대설비비가 많이 든다는 단점이 있다.

공기는 그림 4.21과 같이 곧은 삼각형의 가는 홈에 의해 미끄럼면에 공급된다. 홈의 중간구멍은 오리피스 스로틀밸브를 통해 공기를 공급하는 곳과 연결되어 있다. 안정성을 위해서는 가는 홈에 있는 공기 부피는 미끄럼면의 간극 부피보다 4~5배 정도 작아야 한다. 이렇게 하기 위해서는 삼각형 모양의 홈 깊이 $t$를 아래의 식으로 결정한다.

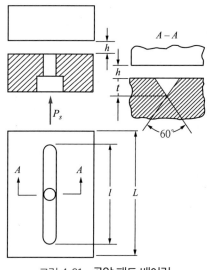

그림 4.21  공압 패드 베어링

$$t \leq \sqrt{0.7Bh} \tag{4.4}$$

여기서, $B$ : 미끄럼면의 폭[mm]

$h$ : 미끄럼면의 간극[mm]

중앙 공급라인의 압축공기는 약 2~5[kg/cm²]이다.

## 4.3 안내면의 설계

### 4.3.1 안내면의 설계기준

안내면 설계시 내마멸성, 내부식성 및 강도 등이 고려되어야 할 요소이다. 내마멸성은 안내면의 접촉면 위에 작용하는 최대압력 또는 평균압력에 따라 좌우된다. 최대 압력 $p_{\max}$과 평균압력 $p_{av}$는 다음과 같은 조건을 만족해야 한다.

$$p_{\max} \leq [p_{\max}] \tag{4.5}$$

여기서, $p_{\max}$ : 접촉면 위에 작용하는 최대 압력

$[p_{\max}]$ : 최대 허용 압력

$$p_{av} \leq [p_{av}] \tag{4.6}$$

여기서, $p_{av}$ : 접촉면 위에 작용하는 평균 압력

$[p_{av}]$ : 평균 허용압력

또 이러한 조건과 절삭공구의 처짐량이 허용한도를 넘지 않도록 하여야 한다.

$$\delta_i \leq [\delta_i] \tag{4.7}$$

여기서, $\delta_i$ : 절삭공구의 처짐량

$[\delta_i]$ : 절삭공구의 허용 처짐량

### 4.3.2 안내면에 작용하는 힘

#### (1) V형과 평면안내면의 조합에서 안내면에 작용하는 힘

V형과 평면 안내면의 조합은 일반적으로 선반의 새들(saddle) 안내면에 많이 사용되며, 그림 4.22는 작용하는 힘을 보여주고 있다.

그림에서, $G$ : 이동안내면의 무게, $P_z$ : 주속도방향 수직력, $P_y$ : 반지름방향 배분력, $A$, $B$, $C$ : 반작용력

$Y$축의 힘의 합 $= 0$

$$\sum Y = 0 ;\ A\sin\alpha - B\sin\beta + P_y = 0 \tag{4.8}$$

$Z$축의 힘의 합 $= 0$

$$\sum Z = 0 ;\ A\cos\alpha + B\cos\beta + C - P_z - G = 0 \tag{4.9}$$

$X$축에 대한 모든 힘의 모멘트 $= 0$

$$\sum M_x = 0 ;\ A\cos\alpha\frac{b}{2} + B\cos\beta\frac{b}{2} - P_z\frac{d}{2} - P_y h - C\frac{b}{2} = 0 \tag{4.10}$$

식 (4.10)으로부터

$$C = A\cos\alpha + B\cos\beta - P_z\frac{d}{b} - P_y\frac{2h}{b} \tag{4.11}$$

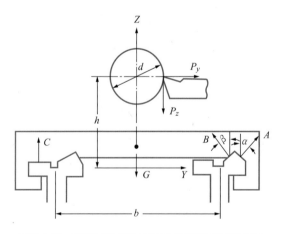

그림 4.22   2차원 절삭에서 V형과 평면형 안내면 조합

식 (4.11)의 $C$를 식 (4.9)에 대입하면,

$$A\cos\alpha + B\cos\beta + A\cos\alpha + B\cos\beta - P_z\frac{d}{b} - P_y\frac{2h}{b} - P_z - G = 0$$

즉, $2(A\cos\alpha + B\cos\beta) = P_z\left(1 + \frac{d}{b}\right) + P_y\frac{2h}{b} + G$

$$A\cos\alpha + B\cos\beta = \frac{P_z(d+b)}{2b} + P_y\frac{h}{b} + \frac{G}{2} \qquad (4.12)$$

만일 V형 안내면 정점 각이 90°라면, $\beta = 90 - \alpha$, 식 (4.8)과 (4.12)의 해는 다음과 같다.

$$A = \frac{P_z(d+b)}{2b}\cos\alpha + P_y\frac{h}{b}\cos\alpha - P_y\sin\alpha + \frac{G}{2}\cos\alpha \qquad (4.13)$$

$$B = \frac{P_z(d+b)}{2b}\sin\alpha + P_y\frac{h}{b}\sin\alpha + P_y\cos\alpha + \frac{G}{2}\sin\alpha \qquad (4.14)$$

식 (4.11)에 $A$, $B$를 대입하면 다음과 같이 $C$가 구해진다.

$$C = \frac{P_z(b-d)}{2b} - P_y\frac{h}{b} + \frac{G}{2} \qquad (4.15)$$

위와 같은 방법으로 작용하는 힘 $A$, $B$, $C$를 구할 수 있다. 일반적으로 새들을 들어올리는 것을 방지하기 위하여 $\alpha < 60°$가 되게 설계해야 한다.

직선운동을 구속하는 2개의 안내면을 가능하면 접근시켜 설계하여 미끄럼운동이 원활하게 된다. 이러한 안내면을 근접 안내면(narrow guide)이라 하고, 선반의 왕복대 및 밀링머신와 테이블 등에 사용된다.

### (2) 2개의 평면형 안내면의 조합에서 안내면에 작용하는 힘

그림 4.23은 두 개의 평면형 안내면을 조합한 선반의 베드이다.

그림에서 $G$ : 이동 안내면의 무게, $P_z$ : 주속도방향 수직력, $P_y$ : 반지름방향 배분력, $P_x$ : 축방향 이송분력, $A$, $B$, $C$ : 반작용력, $Q$ : 인장력, $\mu$ : 마찰계수

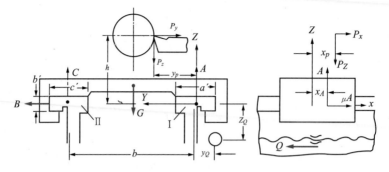

그림 4.23  3차원 절삭하에서 두 개의 평면형 안내면 조합

각 방향의 작용력과 모멘트

$$\sum X = 0 ;\ P_x + \mu(A + B + C) - Q = 0 \tag{4.16}$$

$$\sum Y = 0 ;\ B - P_y = 0 \tag{4.17}$$

$$\sum Z = 0 ;\ A + C - P_z - G = 0 \tag{4.18}$$

$$\sum M_x = 0 ;\ P_z y_p + G\frac{b}{2} - Cb - P_y h = 0 \tag{4.19}$$

식 (4.17)과 (4.19)로부터

$$B = P_y \tag{4.20}$$

$$C = \frac{P_z y_p - P_y h}{b} + \frac{G}{2} \tag{4.21}$$

식 (4.18)에서 C값을 대입하면

$$A = P_z + \frac{G}{2} - \frac{P_z y_p - P_y h}{b} \tag{4.22}$$

식 (4.16)에서 $A$, $B$, $C$의 값을 대입하면 인장력 $Q$는 다음과 같다.

$$Q = P_x + \mu(P_z + P_y + G) \tag{4.23}$$

## (3) 안내면의 압력

교접 표면에 작용하는 힘을 구하면 평균 압력은 다음과 같이 구해진다.

$$P_A = \frac{A}{a'L} \tag{4.24}$$

$$P_B = \frac{B}{b'L} \tag{4.25}$$

$$P_C = \frac{C}{c'L} \tag{4.26}$$

여기서, $L$ : 운반대의 길이

$a'$, $b'$, $c'$ : 힘 $A$, $B$, $C$가 작용하는 안내면 각각의 폭

다양한 작업조건에서의 주철 안내면에 대한 최고 압력의 허용값은 다음과 같다.

• 선반, 밀링머신 등에서와 같이 미끄럼운동이 이송운동일 때

$$[p_{\max}] = 25 \sim 30 \,[\text{kgf/cm}^2]$$

• 플레이너(planer), 셰이퍼(shaper), 슬로터(slotter)와 같이 미끄럼운동이 주운 동일 때

$$[p_{\max}] = 10 \sim 12 \,[\text{kgf/cm}^2]$$

• 고능률(중장비) 공작기계일 때

$$[p_{\max}] = 낮은 미끄럼속도에서 \ 10 \,[\text{kgf/cm}^2]$$
$$[p_{\max}] = 높은 미끄럼속도에서 \ 2 \sim 4 \,[\text{kgf/cm}^2]$$

• 이송과 절삭속도가 큰 특정목적의 공작기계에서는 $[p_{\max}]$ 값이 25% 정도 감소
• 정밀공작기계에서는 $[p_{\max}] = 1 \sim 2[\text{kgf/cm}^2]$

주철과 주강의 혼용안내면에 대한 최고압력 허용값도 위와 같다. 안내면과 안내되는 면이 둘 다 강일 경우의 최고 압력 허용값은 위에서 보다 20~30% 정도 높다.

대개의 공작기계나 그 작업조건에서는 평균압력 허용값이 최고 압력 허용값의 절반이 된다. $P_{\max}$, $P_{av}$를 구하고 $[P_{\max}]$, $[P_{av}]$를 결정하면 식 (4.5)의 최고 압력과 식 (4.6)의 평균 압력에 의해 안내면의 마멸저항을 고려한 설계를 할 수 있다.

### 4.3.3 안내면 강성설계

안내면의 강성설계(剛性設計)는 가공 정도의 허용범위 내에 있어야 한다. 예를 들면 선반작업에서 공구의 수직변형과 이송방향의 수평변형은 가공시 치수 정도에 영향을 미치지 못하지만 절삭날의 반지름방향 처짐은 지름오차에 그 값의 2배로 나타난다. 그러므로 선반 안내면의 설계시 반지름방향의 처짐에 주의해야 한다.

- 안내면 수직면의 접촉변형 $\delta_B$와
- 수평변형의 불균등 접촉변형 $\delta_A$, $\delta_C$에 의한 새들의 회전효과로 인해서 반지름방향 처짐을 다음과 같은 양만큼 일으킨다.

$$\frac{\delta_A - \delta_C}{b} \cdot h$$

그러므로 그림 4.24의 두 개의 평형 안내면을 사용하는 베드에 있어서, 총 반지름방향 절삭날 변위 $\delta_{FF}$는 다음과 같다.

$$\delta_{FF} = \delta_B + \frac{\delta_A - \delta_C}{b} \cdot h \tag{4.27}$$

그림 4.25와 같이 평면형 및 V형 안내면의 조합 선반베드의 경우, 평면형 안내면의 접촉변형은 $\delta_C$이다. V형 안내면은 $\delta_A$, $\delta_B$의 변형이 생기며 다음과 같이 계산할 수 있다.

- V형 안내면의 수직변위는

$$\delta_v = \delta_B \sin\alpha + \delta_A \cos\alpha$$

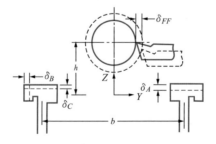

그림 4.24  두 개의 평면형 안내면을 가진 공작기계 절삭날의 반지름방향 변위

• V형 안내면의 정점의 수평변위는

$$\delta_h = \delta_B \cos\alpha - \delta_A \sin\alpha$$

V형 안내면의 수직변위와 평형 안내면의 수직변위가 새들의 회전을 일으켜서 반지름방향의 처짐은 다음과 같게 된다.

$$\frac{\delta_v - \delta_c}{b} \cdot h$$

그러므로 총 처짐 $\delta_{Fv}$는 다음과 같다.

$$\delta_{Fv} = \delta_h + \frac{\delta_v - \delta_c}{b} \cdot h \tag{4.28}$$

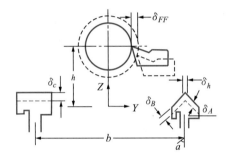

그림 4.25  평면형 – V형 안내면을 가진 공작기계의 절삭날의 반지름방향 변위

1. 안내면 형상의 종류 및 조합된 안내면이 사용되는 공작기계에 대해 논하라.

2. 공작기계에 많이 사용되는 안내면의 종류를 논하라.

3. 고착현상(seizing)을 설명하라.

4. 연삭기의 테이블 등에서 자주 발생하는 슬립스틱 현상에 대해 설명하고 그 방지책에 대해 기술하라.

5. 극압첨가제는 무엇이며, 이의 역할에 대하여 설명하라.

6. 윤활속도에 따른 마찰계수의 특성을 그림을 그려서 설명하고 고체마찰, 경계마찰 및 유체마찰의 영역을 표시하라.

7. 미끄럼 안내면과 구름 안내면을 비교 설명하하.

8. 유정압 안내면의 작동원리를 그림을 그려서 설명하고 특징을 나타내어라.

9. 그림 4.22와 같이 2차원 절삭에서 V형과 평면형 안내면 조합으로 만들어진 선반 안내면이 있다. 새들이 면 $A$로부터 들려 올려질 경우 $d/b$의 비를 계산하라 단, $h/b=0.5$, $\alpha=50°$ 그리고 절삭력 합력은 수직선에 대해서 $40°$로 작용한다.

# 공작기계의 주축계

공작기계의 주축과 베어링은 기계가공의 정밀도와 가공능률에 중대한 영향을 미치고, 공작기계의 전체 기능을 좌우하는 핵심적인 요소이다. 최근 공작기계의 고속화, 고능률화 및 고정도화의 추세에 따라 주축계의 성능개선에 관한 관심이 집중되고 있다. 따라서 주축계의 강성과 정밀도의 관계, 주축계의 설계시 고려할 사항 그리고 주축에 사용되고 있는 베어링의 종류와 특성에 대해서 살펴본다.

## 5.1  공작기계의 주축

### 5.1.1  주축의 역할

공작기계의 주축기구(主軸機構, spindle mechanism)는 다음과 같은 중요한 역할을 수행한다.

- 선반, 터릿(turrets) 그리고 보링머신에서는 공작물을 중심에 위치시키고, 드릴링 머신이나 밀링머신에서는 공구를 중심에 위치시킨다.
- 가공중에 공구나 공작물의 흔들림이 발생하지 않게 고정시킨다.
- 선반 등에서는 공구나 공작물의 회전운동을 수행하고, 드릴링 머신 등에서는 회전운동과 수직운동을 함께 수행한다.

공작기계의 생산성과 정밀도는 위와 같은 스핀들의 역할이 얼마나 정량적으로 만족되느냐에 달려 있다. 그리고 이러한 공작기계의 작동능력은 다음과 같은 스핀들기구의 설계조건에 의해 좌우된다.

- 주축은 높은 회전 정도(回轉精度)를 가져야 한다. 회전 정도는 스핀들의 축 방향과 반지름방향의 런 아웃(run-out)에 따라 결정되는데, 이 값은 공작물 가공시 가공오차로 나타나게 된다. 따라서 특정한 범위를 넘지 않노톡 관리되어야 한다. 주축 회전 정도는 주축 선단에 위치해 있는 주축계 베어링의 강성과 정밀도에 의해 영향을 받는다.
- 주축계(主軸系, spindle system)는 높은 강성(stiffness)을 가져야 한다. 이 강성은 주축계와 베어링에 의해서 결정된다. 가공오차는 주축의 굽힘강성 그리고 비틀림강성에 의해 영향을 받는다.
- 주축계는 높은 동강성과 감쇠비를 가져야 한다. 주축기구의 취약한 동특성은 공작기계의 동적 거동에 영향을 주어서 결과적으로 절삭성의 저하를 가져오고 절삭조건의 제한 때문에 생산성이 낮아진다.
- 주축 결합부 표면의 내마멸성 정도에 따라서 수명이 결정된다. 따라서 드릴링머신의 퀼(quill)이나 저널(journals)의 표면은 내마멸성의 향상을 위하여 경화처리되어야 한다. 그리고 주축 베어링은 초기의 정밀도가 공작기계의 수명기간 동안 유지되도록 설계되어야 한다.
- 베어링, 공구 그리고 공작물 등을 통해 전달되는 열 때문에 발생하는 주축의 변형은 가공 정도에 악영향을 끼치므로 최대한 억제시켜야 한다. 특히 고속 공작기계와 같이 주축이 고속회전할 때에는 주축 선단의 베어링에서 고온의

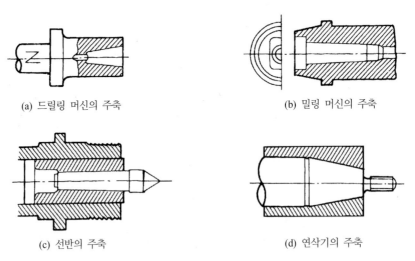

(a) 드릴링 머신의 주축             (b) 밀링 머신의 주축

(c) 선반의 주축                   (d) 연삭기의 주축

그림 5.1  공작기계 주축의 선단

열이 발생하여 전달되므로 선단의 베어링 설계나 선정에 각별한 주의를 기울여야 한다.

- 주축기구는 공구나 공작물의 신속한 장착·이탈과 중심맞춤(centering)이 정확하게 이루어져야 한다. 이 중심맞춤은 주축 선단에 내장되어 있거나 외장된 테이퍼에 의해 이루어지는데, 테이퍼 내장형 주축은 그림 5.1에 나타난 바와 같이 몇 가지 형태로 표준화되어 있다.

## 5.1.2 주축의 소재선택

공작기계 주축의 소재로는 지름이 150 mm보다 작은 경우는 압연소재를 사용하고, 지름이 150 mm보다 큰 경우는 원심주조를 한 소재를 주로 이용한다. 공작기계 주축설계에 설계요소의 선정기준은 강도(strength) 기준보다는 강성(stiffness) 기준을 선택한다. 이 강성은 탄성계수에 의해 1차적으로 결정되는데 여러 가지 종류의 강의 기계적 성질을 비교해 볼 때 합금강은 연강에 비해 강도가 상당히 높지만 탄성계수는 거의 비슷하다. 따라서 값비싼 합금강을 이용하여 스핀들을 제작하여 얻을 수 있는 장점이 크지 않음을 알 수 있다. 앞서 언급한 몇 가지 사항과 5.1절에 나열한 필요조건을 고려할 때 주축 선택시 다음과 같은 조건을 추천한다.

- 보통의 주축 정밀도에서는 경화 및 열처리를 한 SM45C강과 SM50C강(Rc=30)
- 비교적 고정밀의 주축에서는 유도경화(induction hardening)된 AISI 5140강(Rc=50~56), 형상이 복잡하여 유도경화 열처리가 어려울 때는 AISI 5147강(Rc=55~60)
- 미끄럼 베어링을 사용한 고정밀의 주축에서는 저합금강인 AISI 5120강(Rc=56~60), 혹은 질화처리된 EN41강(Rc=63~68)

표 5.1에는 주축재료의 한 예로서 질화강의 구성성분과 열처리 조건을 나타내었다.

표 5.1  주축 재료(질화강)의 구성성분 예

| 화학적 성분 | | | | | | | | 열처리온도 [℃] | |
| C | Si | Mn | P | S | Cr | Mo | Al | 담금질 | 뜨임 |
|---|---|---|---|---|---|---|---|---|---|
| 0.40 ~0.50 | 0.15 ~0.35 | <0.60 | <0.035 | <0.035 | 1.30 ~1.70 | 0.15 ~0.35 | 0.70 ~1.20 | 900 | 700 |

### 5.1.3 주축계의 컴플라이언스

그림 5.2에 보이는 바와 같이 선반의 센터 사이에서 균일단면 축을 가공할 때 반지름방향의 힘 $P_y$에 의해 변형이 발생하게 된다. 센터 $A$의 강성을 $K_A$, 센터 $B$의 강성을 $K_B$라 하면, 센터 $A$점에서의 변형 $y_A$와 $B$에서의 변형 $y_B$는 다음 과 같다.

$$y_A = \frac{P_A}{K_A}, \quad y_B = \frac{P_B}{K_B} \tag{5.1}$$

여기서 $P_A$와 $P_B$는 $A$점과 $B$점에서의 반력에 해당한다. 먼저 이 반력들은 다음 식으로 구해진다.

$$P_A = P_y\left(1 - \frac{x}{l}\right), \quad P_B = P_y\frac{x}{l} \tag{5.2}$$

$P_A$, $P_B$값을 식 (5.1)에 대입하면, 양 지점의 변형량이 다음과 같이 구해진다.

$$y_A = P_y\left(1 - \frac{x}{l}\right)\frac{1}{K_A} \tag{5.3}$$

$$y_B = P_y\frac{x}{l}\frac{1}{K_B} \tag{5.4}$$

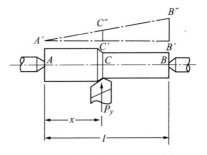

그림 5.2  균일단면 선삭가공의 개략도

$K_A$가 $K_B$보다 크다고 가정하면, A지점과 B지점의 컴플라이언스(compliance)에 의해 공작물은 $A'B''$점으로 이동된다. 그리고 이에 의한 절삭점에서의 변위 $y_x$는 다음과 같다.

$$y_x = y_A + C'C''$$

$\triangle AC'C''$과 $\triangle AB'B''$의 비례관계로부터 $\dfrac{C'C''}{B'B''} = \dfrac{x}{l}$가 되고, $B'B'' = y_B - y_A$이므로 $C'C'' = (y_B - y_A)\dfrac{x}{l}$가 된다. 따라서 $y_x$는 다음과 같다.

$$y_x = y_A + (y_B - y_A)\frac{x}{l} \tag{5.5}$$

식 (5.3)과 식 (5.4)의 $y_A$와 $y_B$값을 식 (5.5)에 대입하면

$$y_x = P_y\left[\left(1 - \frac{x}{l}\right)\cdot\frac{1}{K_A} + \frac{x}{l}\left\{\frac{x}{l}\cdot\frac{1}{K_B} - \left(1 - \frac{x}{l}\right)\frac{1}{K_A}\right\}\right]$$

즉,

$$y_x = \frac{P_y}{K_A K_B}\left[K_B\left(1 - \frac{x}{l}\right)^2 + K_A\left(\frac{x}{l}\right)^2\right] \tag{5.6}$$

$K_A/K_B = \alpha$라 놓으면 식 (5.6)은 다음과 같이 나타낼 수 있다.

$$y_x = \frac{P_y}{K_A}\left[\left(1 - \frac{x}{l}\right)^2 + \alpha\left(\frac{x}{l}\right)^2\right] \tag{5.7}$$

또한 $P_y/K_A = y_{A\,\max}$이라 두면 다음과 같다.

$$\frac{y_x}{y_{A\,\max}} = \left(1 - \frac{x}{l}\right)^2 + \alpha\left(\frac{x}{l}\right)^2 \tag{5.8}$$

그림 5.3에 몇 가지 $\alpha$값에서 $\dfrac{x}{l}$의 변화에 따른 $y_x/y_{A\,\max}$의 값을 나타내었다. 그림에서 보이는 주축처짐곡선의 특성으로부터 다음과 같은 결과를 알 수 있다.

- $\alpha < 1$일 때, 즉 주축대(headstock) 센터의 강성이 심압대(tailstock) 센터의 강성보다 작을 경우에는 주축대에서 최대 변형이 생긴다.

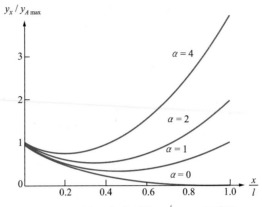

그림 5.3 변수 $x/l$에 따른 $y_x/y_{A\max}$의 변화

- $\alpha > 1$일 때, 즉 심압대 센터의 강성이 주축대 센터의 강성보다 작을 경우에는 심압대에서 최대 변형이 생긴다.

선반가공에서 생기는 공작물의 편심은 공작물축의 최대변형과 최소변형의 차에 의해 발생하는데, 앞서 언급한 바와 같이 주축대와 심압대에서 생기는 최대변형량은 $\alpha$값에 의해 변하게 된다.

변형량은 컴플라이언스(compliance) $y_x/P_y$가 최소일 때 가장 작아진다. 따라서 변형량이 최소인 위치는

$$\frac{d}{dx}\left(\frac{y_x}{P_y}\right) = 0 \tag{5.9}$$

인 조건에서 얻어지므로 식 (5.6)으로부터 미분하여 0으로 두면 구해진다.

$$\frac{d}{dx}\left(\frac{y_x}{P_x}\right) = \frac{1}{K_A}\left(\frac{2x}{l^2} - \frac{2}{l}\right) + \frac{1}{K_B}\frac{2x}{l^2} = 0$$

즉,

$$x_0 = \frac{K_B l}{K_A + K_B} \tag{5.10}$$

이때 극값 $x_0$에서 다음과 같이 2차 미분값이 양이므로 $x_0$에서 변형량이 최소가 된다.

$$\frac{d^2}{dx^2}\left(\frac{y_x}{P_y}\right) = \frac{2}{l^2}\left(\frac{1}{K_A} + \frac{1}{K_B}\right) > 0$$

따라서 식 (5.10)을 식 (5.8)에 대입하면 다음과 같다.

$$y_{\min} = \left[ \left( 1 - \frac{K_B}{K_A + K_B} \right)^2 + \alpha \left( \frac{K_B}{K_A + K_B} \right)^2 \right] y_{A\,\max}$$

즉

$$y_{\min} = \frac{\alpha}{1+\alpha} y_{A\,\max} \tag{5.11}$$

$\alpha < 1$일 때는 최대 변형량은 주축대 센터에서 발생하므로, $y_{\max} = y_{A\,\max}$이 된다. 따라서 다음과 같은 식이 얻어진다.

$$y_{\max} - y_{\min} = y_{A\,\max} - \frac{\alpha}{1+\alpha} y_{A\,\max}$$

즉

$$\frac{y_{\max} - y_{\min}}{y_{A\,\max}} = \frac{1}{1+\alpha} \tag{5.12}$$

$\alpha > 1$일 때는 최대 변형량은 심압대 센터에서 발생하므로, $y_{\max} = y_{B\,\max}$이 된다. 따라서

$$y_{\max} - y_{\min} = y_{B\,\max} - \frac{\alpha}{1+\alpha} y_{A\,\max}$$

$$= y_{A\,\max} \left[ \frac{y_{B\,\max}}{y_{A\,\max}} - \frac{\alpha}{1+\alpha} \right]$$

$y_{B\,\max} / y_{A\,\max} = K_A / K_B = \alpha$이므로 다음 식이 얻어진다.

$$\frac{y_{\max} - y_{\min}}{y_{A\,\max}} = \frac{\alpha^2}{1+\alpha} \tag{5.13}$$

그러므로 공작물의 형상오차는 $\alpha < 1$일 때는 식 (5.12)에 의해서, $\alpha > 1$일 때는 식 (5.13)에 의해 결정된다. 그림 5.4에 식 (5.12)와 식 (5.13)을 $\alpha$의 함수로 나타내었는데, 점선으로 표시된 부분은 유효하지 않은 범위이다.

그림 5.4에 나타난 바와 같이 $y_{\max} - y_{\min}$은 $\alpha = 1$일 때 최소가 됨을 알 수 있고, 이때의 변형량은 주축대 센터 변형량의 1/2이 되므로 다음과 같다.

$$(y_{\max} - y_{\min})_{\min} = \frac{y_{A\,\max}}{2} \tag{5.14}$$

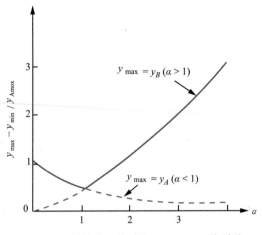

그림 5.4 **강성비 $\alpha$에 따른 $y_{\max} - y_{\min}$의 변화**

따라서 가공 형상정밀도는 주축대와 심압대의 강성이 같을 때 가장 양호한 값을 가지게 된다.

새들의 강성을 $K_s$라고 하면, 새들의 컴플라이언스에 의한 절삭날의 변위 $y_s$는 다음과 같다.

$$y_s = \frac{P_y}{K_s}$$

공작기계의 전체 컴플라이언스 $C_{mt}$는 반지름방향의 힘 $P_y$에 대한 전체 변형량 $y_{mt}$의 비이므로, 공작물과 새들의 컴플라이언스의 합은 다음과 같이 나타낼 수 있다.

$$C_{mt} = \frac{y_{mt}}{P_y} = \frac{y_s}{P_y} + \frac{y_x}{P_y}$$

즉

$$C_{mt} = \frac{1}{K_s} + \frac{1}{K_A}\left(1 - \frac{x}{l}\right)^2 + \frac{1}{K_B}\left(\frac{x}{l}\right)^2 \tag{5.15}$$

따라서 형상정도와 치수정도를 포함한 가공정도는 식 (5.15)에 나타나 있는 공작기계의 컴플라이언스에 의해 결정되는데, 대표적인 몇 가지 공작기계의 컴플라이언스를 표 5.2에 나타내었다.

표 5.2 공작기계 종류에 따른 컴플라이언스 값 $C_{mt}$

| 공작기계 종류 | 주요 규격 | 컴플라이언스 [μm/kgf] |
|---|---|---|
| 1. 선반(양센터 사이에 공작물 설치) | 중심선 높이　200 mm | 0.75 |
| | 중심선 높이　300 mm | 0.52 |
| | 중심선 높이　400 mm | 0.38 |
| 2. 선반(척에 공작물 고정) | 중심선 높이　200 mm | 1.5 |
| | 중심선 높이　300 mm | 1.2 |
| | 중신선 높이　400 mm | 0.57 |
| 3. 수직형 선반 | | 0.5~0.7 |
| 4. 자동선반 | 스크루 형태 | 0.2~0.3 |
| | 다축 형태 | 0.3~0.4 |
| 5. 수직형 밀링머신 | 테이블 크기 320 × 1250 mm | 0.4 |
| 6. 플라노 밀러 | 테이블 크기 4.25 × 1.5 m | 0.4 |
| 7. 수직형 보링머신 | 테이블 지름 3 m | 0.36 |
| 8. 센터리스 연삭기 | | 1.0 |

# 5.2 주축설계

주축의 개략도를 그림 5.5에 나타내었다. 그림에서 알 수 있듯이 주축은 다음과 같은 역학계의 요소로 구성되어 있다. 즉, $P_1$을 받고 있는 길이 $c$인 외팔보(cantilever)와 구동력(driving force) $P_2$를 받고 있는 간격 $l$인 단순지지보(supported simple beam)로 볼 수 있다.

주축은 스핀들 끝의 최대 처짐량이 설정범위를 넘지 않도록 스핀들의 굽힘 강성을 고려하여 설계하여야 한다. 즉 허용값이 $[y]$라고 하면, 다음과 같은 구속조건을 만족하여야 한다.

$$y_{\max} \leq [y] \tag{5.16}$$

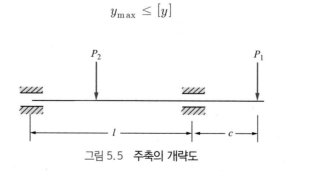

그림 5.5 주축의 개략도

주축 끝의 전체 처짐량 $y$는 다음과 같은 요소들에 의해 결정된다. 즉, 굽힘에 의한 주축의 치짐 $y_1$과 주축 지지대의 컴플라이언스에 의한 처짐 $y_2$로 되어 있다고 볼 수 있다.

## 5.2.1 굽힘에 의한 주축의 처짐

굽힘에 의한 주축 끝의 처짐을 결정할때는 먼저 설계선도(設計線圖, design diagram)를 설정하여야 한다. 주축의 양단이 단형 구름 베어링(single anti-friction bearing)으로 지지되어 있다면 단순지지보로 생각할 수 있다. 또한 주축이 슬리브 베어링(sleeve bearing)으로 지지되어 있다면 지지보를 탄성기초를 갖는 보로 가정하여 슬리브 베어링 중심에 모멘트 $M_r$을 받는 단순 힌지 지지대로 생각할 수 있다.

실제 주축에 가해지는 작용모멘트 $M_r$은 다음과 같다.

$$M_r = kM$$

여기서, $M$ : 지지대의 굽힘모멘트          $k$ : 변동계수$(0 \sim 0.35)$

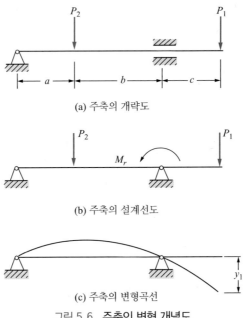

(a) 주축의 개략도

(b) 주축의 설계선도

(c) 주축의 변형곡선

그림 5.6  **주축의 변형 개념도**

예를 들어 그림 5.6(a)의 개략도에 나타낸 주축을 볼 때 후방의 볼베어링이 힌지로 고정되어 있고 전방의 슬리브 베어링은 모멘트 $M_r$을 받는 힌지로 가정하면 그림 5.6(b)로 간략화할 수 있다. 보의 자유단(스핀들 끝) 처짐 $y_1$을 구하면 식 (5.17)이 된다. 그림 5.6(c)에는 보의 전체 처짐량 $y_1$을 나타내었다.

$$y_1 = \frac{1}{3EI}\left[P_1c^2(l+c) - 0.5P_2abc\left(1+\frac{a}{l}\right) - M_r l_c\right] \tag{5.17}$$

여기서, $E$ : 주축의 탄성계수
$\quad\quad\quad I$ : 주축의 평균 관성모멘트
$\quad\quad\quad l = a + b$

## 5.2.2 주축지지대의 컴플라이언스에 의한 처짐

주축 전방과 후방의 처짐량을 각각 $\delta_A$, $\delta_B$라 하면 주축 지지대의 컴플라이언스에 의해 스핀들은 그림 5.7과 같이 변형된다(설계의 편의를 위해 베어링의 양 끝 변형의 방향이 반대인 최악의 경우로 가정하였다). $\triangle OCC'$, $\triangle OBB'$의 닮음꼴에 의해서 주축끝의 처짐량 $y_2$는 다음과 같다.

$$y_2 = \left(1 + \frac{c}{x}\right)\delta_B \tag{5.18}$$

또한 $\triangle OAA'$, $\triangle OBB'$에서 $\dfrac{\delta_B}{x} = \dfrac{\delta_A}{l-x}$이므로 다음과 같다.

$$x = \frac{l\delta_B}{\delta_A + \delta_B} \tag{5.19}$$

여기서 구한 $x$값을 식 (5.18)에 대입하면 $y_2$가 구해진다.

$$y_2 = \delta_B\left(1 + \frac{c}{l}\right) + \delta_A\frac{c}{l} \tag{5.20}$$

식 (5.20)에서 알 수 있는 바와 같이 주축 전방의 변형량 $\delta_B$가 후방의 변형량 $\delta_A$보다 주축 끝의 처짐량 $y_2$에 더 많은 영향을 주고 있는 것을 알 수 있다.

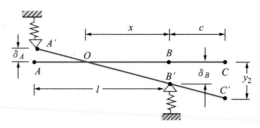

그림 5.7 주축 지지대의 컴플라이언스에 의한 주축의 처짐량

변형량 $\delta_A$, $\delta_B$는 다음과 같이 구해진다.

$$\delta_A = \frac{R_A}{K_A}, \quad \delta_B = \frac{R_B}{K_B} \tag{5.21}$$

여기서, $R_A$, $R_B$는 지지점 $A$와 $B$의 반력이며, $K_A$, $K_B$는 각 지점의 강성이 된다.

반력 $R_A$, $R_B$는 그림 5.6(b)의 조건에서 다음과 같은 평형방정식(平衡方程式)으로부터 구해진다.

$A$ 지점의 모멘트합은 $\sum M_A = 0$ 이므로,

$$R_B l - P_2 a + M_r - P_1(l + c) = 0$$

따라서 반력 $R_B$는 다음과 같다.

$$R_B = \frac{P_2 a - M_r + P_1(l + c)}{l} \tag{5.22}$$

$B$ 지점의 모멘트합 $\sum M_B = 0$ 이 되는 조건으로부터

$$R_A l - P_2 b - M_r + P_1 c = 0$$

즉, 반력 $R_A$는 다음과 같다.

$$R_A = \frac{P_2 b + M_r - P_1 c}{l} \tag{5.23}$$

따라서 주축 끝의 처짐량 $y_2$는 다음과 같이 된다.

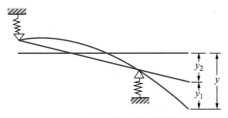

그림 5.8 주축의 전체 처짐곡선

$$y_2 = \frac{P_2 a - M_r + P_1(l+c)}{lK_B}\left(1+\frac{c}{l}\right) + \frac{P_2 b + M_r - P_1 c}{lK_A}\frac{c}{l} \qquad (5.24)$$

결과적으로 주축 끝의 총 처짐량 $y$는 식 (5.17)의 $y_1$과 식 (5.24)의 $y_2$를 합한 것이므로 식 (5.25)로 나타낼 수 있으며, 그때의 축 처짐형태를 그림 5.8에 나타내었다.

$$y = y_1 + y_2 \qquad (5.25)$$

### 5.2.3 주축지지점의 최적 위치

주축 설계에 있어서 중요한 설계 파라미터로서 $\eta = l/c$를 들 수 있다. 식 (5.17)과 식 (5.24)는 $c$와 $l$의 값에 따라 주축의 처짐량이 변하게 되는데, 주축의 처짐식 (5.25)의 값을 최소로 하는 $\eta$를 구함으로써 지지점의 최적위치를 결정할

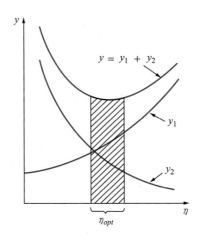

그림 5.9 $l/c$에 따른 주축 처짐량의 변화

수 있는데, $\dfrac{dy}{d\eta}=0$의 조건에서 구하게 된다.

일정한 힘 $P_1$, $P_2$가 작용할 때, $y_1$, $y_2$, $y_1+y_2$값이 $\eta$에 따라 변화하는 특성을 그림 5.9에 나타내었다. $y_1+y_2$곡선의 최소값에서 $\eta$의 최적값 $\eta_{opt}$가 결정되는데, 그림에서 보이는 빗금친 부분에서 존재하게 된다.

# 5.3 주축베어링

## 5.3.1 주축베어링의 역할

공작기계의 주축은 일반적으로 회전운동을 하고 있다. 따라서 회전하고 있는 축을 지지하면서 변형과 진동에 대해서 저항할 수 있는 지지점 역할을 감당하는 것이 베어링이다. 주축 끝의 변형은 다른 요소를 고려하지 않는다면 전방과 후방의 주축 지지점의 컴플라이언스에 따라 결정된다. 주축의 성능에서 중요한 요구조건의 하나인 회전오차는 베어링의 선정에 의해 많은 영향을 받는다. 공작기계 주축베어링은 전통적으로 미끄럼 베어링이 많이 사용되어 왔다. 그러나 주축 회전수의 증가에 따라 발열 등이 문제가 되고 회전 정도의 향상을 위해서도 구름 베어링 선호로 바뀌어 가고 있는 추세이다. 또한 정압베어링이 개발되어 기름 혹은 공기를 매개로 한 정압베어링 등이 고정도가 요구되는 공작기계에 널리 사용되고 있다.

사용되고 있는 베어링의 종류에 상관없이 주축 지지대가 갖추어야 할 일반적인 요구조건은 다음과 같다.

- 안내의 정확도
- 다양한 사용조건에서 성능만족도
- 고강성
- 저발열(부가적인 스핀들 변형을 일으킬 수 있음)
- 저진동(감쇠에 따라 변화)

## 5.3.2 주축베어링의 종류

### (1) 구름 베어링

구름 베어링(rolling bearing)은 산업계에서 가장 널리 사용되고 있으며, 전세계적으로 가장 많이 제작되고 있다. 구름 베어링은 미끄럼 베어링과 비교할 때 상대적으로 마찰모멘트와 열발생량이 적고, 기동저항이 낮다. 또한 베어링의 단위면적에 대한 부하용량이 크며, 작동이 용이하고 윤활유소비가 적다는 점이 특징이다.

구동요소의 모양에 따라 볼베어링과 롤러 베어링으로 구분된다. 볼베어링은 발열량이 작아서 주축이 고속으로 회전할 수 있고, 롤러 베어링에 비해 저가이며 진직도 오차(眞直度 誤差, alignment error)가 상대적으로 작은 편이다. 반면에 롤러 베어링은 부하용량이 큰 장점이 있다.

공작기계의 주축은 축방향과 반지름방향의 부하를 동시에 받는다. 이러한 반지름방향과 축방향의 부하를 각각 따로 지지하는 베어링을 채용하기도 하고, 혹은 동시에 이러한 하중들을 지지하는 베어링을 채용하기도 한다. 롤러 베어링의 종류와 특성을 표 5.3에 나타내었고, 볼베어링의 특성을 표 5.4에 나타내었다.

표 5.3 **롤러 베어링의 종류와 특성**

| 종류 | 특징 |
|---|---|
| 레이디얼 원통 롤러 베어링 | 큰 레이디얼 하중과 고압회전에 적합. 롤러는 내륜 또는 외륜의 플랜지에 의하여 안내. 플랜지가 내륜 또는 외륜에만 있는 것은 축이 어느 정도 축방향으로 이동 가능. 내륜과 외륜에 모두 있는 것은 설치상 축방향의 위치와 고정할 필요가 있는 경우에 사용. 분리형이면 내륜과 외륜과는 따로 붙이는 것이 유리 |
| 레이디얼 원추 롤러 베어링 | 내륜, 외륜 및 원추의 꼭지점이 축선상의 한 점에 모임. 횡하중과 일방향의 추력하중의 합성하중에 대하여 큰 부하능력 보유. 보통 2개를 서로 맞대어 사용하고, 내륜과 외륜의 간극을 조정. 추력하중이 큰 경우에는 급경사형을 사용 |
| 자동조심 롤러 베어링 | 구면 롤러를 그대로 사용한 자동조심형. 축과 베어링 상자의 휨과 중심의 불일치에 적합. 부하용량이 크고, 저하중, 충격하중에 적합 |
| 스러스트 자동조심 롤러 베어링 | 구심 롤러를 사용한 추력 베어링으로서 레이디얼 하중도 수용. 회전축의 궤도면은 구면, 자동조심 작용. 추력하중용량은 크지만 고속회전에는 부적합 |

표 5.4 **볼베어링의 종류와 특성**

| 종 류 | 특 징 |
|---|---|
| 단열 깊은 홈형 레이디얼 볼베어링 | 베어링 중에서 가장 많이 사용. 내륜과 외륜의 궤도면에 깊은 홈. 횡하중, 추력하중 또는 그 하중들의 합성하중을 수용. 고정도로 쉽게 제작되고 고속회전에 최적. 특히 추력하중을 받으며 고속회전의 경우에 사용 |
| 단열 앵귤러 컨택트형 레이디얼 볼베어링 | 레이디얼 하중에 대한 부하용량이 크고, 또 큰 추력하중도 수용. 마찰이 좀 크므로 고속에는 적합하지 않음. 대개는 2개씩 상대하여 설치하므로, 축간 거리가 짧을 때만 사용. 레이디얼 하중과 일방향 추력하중의 합성 하중에 최적. 접촉각이 클수록 추력하중의 수용이 증가하게 됨 |
| 복열 앵귤러 컨택트형 레이디얼 볼베어링 | 접촉각의 방향이 반대. 복합 베어링의 정면조합형식과 배면조합형식에 상당 |
| 자동조심형 복열 볼베어링 | 내륜에 2열의 홈을 가지고 있고, 외륜의 궤도면은 구면좌로 되어 내륜이 경사하더라도 내륜과 볼과의 외륜에 대한 상대관계위치가 변하지 않고 자동조심작용이 있으므로 가장 널리 사용. 축과 베어링 하우징의 설치 등에서 생긴 축심의 어긋남이 자동적으로 조정되고, 베어링에 무리한 힘이 작용하지 않음. 다른 베어링에 비하여 마찰계수가 작음. 넓은 폭을 갖게 하면 추력하중에 대한 부하용량도 크게 할 수 있음. 내륜과 축 사이에 임의의 죔새를 줄 수 있고, 축상의 임의의 곳에 자유로 고정시킬 수 있고, 축에 몇 개의 베어링을 설치하는 경우에 최적 |
| 단열 추력 볼베어링 | 추력하중만을 받을 수 있음. 추력부하용량은 크나 고속회전은 할 수 없음. 고속으로 사용하면 원심력의 작용에 의하여 볼이 바깥쪽으로 추출되고 궤도면의 양원호 사이로 끼워져서 발열이 큼 |
| 복열 스러스트 볼베어링 | 중앙회전축과 2개의 고정축 사이에 볼을 집어넣고 각 열이 각각 일방향에서 오는 추력하중을 받을 수 있도록 되어 있음 |

공작기계 주축에서 축방향과 반지름방향의 하중을 지지하는 기본적 기능을 수행하는 데 있어서, 구름 베어링의 조합 가능성은 이론적으로 무한하지만 각각의 결합은 다음과 같은 요소의 만족도에 의해 결정된다.

- 주축기구의 반지름방향 강성
- 주축기구의 축방향 강성
- 주축의 반지름방향 편심
- 주축의 축방향 편심
- 열발생량
- 베어링 마멸과 발열에 의한 최대 허용 회전속도

- 주축의 열변형량
- 제조와 주축과의 결합 용이성

표 5.5 공작기계 주축계의 상대적인 성능지수

| 공작기계 | 반지름방향 강성 | 축방향 강성 | 반지름방향 런 아웃 | 축방향 런 아웃 | 열발생 | 허용가능 회전수 | 열변형 |
|---|---|---|---|---|---|---|---|
| 1. 선반 | | | | | | | |
| (a) 소형 | + + | + + | + + + | + + + | + + + | + + + | + + |
| (b) 중형 | + + + | + + | + + + | + + + | + + | + + | + + |
| (c) 자동형 | + + + | + + | + + + | + + + | + + | + + | + + + |
| 2. 연삭기 | | | | | | | |
| (a) 소형 | + + + | + | + + + | + + + | + | + | + |
| (b) 중·대형 | + + + | + + | + + + | + + + | + | + | + |
| 3. 만능 밀링머신 | + + + | + + + | + + + | + + + | + + | + + | + + + |

+ + + 매우 중요함, + + 중요함, + 보통

베어링의 선정은 주축 기구의 기능상 정밀도에 따라서 결정되는데, 표 5.5에 몇 가지 공작기계에 대한 상대적인 성능지수의 요건을 나타내고 있다. 공작기계에서 중요시되는 이러한 성능지수를 토대로 베어링의 선정이 이루어져야 할 것이다.

주축 선단의 전체 변형량은 주축 자체의 강성과 주축 지지대의 컴플라이언스에 의해 영향을 받는다고 하였는데, 구동요소에 예압(豫壓, pre-load)을 가함으로써 전체 처짐량을 줄일 수 있는 방법에 대해 설명한다.

반지름방향 힘 $P$에 의해 발생하는 주축 변형량 $\delta$의 변화를 그림 5.10에서 보여주고 있다. 만일 베어링의 결합상에 틈새가 생겼다면 힘이 가해지는 방향으로

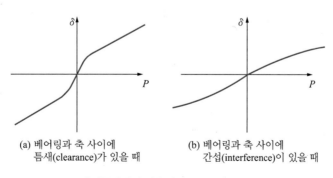

(a) 베어링과 축 사이에 틈새(clearance)가 있을 때

(b) 베어링과 축 사이에 간섭(interference)이 있을 때

그림 5.10 반지름방향의 작용력에 따른 주축 처짐량 변화특성

표 5.6 베어링의 간극에 따른 주축강성변화

| 종류 | 베어링의 간극상태 [$\mu$m] | 주축의 변형 | | 주축이 전체 변형량 [$\mu$m] |
|---|---|---|---|---|
| | | 굽힘에 의한 변형 [$\mu$m] | 지지점의 컴플라이언스에 의한 변형 [$\mu$m] | |
| 1 | 15 (틈새) | 14 | 16 | 30 |
| 2 | −5 (간섭) | 13 | 6 | 19 |
| 3 | −15 (간섭) | 11 | 5 | 16 |

급격한 변형이 생기게 되며[그림 5.10(a)], 이는 가공정밀도의 관점에서 볼 때 바람직하지 못한 현상이다. 그러나 베어링이 간섭(干涉, interference)을 가지고 결합되어 있다면 $\delta - P$선도에서 보이는 바와 같이 원만한 상태를 나타낸다[그림 5.10(b)]. 즉, 변형기울기는 점점 작아지게 되다가 큰 부하상태에서는 일정한 값을 갖게 된다. 이것은 부하가 커질수록 구름 요소 사이의 부하가 균일하게 분포되기 때문이다. 따라서 구름 요소의 수가 많으면 많을수록 큰 부하를 지지할 수 있으며 변형량도 감소한다.

표 5.6은 베어링이 주축계의 강성에 끼치는 영향을 나타내었는데, 베어링의 결합에서 약간의 간섭량을 주면 베어링 지지점의 변형을 16 $\mu$m에서 6 $\mu$m까지 감소시킬 수 있으며, 굽힘으로 인한 변형 또한 감소시킬 수 있음을 알 수 있다. 그 이유는 간섭량이 증가할수록 끝의 구속조건 상태가 단순지지보에서 고정지지보로 변하기 때문이다. 간섭량의 증가는 지지점의 강성 증가에 영향을 주게 되어 주축 끝의 변형을 감소시키는 효과를 나타낸다.

표 5.6에 의하면 간섭량을 5 $\mu$m에서 15 $\mu$m까지 증가시키면 지지점 변형은 6 $\mu$m에서 5 $\mu$m로 1 $\mu$m 감소한다. 그러나 간섭량이 커지면 큰 접촉 변형으로 인해 과도한 열발생과 이로 인한 베어링 수명 단축을 가져오게 되므로, 최적의 간섭량은 틈새를 작게 하면서도 베어링의 과도한 열발생을 피할 수 있는 것이어야 한다. 구름 요소의 조립시의 간섭량은 예압을 가할 때 결정된다.

베어링에 예압(pre-load)을 주는 방법으로서는 그림 5.11에 보이는 바와 같이 베어링의 내부 레이스와 외부 레이스에 상대적인 변위 $\Delta$를 주는 방법이 있다.

한 쌍으로 장착되는 볼베어링을 예압하는 방법을 그림 5.12에 나타내었다. 예압을 일정하게 주기 위해서는 내부 레이스의 면을 그림과 같이 변위를 주고 나서 연마하거나[그림 5.12(a)] 내부와 외부 레이스 사이에 링을 삽입하는[그림

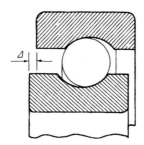

그림 5.11  베어링 레이스의 예압 개략도

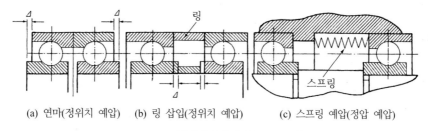

(a) 연마(정위치 예압)　(b) 링 삽입(정위치 예압)　(c) 스프링 예압(정압 예압)

그림 5.12  **볼베어링에 예압을 주는 방법**

5.12(b)] 정위치 예압 방법이 있다. 만일 베어링이 고속으로 회전하다면 초기 예압이 낮아지는 경향이 있는데, 특히 베어링이 작을 경우 일정하고 정밀한 부하를 가할 수 있는 스프링을 이용하여 정압 예압을 가하기도 한다[그림 5.12(c)]. 이 방법들은 고정밀 베어링에 주로 쓰인다.

### (2) 미끄럼 베어링

#### ① 미끄럼 베어링의 개요 및 특징

볼베어링과 롤러 베어링의 큰 단점은 그 지름이 크다는 점이다. 니들 롤러 (needle roller) 베어링을 사용하면 이러한 단점을 극복할 수 있지만, 이 베어링은 마찰계수가 크고 수명이 짧으며 비뚤어지기 쉽다. 특히 부하가 중심이 아닌 주위에 집중되며 이러한 현상은 더욱 심해진다. 따라서 니들 롤러 베어링의 사용상 많은 제약이 수반된다. 공간의 제약이 있을 때는 일반적으로 미끄럼 베어링 (sliding bearing)이 쓰이는데 미끄럼 베어링은 다음과 같은 경우에 사용된다.

- 회전속도가 커서 구름베어링의 사용이 비경제적일 때
- 주축의 고속회전시 정밀도가 필요할 때

• 베어링에 충격과 진동이 가해질 때

이 미끄럼 베어링은 윤활막에 의해 베어링과 주축이 미끄럼 마찰상태에 있게 되는데 윤활막의 두께에 따라 미끄럼 베어링은 다음과 같이 분류할 수 있다.

• 윤활제를 쓰지 않는 무막(無膜, zero film) 베어링
• 윤활막이 얇아 접촉면의 접촉을 유발시키는 얇은 막(thin film) 베어링(접촉면의 마찰상태가 준액체 마찰상태이며, 이 베어링은 슬리브 베어링으로 분류된다.)
• 접촉면이 윤활막에 의해 완전히 분리되어 있는 두꺼운 막(thick film) 베어링 (두꺼운 막 베어링의 윤활막은 동압이나 정압의 압력을 받는다. 따라서 두꺼운 막 베어링은 동압 저널베어링과 정압 저널 베어링으로 다시 분류된다.)

그림 5.13에 보이는 Stribeck 선도는 계수 $\lambda$에 따른 마찰계수 $f$의 변화를 나타낸 것으로 $\lambda$는 다음과 같이 표현된다.

$$\lambda = \frac{\mu\omega}{p} \tag{5.26}$$

여기서, $\mu$ =윤활제의 절대점성계수
$\omega$ =주축의 회전각속도
$p$ =지지면의 단위면적당 평균힘

$\lambda$가 $\lambda_1$보다 작은 조건, 즉 저속회전에서는 윤활막이 아주 얇다($0.1\ \mu m$ 정도). 그리고 마찰계수는 거의 변하지 않는다. 이 구간(Stribeck 도표에서 1의 왼쪽 구간)은 무막 베어링과 구별되는 경계윤활이다. $\lambda_1$과 $\lambda_2$ 사이의 마찰상태는 준유체 마찰상태라 할 수 있으며, 이 윤활조건에서 구동되는 베어링을 얇은 막 베어

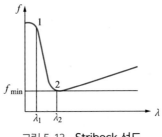

그림 5.13 Stribeck 선도

링이라 한다. $\lambda_2$를 넘어선 구간에서는 유체 마찰상태가 되며 동압 베어링의 구동조건이 된다. 그림에서 보이는 바와 같이 마찰계수 $f$가 최소가 되는 계수 $\lambda_2$가 존재한다.

### ② 미끄럼 베어링의 형태

미끄럼 저널 베어링의 개략도를 그림 5.14에 나타내었다. 저널의 지름 $d$는 베어링의 직경 $D$보다는 항상 작게 되며, 회전속도가 0일 때는 저널은 베어링의 $A$점에 접촉되어 멈춘다[그림 5.14(a)]. 저널이 반시계방향으로 회전하기 시작하면 마찰력으로 인해 마찰면은 베어링 표면을 타고 올라가며 $B$지점으로 이동한다[그림 5.14(b)]. 회전속도가 증가할수록 동압효과로 인해서 $BE$ 윗부분에서 압력이 형성되어 마찰력보다 크게 되면 접촉점은 $C$점으로 움직인다[그림 5.14(c)]. 또한 $\lambda$가 $\lambda_2$보다 작을 경우에는 $C$점에서 계속 접촉하게 된다. 하지만 $\lambda$가 $\lambda_2$보다 큰 회전속도에서는 동압력에 의해 저널을 들어올리게 되고 $D$점에서의 유막두께가 최소 $h_{min}$가 되는 연속적인 윤활막이 형성된다[그림 5.14(d)].

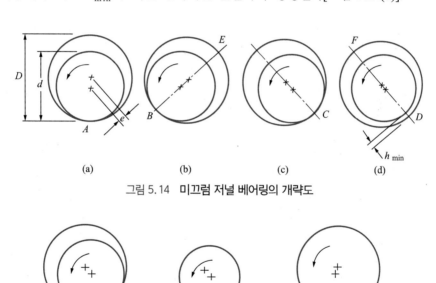

그림 5.14  미끄럼 저널 베어링의 개략도

(a) 전체형      (b) 부분형 (120°)      (c) 부분 구속형 (120°)

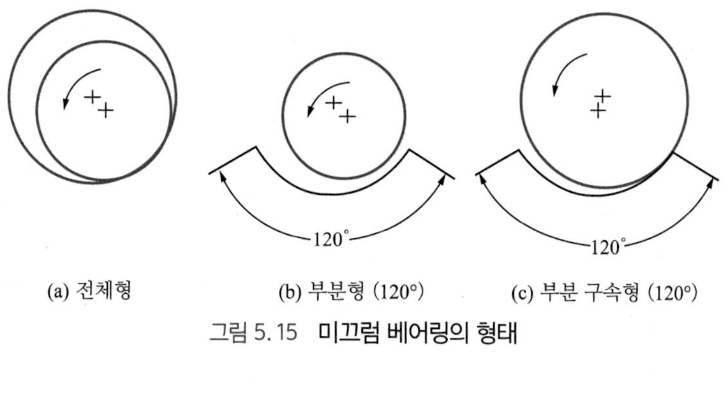

그림 5.15  미끄럼 베어링의 형태

미끄럼 저널 베어링은 전체형[그림 5.15(a)]과 부분형[그림 5.15(b), (c)]으로 구분된다.

일반적으로 부분형 저널 베어링은 전체형 저널베어링보다 작은 마찰저항을 나타내지만 부하가 항상 한 방향으로 작용할 때만 사용된다.

③ 슬리브 베어링(sleeve bearing)의 설계

슬리브 베어링의 내마멸성을 고려하여 설계한 조건은 다음과 같다.

$$p = \frac{P}{dl} \leq [p] \tag{5.27}$$

$$pv \leq [pv] \tag{5.28}$$

여기서, $p$ : 베어링 압력　　　　$P$ : 저널의 부하
　　　　$d$ : 저널의 지름　　　　$l$ : 베어링 길이
　　　　$v$ : 선속도　　　　　　$[p]$ : 베어링 압력의 허용값
　　　　$[pv]$ : 사용 허용값

$[p]$와 $[pv]$의 허용값은 베어링 재질이나 미끄럼 속도, 냉각 윤활상태 등의 여

표 5.7  베어링 재료에 대한 $[p]$와 $[pv]$의 허용값

| 재료 | $v$ [m/s] | $[p]$ [kgf/cm$^2$] | $[pv]$ [kgf·m/cm$^2$s] |
|---|---|---|---|
| 1. 회주철 | 0.5 | 40 | |
| | 1.0 | 20 | |
| | 2.0 | 1.0 | |
| 2. 내마찰 주철 | 0.2 | 90 | 18 |
| | 2.0 | 0.5 | 1.0 |
| 3. 준내마찰 주철 | 1.0 | 120 | 120 |
| | | 5.0 | 25 |
| 4. 청동 | 3 | 50 | 100 |
| 5. 알루미늄 청동 | 4 | 150 | 150 |
| 6. 주석 청동 | 10 | 150 | 150 |
| 7. 흑연 청동 (20~25% 인 함유) | 0.2 | 60 | |
| | 0.4 | 10 | |
| 8. 화이트 메탈 | 12 | 250 | 300 |
| 9. 알루미늄합금 | 12 | 250 | 300 |
| 10. 아연합금 | 10 | 120 | 120 |

러 요소에 의해 큰 폭으로 변화한다. 미끄럼 베어링에 쓰이는 몇 가지 재질에 대한 파라미터들을 표 5.7에 나타내었다.

미끄럼 베어링의 소재가 갖출 조건은 다음과 같다.

- 높은 내마멸성
- 높은 피로강도
- 높은 압축강도
- 높은 열전도도
- 높은 스핀들 변형의 복구성
- 높은 내부식성
- 낮은 탄성계수

내마찰 주철로 만들어진 미끄럼 베어링은 적합성이 낮은 편이므로, 따라서 큰 압력을 지지하기 위해서는 고강성의 주축 구조이어야 한다. 동합금은 바이메탈 슬리브에 사용되고 있다. 강이나 주철 슬리브에는 원심주조에 의해서 약 1.0 mm 두께의 층을 형성하여 사용하기도 한다. 그리고 다공질 흑연 청동 베어링은 다양한 하중을 지지하지만 속도가 낮은 조건에서 쓰인다. 알루미늄 합금은 화이트 메탈과 아연합금의 대체재료로서 이용되고 있다.

### ④ 동압 저널베어링의 설계

(1)절에서 설명한 바와 같이 $\lambda > \lambda_2$의 경우에 슬리브 베어링이 동압 베어링용으로 쓰이고 있다. 준액체 마찰상태에서의 액체마찰 상태로 변환될 때의 각속도 $\omega_c$는 다음과 같다.

$$\omega_c = \frac{p\psi^2}{\mu S_0} \tag{5.29}$$

여기서, $p$ : 베어링의 평균 압력[kgf/mm$^2$]

$\psi$ : $\dfrac{D-d}{d}$ (상대적인 지름방향 간극비)

$\mu$ : 윤활제의 절대점성계수[kgf·/mm$^2$]

$S_0$ : 좀머필드 수의 한계값(표 5.8 참조)

각속도 $\omega$의 조건이 $\omega > \omega_c$의 경우는 액체 마찰상태인 반면, $\omega < \omega_c$의 경우는 준액체 마찰상태가 된다.

표 5.8  좀머필드 수(Sommerfield Number) $S_0$의 임계값

| $l/d$ | 저널 지름 $d$ [mm] | | | | | | | | |
|---|---|---|---|---|---|---|---|---|---|
| | 30 | 40 | 50 | 60 | 70 | 80 | 100 | 150 | 200 |
| $\phi=0.001$ | | | | | | | | | |
| 0.6 | 0.28 | 0.35 | 0.42 | 0.53 | 0.65 | 0.8 | 1.0 | 2.0 | 3.0 |
| 0.8 | 0.44 | 0.54 | 0.64 | 0.80 | 0.95 | 1.2 | 1.5 | 2.7 | 4.0 |
| 1.0 | 0.58 | 0.72 | 0.85 | 1.0 | 1.2 | 1.5 | 1.9 | 3.3 | 4.5 |
| 1.2 | 0.70 | 0.80 | 1.0 | 1.2 | 1.4 | 1.7 | 2.2 | 3.7 | 5.0 |
| $\phi=0.002$ | | | | | | | | | |
| 0.6 | 0.42 | 0.53 | 0.65 | 0.8 | 1.0 | 1.4 | 2.0 | 3.0 | 5.0 |
| 0.8 | 0.64 | 0.80 | 0.95 | 1.2 | 1.5 | 1.9 | 2.7 | 4.0 | 6.0 |
| 1.0 | 0.85 | 1.0 | 1.2 | 1.5 | 1.9 | 2.4 | 3.3 | 4.5 | 7.0 |
| 1.2 | 1.0 | 1.2 | 1.2 | 1.7 | 2.2 | 2.6 | 3.7 | 5.0 | 8.0 |
| $\phi=0.003$ | | | | | | | | | |
| 0.6 | 0.65 | 0.8 | 1.0 | 1.4 | 2.0 | 3.0 | 4.0 | 5.0 | 6.0 |
| 0.8 | 0.96 | 1.2 | 1.5 | 1.9 | 2.7 | 4.0 | 5.0 | 6.0 | 8.0 |
| 1.0 | 1.2 | 1.5 | 1.9 | 2.4 | 3.3 | 4.5 | 6.0 | 7.0 | 9.0 |
| 1.2 | 1.4 | 1.7 | 2.2 | 2.6 | 3.7 | 5.0 | 6.5 | 8.0 | 10.0 |

## (3) 유압 및 공기압 베어링

### ① 정압 저널베어링의 설계

동압 저널베어링은 0.1~0.2 $\mu$m 정도의 진원도를 얻기에는 충분한 강성을 갖지 못하고 있다. 게다가 동압 베어링의 강성은 윤활제의 점성계수, 온도 그리고

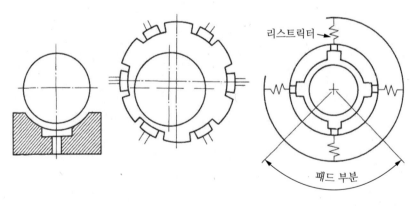

(a) 단일 패드형    (b) 다중 패드형    (c) 다중 리세스(recess)형

그림 5.16  정압 베어링의 형태

저널의 회전속도의 변화에 민감하다. 유정압 저널 베어링에는 이러한 단점들이 없다. 기본적 특징과 정압저널 베어링의 구동원리는 정압 패드(hydrostatic pad) 베어링과 유사하다. 정압 저널 베어링은 단일 패드형[그림 5.16(a)], 다중 패드형 [그림 5.16(b)] 그리고 다중 리세스(recess)형[그림 5.16(c)]이 있다.

단일 패드형 저널 베어링은 접촉각이 180°보다 작으며 보통 부분 동압 베어링과 유사하게 한 방향의 부하만을 지탱한다. 다중 패드형 베어링은 지탱된 부하가 한 방향이 아니고, 진동하거나 역전운동하는 부하, 즉 ±180°만큼의 상당한 방향 변화가 있을 경우에 이용된다. 단일 방향의 부하를 받을 때는 60°보다 큰 접촉각을 가지는 단일 패드가 적당하다. 부하가 최대 80° 범위 내에서 변할 때는 120°의 각에 2개의 패드가 적당하다. 만일 순수하게 역전운동의 부하가 저널에 작용한 경우는 180°각의 2개의 패드가 사용된다. 공작기계 주축계에서는 절삭조건과 가공공정의 유형에 따라 절삭력의 크기에 상당한 변화가 있기 때문에 단일 패드형 베어링은 바람직하지 않다. 일반적으로 부하의 변동이 심할 경우는 다중 패드 베어링쪽을 사용하여야 할 것이다.

다중 리세스형 베어링은 완전한(360°) 동압 저널베어링과 유사하고, 역전운동과 회전부하를 포함한 모든 유형의 반지름방향의 부하들을 지탱할 수 있다. 다중 패드형과 다중 리세스형 베어링 사이의 주요한 차이는 그림 5.16에서 보이는 바와 같이 리세스형 베어링에서는 패드들 사이에 압력이 낮아지는 그루브(groove)들이 없다는 것이다. 이로 인해서 리세스형 베어링에서는 다중 패드형 베어링에서처럼 압력이 0까지 떨어지지 않게 되므로 공작기계 주축계 등에 효과적으로 사용될 수 있다.

## ② 공기압 베어링(air-lubricated bearing)의 설계

액체 윤활 베어링을 고속회전에서 사용하는 것은 마찰손실과 윤활유의 열발생 때문에 제한되고 있다. 회전속도는 낮은 점성계수를 가진 윤활유를 사용함으로써 상당히 상승시킬 수 있다. 따라서 고속, 고정도 공작기계의 주축에서 공기압 베어링이 적용되고 있다. 공기는 등유의 점성계수보다 약 100배, 산업용 오일보다는 1000배 이하의 점성계수를 가지고 있다.

공기압 베어링의 적용상에 있어서 주된 장애요인은 저부하용량과 과부하에 대한 높은 민감성이다. 아주 미세한 과부하도 공기층을 파괴하고, 높은 회전속도에서는 금속과 금속 간의 직접 접촉을 야기시킨다. 베어링 소재는 배빗 메탈(babbitt metal)이나 이와 유사한 내마찰재료(anti-friction material)를 사용하고 있으며, 매우 짧은 동안이지만 건마찰 조건하에서 작동할 수 있다. 베어링의 형태는 공기동압 베어링(aerodynamic bearing)과 공기정압 베어링(aerostatic bearing)으로 구별된다.

공기동압 베어링은 큰 회전속도에서 주축이 부상하는 비행역학의 원리에 의해서 작동되고 있다. 공기의 공급압력은 $p = 2 \sim 5 \times 10^4$ kgf/cm$^2$ 정도이며, 회전수는 $\omega = 10^3 \sim 10^4$ rad/sec의 정도로 회전한다. 이때 공기압은 1 kgf/cm$^2$ 정도의 압력으로 유지된다. 공기동압 베어링의 응용의 예는 내면 연삭기, 원심주조기, 자이로스코프 및 가스터빈 등을 들 수 있다.

공기정압 베어링은 비교적 낮은 회전속도를 갖는 정밀기계에 폭넓게 적용되고 있다. 이 베어링의 작동원리는 유정압 베어링과 비슷하며, 공기의 압력은 $p = 3 \sim 4$ kgf/cm$^2$ 정도로 유지된다.

1. 공작기계 주축의 역할에 대해서 설명하라.

2. 공작기계에서 스핀들 기구의 설계 조건을 설명하라.

3. 길이 800 mm, 지름 100 mm인 공작물이 장착된 선반가공에서 심압대로부터 200 mm 떨어진 위치의 공구대에 배분력이 100 kgf 작용하고 있다. 새들, 주축대 그리고 심압대의 강성이 각각 3000, 4000, 2500 kgf/mm일 때, 공작기계 시스템의 컴플라이언스를 구하라.

4. 선반가공에서 공작물의 길이가 500 mm, 바깥지름 80 mm인 공작물을 절삭가공하고 있다. 주축대로부터 200 mm 떨어진 지점에서 공구계에 배분력이 100 kgf 만큼 작용하고 있다. 주축대와 심압대의 강성이 각각 3000, 2500 kgf/mm일 때 공구의 처짐량을 구하라.

5. 주축의 전체 처짐량을 고려하여 지지점의 위치를 결정한다. 이때 굽힘과 컴플라이언스에 의한 처짐량이 미치는 영향을 글림을 그려서 설명하고, 지지점의 최적위치의 범위를 표시하라.

6. 롤러 베어링과 볼베어링의 특성에 대해서 설명하라.

7. 미끄럼 베어링의 특징에 대해서 설명하라.

8. 미끄럼 베어링의 소재가 갖출 조건에 대해서 설명하라.

9. 윤활막의 두께에 따른 미끄럼 베어링의 종류를 열거하고 설명하라.

10. Stribeck 선도를 그려서 설명하고 경계마찰, 혼합마찰 및 유체마찰의 영역을 표시하라.

11. 동압 베어링과 정압 베어링의 특성에 대해서 설명하라.

# 6 기계식 구동기구

이 장에서는 기계식 구동기구에 관하여 학습한다. 공작기계의 구동기구란 공작기계의 각 축을 움직이게 하는 것을 말하며, 모터로부터 동력을 전달받아 움직인다. 구동기구의 종류는 기계식, 유압식 및 무단구동 등으로 나눌 수 있으며, 이 장에서는 주축계와 이송계의 속도변환기구에 대하여 학습한다. 주요 내용은 구동기구와 볼스크루와 너트 등에 관한 사항이다.

## 6.1  구동기구의 개요

공작기계를 구동시켜 절삭가공을 하는 데는 공구와 공작물의 상대운동으로서 주운동(主運動)과 이송운동(移送運動)이 필요하다. 선반에서 주축의 회전운동, 밀링머신에서 주축의 회전운동, 플레이너에서 테이블의 왕복운동, 드릴링머신에서 주축의 회전운동 및 셰이퍼에서 램의 왕복운동 등이 주운동이다. 그리고 이들은 대부분 회전운동이며 셰이퍼와 플레이너의 왕복운동도 회전 운동을 직선운동으로 변환시킨 것이다.

또 부차적 절삭운동으로 공구 또는 테이블의 이송운동이 있으며, 주로 회전운동을 직선운동으로 바꾸어 적용하고 있다. 물론 원형테이블의 회전운동을 이송운동으로 하는 경우도 있다.

주축의 구동방식에는 계단식 구동(stepped drive)과 무단변속구동(stepless variable drive)이 있다. 계단식 구동방식은 기계적 속도변환을 할 수 있도록 기어열 및 벨트로 구성되며, 목적에 적합한 속도단수가 구비되어야 한다. 또한 일반 공작기계에서 작업범위에 따라 주축의 회전수 및 속도단수가 정해지므로 속도손실이 적고, 설계 및 제작에 있어서도 경제적이며 합리적이어야 한다.

계단식 구동방식은 무단구동방식에 비하여 구조가 간단하고 가격이 싼 장점이 있는 반면, 연속적인 속도변환에 대처하기 어렵고 공작물의 지름에 적절한 최적 절삭조건을 유지하기 어려운 단점이 있다. 절삭운동이 회전운동일 때 공작물의 지름이 변하면 절삭속도가 변화한다. 즉 공작물의 지름 $d$, 주축회전수 $n$, 절삭속도 $v$ 사이에는 다음과 같은 관계가 성립한다.

$$v = \frac{\pi d n}{1000} \,[\text{m/min}] \tag{6.1}$$

$$\therefore \; n = \frac{1000v}{\pi d} \,[\text{rpm}] \tag{6.2}$$

따라서 직경이 변화할 때 경제적 절삭속도를 유지하기 위하여 주축 회전수를 변화시키는 장치가 필요하게 된다. 여기에 단계적 속도변환기구와 무단 속도변환기구 등이 사용되어 왔다. 공작기계를 설계함에 있어서 그 기계의 사용목적에 따라 최대 절삭속도 $v_{\max}$과 최소 절삭속도 $v_{\min}$의 작업범위를 미리 정하고, 이 절삭속도가 자유로이 얻어지는 최대 지름 $d_{\max}$과 최소 지름 $d_{\min}$을 설정하면 필요한 최대 회전수 $n_{\max}$과 최소 회전수 $n_{\min}$은 다음과 같이 나타낼 수 있다.

$$n_{\max} = \frac{1000 v_{\max}}{\pi d_{\min}} \tag{6.3}$$

$$n_{\min} = \frac{1000 v_{\min}}{\pi d_{\max}} \tag{6.4}$$

## 6.2 구동기구의 요소와 부하특성

### 6.2.1 부하 결합법의 종류

전기-기계식 구동에서는 가변속전동기(DC 또는 AC 서보 전동기)의 사용이 보편화되었으며, 전동기축과 부하의 결합법에는 다음과 같은 종류가 있다.

- 주축구동　직결 또는 벨트, 치차결합
- 이송(볼스크루)구동　직결 또는 타이밍 벨트, 치차 결합

이송구동에 관한 결합법에 대하여 자세히 설명하면 다음과 같다.

## (1) 직결 구동

다른 형식과 같은 오차요소(백래시 등)를 피할 수 있으며 간결하기 때문에 최근의 NC, CNC 공작기계에는 이 형식의 채용이 증가하고 있다. 이것은 무게가 가볍고 성능이 양호한 AC 서보 전동기의 발달에 따른 것이다.

## (2) 타이밍 벨트 결합

테이블의 이송이나 보링바의 이송에 사용되며 운전음이 치차전동에 비하여 정숙 운전하는 이점이 있지만 내구성과 정밀도가 좋지 않다.

## (3) 치차결합

동력의 전달이 확실하며 부하특성과 전동기특성을 조합시키는 데 있어서 용이하기 때문에 지금까지 테이블의 이송에 많이 이용되었다. 이 경우 치차는 고정도이어야 하며 백래시의 조정이 가능한 구조가 되어야 한다.

## 6.2.2 부하조건

볼스크루에 의한 이송구동계(그림 6.1, 감속치차가 있는 경우)에서 전동기를 선정할 때 필요한 부하조건(負荷條件)을 아래에 열거한다.
전동기축에 걸리는 부하는 토크 부하와 관성 부하의 두 가지가 있다.

## (1) 부하 토크 $T_L$

$$T_L = \left( \frac{F \cdot L}{2\pi\eta} + T_b \right) \cdot \frac{N_1}{N_2} [\text{kgf} \cdot \text{m}] \tag{6.5}$$

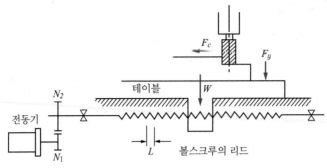

그림 6.1 이송구동계의 부하모델

여기서, $F$ : 가동부를 직선(수평)방향으로 움직이는 데 필요한 추력[kgf]

$L$ : 볼스크루의 리드[m]

$T_b$ : 스크루의 너트부, 베어링부 등의 마찰토크[kgf·m]

$N_1, N_2$ : 감속치차의 잇수

$\eta$ : 볼스크루 및 치차의 효율($\eta = 0.9 \sim 0.95$)

식 (6.5)에서 추력 $F$는

$$F = \mu(W + F_g) \ (비절삭시) \tag{6.6}$$

$$F = F_c + \mu(W + F_g) \ (절삭시) \tag{6.7}$$

여기서, $W$ : 가동부 중량(테이블 등)[kgf]  　　$F_g$ : 기브의 체결력[kgf]

$F_c$ : 절삭력의 이송축방향 분력[kgf]

$\mu$ : 미끄럼면의 마찰계수

## (2) 관성부하

전동기의 회전에 의해 원운동 및 직선운동을 생기게 하는 각 부분의 관성(慣性)의 전동기축에 대한 환산값의 합 $J_L$은 다음과 같다.

$$J_L = J_{G1} + J_{G2} + J_s + \frac{W}{9.8}\left(\frac{L}{2\pi}\right)^2 \cdot \left(\frac{N_1}{N_2}\right)^2 \ [kgf \cdot m \cdot s^2] \tag{6.8}$$

여기서, $J_{G1}, J_{G2}$ : 치차 1, 2의 관성 모멘트[kgf·m·s²]

$J_s$ : 볼스크루축의 관성 모멘트[kgf·m·s²]

## (3) 가속 및 감속시의 관성토크

설정속도(회전수 $n$)까지의 가속 및 감속을 직선적으로 행할 때의 관성토크 $T_a$는

$$T_a = \acute{w}\,(J_M + J_L) = \frac{2\,\pi\,n}{60 \cdot t_a} \cdot (J_M + J_L) \quad [\text{kgf} \cdot \text{m}] \tag{6.9}$$

여기서, $\acute{w}$ : 각 가속도[rad/s$^2$]

$t_a$ : 가속(또는 감속)시간[s]

$J_M$ : 전동기 로터의 관성모멘트[kgf$\cdot$m$\cdot$s$^2$]

$J_L$ : 전동기축 환산 부하 관성모멘트[kgf$\cdot$m$\cdot$s$^2$]

이로부터 기계운전에 관한 패턴의 일례로서 그림 6.2와 같은 관계를 나타낼 수 있다.

여기서, $T_{L1}$을 비절삭시의 부하토크, $T_{L2}$를 절삭시의 부하토크, $T_a$를 관성토크라고 하면 그림에서 토크 패턴은

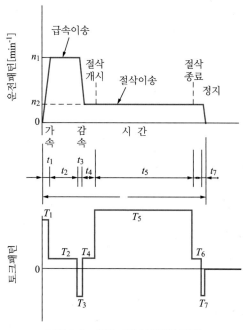

그림 6.2 운전·토크 패턴의 일례

$$T_1 = T_a + T_{L1}$$
$$T_2 \fallingdotseq T_4 = T_{L1}$$
$$T_3 = -T_a + T_{L1} \tag{6.10}$$
$$T_5 = T_{L2}$$

단, 시동과 운전중의 $T_{L1}$에 정지마찰계수와 동마찰계수의 오차를 고려할 필요가 있다.

이상으로부터 전동기의 필요 용량이 구해진다.

즉, 식 (6.8)의 관계로부터 감속치차를 사용함에 따라 테이블, 나사측의 전동기 축 환산 관성을 작게 할 수 있으므로 유리함을 알 수 있다. 그러나 각부의 간격에 의한 영향이나 구동계의 비틀림진동에 대한 동강성의 저하를 막을 수 없으므로 최근의 NC, CNC 공작기계에는 전동기 직결방식이 증가하고 있다.

## 6.3  볼스크루와 너트

나사의 종류는 체결용 나사와 동력 전달용 나사로 구분되고 있으나, 이 장에서는 동력전달용 나사에 대하여 설명하고자 한다. 동력전달용 미끄럼 나사로서는 사각나사와 사다리꼴 나사가 가장 많이 사용되지만, 최근의 기계 이송 정도가 점차 고정밀도를 요구하므로 사용에 제한을 받게 되었다.

그래서 현재에는 대부분의 NC 공작기계와 정밀공작기계에 볼스크루(ball screw)를 사용하고 있다. 볼스크루는 나사축의 홈과 너트의 홈 사이에 강철볼(steel ball)을 넣어 미끄럼마찰을 구름마찰로 변환시켜 이송마찰을 줄이고, 마멸량을 줄여서 정밀도와 수명을 향상시킨 동력전달용 나사이다. 구조는 그림 6.3과 같이 수나사, 너트 및 볼 등으로 구성되어 있다.

볼은 수나사와 너트 사이를 2회 반 내지 3회 반 정도 회전하면서  전진하여 튜브의 끝에서 밖으로 꺼내어져 튜브 속을 통하여 원래의 지점으로 되돌아오며 이러한 과정을 반복하게 된다.

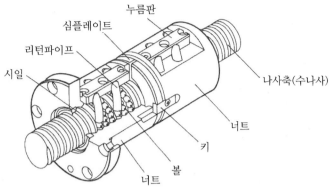

그림 6.3  볼스크루의 구조

## 6.3.1 볼스크루의 특징

### (1) 전달효율

볼스크루는 미끄럼나사와는 달리 구름운동을 하기 때문에 90% 이상의 전달효율(傳達效率)을 얻을 수 있다(그림 6.4). 마찰저항이 적어 미끄럼나사에 비해 소요 토크는 약 1/3로 되고 직선운동을 회전운동으로 전환할 수 있다.

### (2) 백래시 없음

더블너트(double nut)를 사용하여 예압(pre-load)을 걸어줌으로써 축 방향의 백래시(back lash)가 "0"로 되면서 강성이 높아지도록 할 수 있다.

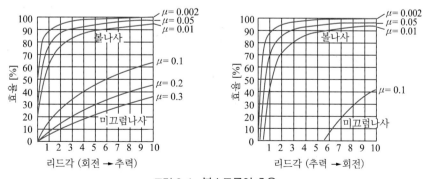

그림 6.4  볼스크루의 효율

### (3) 미동이송 가능

볼에 의한 구름운동을 하기 때문에 마찰이 극히 작아서 미끄럼나사와 같이 슬립스틱이 일어나지 않고 정확한 미동이송(微動移送)이 가능하다.

### (4) 긴 수명

담금질 경화된 홈에서 볼이 구름운동을 하기 때문에 미끄럼나사에 바하여 장기간의 운전에도 마멸은 극히 적다.

### (5) 간단한 윤활

일정구름운동을 하기 때문에 윤활은 아주 소량으로도 가능하며 보통의 사용조건으로 정기적으로 그리스 또는 윤활유를 보충함으로써 충분하다.

### (6) 고정도 추구

일정온도 관리가 가능한 품질관리 체제를 구축하여 볼스크루를 생산한 뒤 공작기계 등에 이용하면 고정밀도의 구동 기능성이 보장된다.

## 6.3.2 볼스크루의 종류

나사축의 제조방법에 의한 연삭 볼스크루와 전조 볼스크루로 나눌 수 있으며, 볼의 순환 방법에 의하여 아래와 같이 분류할 수 있다.

### (1) 리턴 튜브방식

제작이 쉽고 가격이 가장 싸기 때문에 미국, 일본에서 많이 사용되는 방식이다[그림 6.5(a)].

### (2) 코머방식

너트부가 인접하는 홈 사이에 S자형의 홈을 갖는 코머식은 너트의 바깥지름을 작게 할 수 있어 콤팩트화가 요구되는 용도에 적합하나 다소 가격이 비싼 것이 단점이다. 이 방식은 유럽 쪽에서 많이 사용하는 방식이다[그림 6.5(b)].

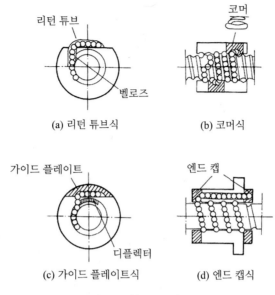

(a) 리턴 튜브식         (b) 코머식

(c) 가이드 플레이트식     (d) 엔드 캡식

그림 6.5 **볼스크루의 종류**

### (3) 가이드 플레이트(guide plate)방식

튜브를 굽히지 않으므로 작은 너트를 제작할 수 있다[그림 6.5(c)].

### (4) 엔드 캡(end cap) 방식

여러 줄의 나사가 가능하므로 나사 지름에 비해 리드(lead)가 클 경우에 적당하며, 홈이 작고 고속 회전에 잘 견딘다. 엔드 캡이 시일(seal)을 겸하고 있기 때문에 시일 부착자리가 작아지고 볼 튜브가 없기 때문에 너트 바깥지름이 작아진다[그림 6.5(d)].

## 6.3.3 **볼스크루의 예압**

일반적으로 볼나사의 제일 큰 장점은 더블너트를 사용하여 백래시를 없앨 수 있다는 점이다. 이 백래시를 "0" 이하로 하기 위해서 볼의 탄성변형 범위 이내로 예압을 걸어서 사용한다.

표 6.1 **볼스크루의 예압방식**

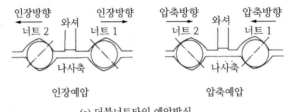

(a) 더블너트타입 예압방식

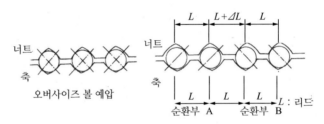

(b) 싱글너트타입 예압방식

그림 6.6 **볼스크루의 예압**

　이러한 예압을 걸어줌으로써 하중이 걸릴 때 축방향의 변위량을 최소화할 수 있다.

　볼스크루의 예압방식을 표 6.1에 제시하였다. 정압예압 볼스크루는 마멸의 영향을 받지 않고 작동이 뛰어나기 때문에 연삭기 등에 사용되나 너트 길이가 길어야 하기 때문에 비경제적이다. 일반적으로 사용되는 방법은 정위치예압 방법으로 더블너트방식과 싱글너트방식이 있으며 그 구조는 그림 6.6과 같다. 두 너트 사이에 간극을 삽입한 더블너트 방식은 중예압에 적합하다. 싱글너트방식에는 오버사이즈를 사용하는 방법(오버 사이즈 볼)과 너트의 순간열간에 예압 상당분의 치수차를 주는 방법(인티그럴 예압)이 있다. 오버사이즈 볼예압은 경예압에, 그리고 인티그럴 예압은 경, 중예압에 적합하며 모두 더블너트방식에 비하여 너트 길이를 짧게 할 수 있다.

### 6.3.4 볼스크루의 진동·소음대책

근래의 FA화에 의하여 이들 기기·장치는 고정밀도·고속화 지향에 따라 볼스크루에서 발생하는 진동(振動)이나 소음(騷音)에 대한 관심이 높아지고 있다.

그러나 이들 진동·소음 문제의 원인이 모두 볼스크루에 귀결되는 것은 아니므로 구동계 전체를 여러 각도에서 검토·분석하고 문제를 해결할 필요가 있다. 볼스크루의 진동·소음 문제에 관한 요인 및 상관관계를 표 6.2에 제시하였다.

표 6.2 **볼스크루의 진동, 소음 요인**

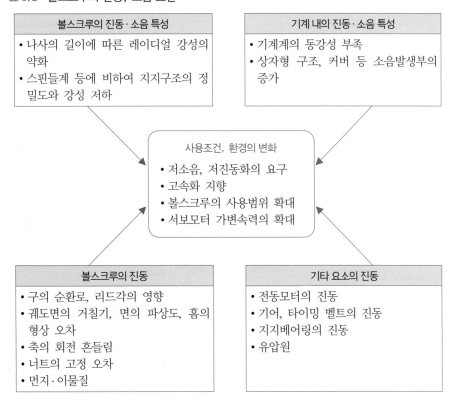

### 6.3.5 볼스크루의 강성설계

고정도의 공작기계를 만들기 위해서는 이송축의 강성이 클수록 좋다. 이송축의 강성설계를 위해서는 백래시를 제외하면 볼스크루의 변위량은 비틀림 변형, 나사봉의 신축 그리고 너트의 변형 등을 고려해야 한다.

#### (1) 비틀림 변형 $\delta_1$

나사봉은 구동토크와 하중과의 관계에서 비틀림 변형을 발생한다(그림 6.7).

$$\delta_1 = \frac{a\theta}{2\pi} \tag{6.11}$$

$$\theta = \frac{32\, Tl}{\pi D^4 G} \tag{6.12}$$

$$K_T = \frac{T}{\theta} = \frac{\pi D^4 G}{32\, l} \tag{6.13}$$

여기서, $a$ : 길이[cm]　　　　　$\theta$ : 비틀림각[rad/cm]

　　　　$l$ : 리드[cm]　　　　　$T$ : 구동 토크[kgf·cm]

　　　　$D$ : 나사 지름[cm]　　　$G$ : 횡탄성 계수, $8.5 \times 10^5$[kgf/cm²]

　　　　$K_T$ : 나사축의 비틀림 강성[kgf·cm/rad]

나사축의 비틀림 변형오차는 나사축에 예압이나 리졸버 등을 이용하여 최소화할 수 있다.

#### (2) 나사봉의 신축 $\delta_2$

인장, 압축하중이 볼스크루에 작용하면 신장 또는 신축이 나사봉에 축방향과 반지름방향으로 발생한다. 축방향의 신축은 나사봉의 변형량, 반지름방향의 신축은 내부 간격 혹은 예압의 증감에 영향을 주어 변위량으로서 나타난다(그림 6.8).

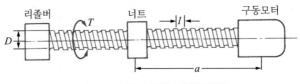

그림 6.7　**볼스크루의 비틀림 변형**

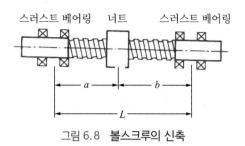

그림 6.8  **볼스크루의 신축**

$$\delta_2 = \frac{P}{K_S} \tag{6.14}$$

$$a구간 \ 강성 \quad K_{sa} = \frac{A \cdot E}{a} \tag{6.15}$$

$$b구간 \ 강성 \quad K_{sb} = \frac{A \cdot E}{b} \tag{6.16}$$

여기서,  $P$ : 하중[kgf]　　　　　　　 $K_s$ : 스프링 상수

　　　　 $A$ : 나사축 단면적[cm²]　　　 $E$ : 종탄성계수  $2.1 \times 10^6$[kgf/cm²]

### (3) 너트의 변형량 $\delta_3$

너트와 하우징 본체의 변형량 및 너트 부착 볼트의 변형, 강구와 골면 사이의 축방향 변위를 생각할 수 있다.

$$\delta_3 = \zeta \cdot L \tag{6.17}$$

여기서,  $\delta_3$ : 너트 부착 볼트의 신장[cm]

　　　　 $\zeta$ : 재료 신율　　　　　　　 $L$ : 길이[cm]

이러한 변형량을 종합하여 볼스크루의 강성을 구하는 식은 다음과 같다.

$$K = \frac{P}{\displaystyle\sum_{i=0}^{n} \delta_i} \tag{6.18}$$

여기서,  $K$ : 이송축의 강성[kgf/cm]　　　 $P$ : 하중[kgf]

　　　　 $\delta_i$ : 볼스크루의 총변형량[cm]

일반적인 NC 공작기계의 강성에서 위치결정 이송나사는  $K \leq 1.8 \times 10^5$[kgf/cm], 연속가공 이송나사는  $K \leq 27 \times 10^5$[kgf/cm] 정도 적용하고 있다.

1. 계단식 구동과 무단변속 구동방식의 장단점을 각각 설명하라.

2. 공작기계를 설계할 때 최대회전수와 최소회전수를 어떻게 결정하는가? 절삭속도와 공작물의 직경을 사용하여 식으로 나타내어라.

3. 구동기구의 부하결합 방법의 종류를 열거하고 설명하라.

4. 구동기구의 관성부하를 설명하라.

5. NC 공작기계 등에 많이 사용되는 볼스크루의 종류 및 특징을 논하라.

6. 볼스크루의 예압방식에 대하여 논하라.

7. 볼스크루의 진동원인에 대하여 논하라.

8. 볼스크루의 강성설계 시 고려해야 될 사항을 열거하고 설명하라.

# CHAPTER 7

# 유압식 구동기구

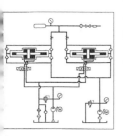

유압구동이란, 기름이라는 매체를 사용하여 힘(에너지)을 전달하여, 요구하는 일에 가장 적합한 액추에이터의 움직임을 얻는 것을 말한다. 이 장에서는 유압펌프에 의한 고압의 작동유를 유압밸브로 자유로이 제어하여, 공작기계를 움직이기 위한 장치들에 대해서 알아본다.

## 7.1 유압시스템의 개요

### 7.1.1 유압공학의 단위

물리량은 같은 양의 비교에 의해서만 측정이 가능하다. 여기서 기준이 되는 물리량을 단위(單位)라 하는데 기본단위와 유도단위가 있다. 물리량의 일반적인 단위는 차원(次元)으로서 정의된다. 단위시스템은 길이, 질량, 시간 같은 기본단위가 있고 이것들로 구성되는 유도단위가 있다. 단위시스템을 크게 나누어 절대단위시스템(absolute unit system)과 중력단위시스템(gravitation unit system)으로 분류된다.

절대단위(絶對單位)시스템은 미터단위(metric unit)와 영국단위(British unit)로 나눌 수 있고 미터단위 시스템에는 다시 CGS 단위, MKS 단위, SI 단위가 있다. 중력단위(重力單位)시스템은 미터공학단위(metric engineering unit)와 영국공학단위(British engineering unit)가 있다.

- CGS 단위　절대단위시스템으로서 기본단위를 길이(centimeter), 질량(gram), 시간(second)으로 하는 단위시스템으로 과학분야에 많이 사용되고 있다.
- MKS 단위　절대단위시스템으로서 기본단위를 길이(meter), 질량(kilogram), 시간(second)을 취하는 단위시스템을 말한다. 이 단위는 공학분야에 많이 사용된다.
- SI 단위(system international unit)　이 단위는 국제 간 합의에 의해서 새로 제정된 단위인데 기본단위로서 MKS 단위를 채택하고 거기에다 전류 Ampere, 온도 Kelvin, 촉광 Candela, 물체의 양 Mole 등 4개의 기본단위를 추가로 첨가하여 7개의 기본단위로 구성된 단위시스템이다.
- 미터공학단위　중력단위시스템으로서 길이 m(meter), 힘 kg(kilogram force) 및 시간 s(second)의 기본단위를 사용하는 단위시스템이다. 이 단위시스템은 공학분야에서 많이 사용하고 있다.
- 영국공학단위　중력단위시스템으로서 길이 ft(feet), 힘 lbf(pound force), 시간 s(second)로 표시하는 단위시스템이다.

"영국공학단위"는 주로 영국과 미국에서 사용되어 왔으나 지금은 전세계가 SI 단위 시스템을 채택하여 단위시스템을 통일하려고 노력하고 있다. 유압공학에서 사용되고 있는 압력, 유량, 동력 에너지 등에 대한 각 단위 시스템을 표 7.1에 표시하였다.

표 7.1　유압공학의 단위 비교표

| 구분 | SI 단위 | MKS 단위 | CGS 단위 | 영국공학단위 | 미터공학단위 |
|---|---|---|---|---|---|
| 압력 | $Pa(N/m^2)$ | $Bar(10^5 N/m^2)$ | $dyne/cm^2$ | $lbf/in^2$ | $kgf/m^2$ |
| 유량 | $m^3/sec$ | $m^3/sec$ | $cm^3/sec$ | $ft^3/sec$ | $m^3/sec$ |
| 힘 | N | N | dyne | lbf | kgf |
| 질량 | kg | kg | gr | slug | $kgf \cdot sec/m$ |

※ 1 kgf=9.807 N=2.2046 lbf
※ I kgf/cm$^2$=98 kPa=0.98 Bar=14.22 psi
※ 1 $l$/min=0.264 gal/min

## 7.1.2 작동유의 물리적 성질

작동매체로서 물을 사용하기에는 곤란한 점이 있다. 우선 물은 100℃가 되면

끓어서 증기로 되어 버린다. 따라서 온도가 100℃까지 상승되지 않더라도 물은 증발이 잘 되어 높은 온도에서의 사용에는 번거롭기도 하며 일손도 많이 간다. 게다가 점성이 적고 고압으로 하면 잘 새어 나온다. 또 부식하기 쉽고, 윤활성이 없기 때문에 기계의 마멸도 촉진하게 된다. 특별한 재료를 쓸 필요가 있다. 이에 반해 기름은 물이 가지고 있는 결점이 없고, 거기에 윤활성이 있으므로 수명도 길고, 안정한 성능을 얻을 수가 있다.

## (1) 비중(specific gravity) $\gamma$

비중(比重)은 단위체적당 물질의 무게와 4℃ 물의 무게와의 비로서 정의한다.

$$\gamma = \frac{W}{V} = \frac{\rho V g}{V} = \rho g \tag{7.1}$$

여기서, $W$ : 중량          $V$ : 체적

          g : 중력가속도          $\rho$ : 밀도

표 7.2는 석유계 작동유의 온도와 압력에 따른 비중을 표시하였고 표 7.3은 각종 작동유의 비중을 표시하였다.

표 7.2  석유계 작동유의 비중

| 온도[℃]<br>압력 | 10 | 40 | 70 | 100 |
|---|---|---|---|---|
| 대기압 | 0.87 | 0.85 | 0.84 | 0.82 |
| 350 kgf/cm$^2$ | 0.89 | 0.87 | 0.85 | 0.84 |
| 700 kgf/cm$^2$ | 0.90 | 0.89 | 0.87 | 0.86 |

표 7.3  각종 작동유의 비중

| 종 류 | 비 중 | 종 류 | 비 중 |
|---|---|---|---|
| 석 유 계 | 0.87 | 인산에스테르 | 1.10 |
| 유중수형 | 0.90 | 물·글리콜 | 1.10 |

## (2) 점성계수(viscosity) $\mu$

유체의 점성계수(粘性係數) 혹은 점도(粘度)는 물질 고유의 흐름에 대한 점착

성이며 유체가 전단력을 받을 때 이것에 저항하는 성질을 말한다. 그림 7.1과 같이 거리 $h$를 사이에 두고 서로 마주 본 2장의 평판 사이에 유체가 채워진 경우를 생각하자. 밑 평판을 고정하고 위 평판을 $F$의 힘으로 판에 평행하게 동속도 $U$로 움직였을 때, 평판과 유체와의 사이에 미끄럼이 없다고 하면 양 평판 사이의 유체 $abcd$는 어느 시간 후 변형하여 $ab'c'd$로 된다. 그 변형의 정도는 $U/h$로 표시되며, 평판면적을 $A$라 할 때 단위면적에 작용하는 힘 $F/A$, 비례상수를 $\mu$라 하연 다음과 같은 관계가 성립한다.

$$\frac{F}{A} = \mu \frac{U}{h}$$

$U/h$는 그림 7.1에서 보이는 바와 같이 $\Delta u / \Delta y$가 되고, 또 $F/A$는 전단응력 $\tau$로 나타내면 위의 식은

$$\tau = \mu \frac{\Delta u}{\Delta y}$$

가 된다. 일반적으로는 직선적 변화는 아니나 $\Delta y$를 $\rightarrow 0$의 극한을 취하면

$$\tau = \mu \frac{du}{dy} \ (\lim_{\Delta y \to 0} \frac{\Delta u}{\Delta y} = \frac{du}{dy} \text{로 한다.}) \tag{7.2}$$

로 표시된다.

식 (7.2)에서 비례상수 $\mu$를 점성계수 혹은 점도라 하고 CGS 단위로 표시하면,

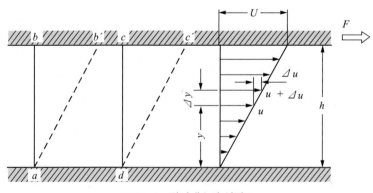

그림 7.1 점성계수의 설명도

$$\mu = \frac{\tau}{du/dy} = \frac{\mathrm{dyne}/\mathrm{cm}^2}{(\mathrm{cm}/\mathrm{s})/\mathrm{cm}} = \frac{\mathrm{dyne} \cdot \mathrm{s}}{\mathrm{cm}^2}$$

1 dyne$=1$ gr$\cdot$cm$/s^2$ 이므로 dyne$\cdot$s$/$cm$^2=$gr$/($cm$\cdot$s$)$와 같다.

CGS 단위로 표시한 1gr/(cm$\cdot$s)를 1 Poise(P: 푸아즈)라 하고 1/100 Poise를 1 CentiPoise(CP: 센티푸아즈)라 한다.

## (3) 동점성계수(kinetic viscosity) $v$

접성계수 $\mu$를 밀도 $\rho$로 나눈 값을 동점성계수(動粘性係數) $v$라고 한다.

$$v = \frac{\mu}{\rho} \tag{7.3}$$

CGS 단위에서 $\rho = \dfrac{(\mathrm{gr} \cdot \mathrm{cm}/\mathrm{s}^2)/\mathrm{cm}^3}{\mathrm{cm}/\mathrm{s}^2} = \mathrm{gr}/\mathrm{cm}^3$ 이므로

$$v = \frac{\mu}{\rho} = \frac{\mathrm{gr}/(\mathrm{cm} \cdot \mathrm{s})}{\mathrm{gr}/\mathrm{cm}^3} = \mathrm{cm}^2/\mathrm{s}$$

여기서 CGS 단위로 표시하는 1 cm$^2$/s를 1 Stokes(St: 스토크스)라 하고 이것의 1/100을 Centistokes(cSt: 센티스토크스)라 한다.

## (4) Saybolt 점도와 Redwood 점도 $\nu$

유압에서 작동유(作動油)의 점도를 세이볼트 유니버설 초(SUS : Saybolt Universal Second)와 레드우드 초(Redwood Second)로 표시할 때가 많다. 이 표시 방법은 모든 윤활유의 점도 측정에 사용되는 방법이며, 규정된 점도계를 써서 일정량의 기름이 떨어지는 데 소요되는 시간(초) 을 표시한다. Saybolt 점도는 특히 미국에서 많이 사용하고 있고, Redwood 점도는 미국 및 유럽에서 사용되고 있다. 동점성계수 $\nu$와는 다음과 같은 관계가 있다.

$$\nu = At - \frac{B}{t} \tag{7.4}$$

여기서, $\nu$ : 동점성계수(cSt)

$t$ : 점도를 초로 표시한 값　　　$A$, $B$ : 상수

① Saybolt Universal Second 점도와의 관계식

$$v = 0.226\,t - \frac{195}{t}, \quad t < 100\ \text{초}$$

$$v = 0.220\,t - \frac{135}{t}, \quad t > 100\ \text{초}$$

② Redwood 점도와의 관계식

$$\nu = 0.26\,t - \frac{171}{t}$$

Saybolt 점도는 보통 37.8℃(100°F) 및 98.9℃(210°F)에서 측정된다. 프랑스와 독일에서는 엥글러(Engler)도로 점도를 나타내는데 엥글러도에서 동점성계수 (cSt)로 환산하는 식은 다음과 같다.

③ Engler 점도와의 관계식

$$\nu = 7.6\,E\left(1 - \frac{1}{E^3}\right)$$

여기서, $E$ : Engler도

## (5) 점도지수(viscosity index) VI

작동유는 온도가 변하면 점도가 변하므로 온도변화에 대한 점도변화의 비율을 나타내기 위해서 점도지수(粘度指數)가 사용된다. 여기의 표준이 되는 기름으로 점도변화가 비교적 큰 나프텐(naphthene)계 걸프코스트 원유와 점도변화가 비교적 작은 파라핀(paraffin)계 펜실베이니어 원유를 사용한다. 나프텐계 원유의 37.8℃(100°F)와 98.9℃(210°F) 때의 각각의 동점도 값을 $VI = 0$으로 하고 파라핀계 기름의 점도값을 $VI = 100$으로 하고 미지의 기름에 대한 $VI$ 계산방법은 ASTM D567(JIS K2284~1956) 석유제품 점도지수 산출방법에서 다음과 같이 구한다(그림 7.2 참조).

$$VI = \frac{L - U}{L - H} \times 100 \tag{7.5}$$

여기서, $U$ : 미지의 기름 100°F에서 Saybolt 점도
$L$ : $VI = 0$인 기름의 100°F에서 Saybolt 점도
$H$ : $VI = 100$인 기름의 100°F에서 Saybolt 점도

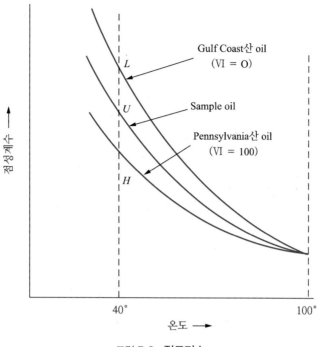

그림 7.2  점도지수

점도지수란 그림 7.2에 표시하는 바와 같이 미지의 기름에 있어서 온도에 대한 접도곡선이 $VI = 100$인 표준유의 점도곡선에 접근하는 비율을 %로 표시한 것이다.

점도지수가 적을수록 온도에 대한 점도변화가 큰 기름이다. 점도지수가 적은 기름을 사용하면 저온에서 점도가 증가하여 펌프의 시동이 곤란하게 되고 흡입 측에서 공동현상(空洞現象, cavitation)을 일으키고 또 배관 내의 마찰에 의한 압력손실이 크게 된다. 따라서 작동유 선택에 있어서 $VI$는 중요한 것이므로 가능한 $VI$가 높은 것을 선택해야 한다.

## (6) 온도에 의한 점성계수의 변화

작동유 온도에 따라 점도는 변화하는데, 온도가 상승하면 점도는 저하된다. 유압장치에서는 사용온도의 변화가 크다. 따라서 시동할 때나 정상 온도에서 점도와 함께 사용온도에서의 점도를 알아둘 필요가 있다.

Walter는 동점성계수 $\nu$와 절대온도 $T°\text{K}$와의 관계를 다음 실험식으로 나타냈다.

$$\log(\nu + 0.8) = CT^n \tag{7.6}$$

여기서 $C$ 및 $n$ 은 작동유의 고유한 상수이다.

## 7.2 유압펌프

유압펌프는 전동기 또는 내연기관 등 원동기의 기계적 에너지를 유체동력 에너지로 변환시켜 주는 유압기계이다. 유압펌프에 의해 발생된 유체 에너지는 관로를 따라 유압작동기(actuator)에 전달되어 원하는 기계적인 에너지로 변환된다. 이와 같이 유압펌프는 유압장치의 유체동력(유압)발생원으로서 가장 중요한 기계이다.

### 7.2.1 종 류

펌프가 유체를 토출해내는 데는 두 가지 방법이 있다. 펌프의 축이 한 번 회전할 때마다 일정한 양을 토출하는 용적형 펌프(positive displacement pump) 혹은 용량형 펌프(positive delivery pump)가 있고 토출량이 일정하지 않은 비용적형 펌프(Non-positive displacement pump)가 있다. 용적형 펌프는 중압 또는 고압의 압력 발생을 주된 목적으로 사용하고 비용적형 펌프는 저압에서 대량의 유체를 수송하는 데 주로 사용된다.

용적형 펌프는 토출량이 부하압력에 관계없이 대략 일정하고 부하압력에 따라 토출압력이 정해지므로 부하가 과대해지면 압력이 상승해서 펌프가 파손될 염려가 있다. 따라서 일반적으로 펌프 토출량의 최대 압력을 제한하는 릴리프 밸브(relief valve)를 설치하여 위험을 방지한다. 이러한 펌프는 피스톤의 용적(displacement)과 회전수가 정해지면 토출유량이 결정된다.

비용적형 펌프는 토출유량과 압력 사이에 일정관계가 있다. 토출유량이 증가하면 토출압력은 감소하게 된다. 토출유량은 펌프축의 회전수와 비례한다. 일반적으로 유압제어용 장치에는 용적형 펌프가 사용되고 대량의 유체 공급에는 비용적형 펌프가 사용된다.

### 7.2.2 기어펌프

#### (1) 개 요

기어펌프(gear pump)는 그림 7.3과 같이 기어케이스 내에 한 쌍의 기어가 화살표 방향으로 회전하면서 케이스 내면과 치차 사이에 유체를 흡입하여 토출구쪽으로 밀어낸다. 흡입구측에서는 약간의 진공상태로 되어 작동유가 흡입되어 연속적으로 토출관으로 압출된다. 이와 같은 펌프는 1593년경 프랑스인 Seriere에 의하여 고안되었다.

기어펌프는 구조가 간단하고 신뢰도가 높고 운전보수가 용이하고 가격도 비교적 저렴하므로 산업용으로 널리 보급되어 있다. 단점으로는 가변토출형으로 제작이 불가능하고 내부 누설이 다른 펌프보다 많다. 사용압력 범위는 20~175 kgf/cm²이고 토출량 2~1170 $l$/min 정도이다.

#### (2) 종류와 구조

기어펌프의 종류는 외접기어펌프, 내접기어펌프로 나눌 수 있고, 기어의 종류에 따라 평기어(plain gear), 헬리컬 기어(helical gear), 이중헬리컬 기어(double helical gear) 등이 있고, 치형에 따라 인벌류트 기어(involute gear), 트로코이드

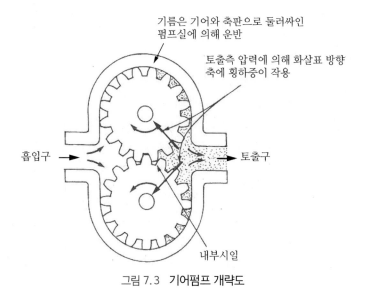

그림 7.3 **기어펌프 개략도**

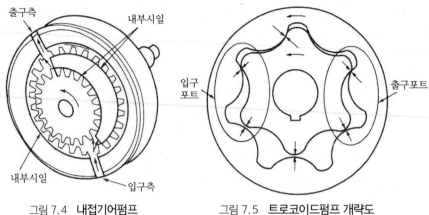

그림 7.4 내접기어펌프
그림 7.5 트로코이드펌프 개략도

기어(trochoid gear), 정현곡선 기어(sine curve gear) 등으로 나눌 수 있다.

한국공업규격 KS B 6341에서는 외접기어펌프에 대해서 규정되어 있고 작동 압력 범위는 35 kgf/cm$^2$, 70 kgf/cm$^2$, 105 kgf/cm$^2$, 140 kgf/cm$^2$로 되어 있다. 그림 7.4는 내접기어펌프의 개략도이고, 그림 7.5는 트로코이드펌프 개략도이다.

## 7.2.3 베인펌프

### (1) 개 요

베인펌프(vane pump)에는 정용량형(fixed displacement type)과 가변용량형 (variable displacement type)이 있다. 정용량형에는 일단펌프(one stage pump), 이 단펌프(two stage pump), 이중펌프(double pump), 복합펌프(combination pump)가 있다. 베인펌프는 공작기계, 프레스, 사출성형기와 같은 산업기계와 차량용에 많이 사용되고 있다 토출량은 4~450 $l$/min, 토출압은 일단에서 70 kgf/cm$^2$를 기준으로 하고 고압용에는 140 kgf/cm$^2$, 이단펌프의 경우 210 kgf/cm$^2$까지도 가능하다.

그림 7.6은 가변용량형 베인펌프의 구조를 나타낸 것이다. 베인펌프는 로터의 베인이 반지름방향으로 홈 속에 끼여 있어서 캠링(cam ring)의 내면과 접하여 로터와 함께 회전한다. 따라서 마멸이 일어나는 곳은 캠링 내면과 베인 선단부분이다. 운동조건에 따라 이들의 마멸은 다르나 베인은 토출압에 의해 압상되어 항상 접촉하고 있으므로 마멸되어도 펌프의 토출량은 행해진다. 이때 다소의 펌프 효율은 저하되더라도 펌핑작용은 충분히 행해진다. 이 점이 다른 펌프에 비

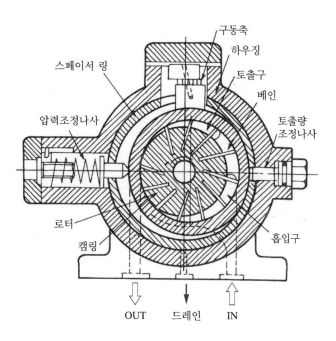

그림 7.6 **가변용량형 베인펌프**

해 장점이며, 가변토출형으로 만들 수도 있다. 베인펌프의 단점은 베인과 캠링이
접촉하여 운동하므로 가공 정도를 높게 해야 하고 동시에 양질의 재료를 선택해
야 하며 부품수가 많다. 베인펌프의 규격은 KS B 6340에 규정되어 있다.

### (2) 종류와 구조

#### ① 정용량형(fixed displacement) 펌프의 종류

펌프의 회전축 1회당 토출용적이 일정한 것으로 캠링(cam ring)의 형상에 따
라 압력불평형형이 있는데 현재는 거의 압력평형형이 사용되고 있다.

평형형 베인펌프에 대한 한국규격은 KS B 6340에 규정되어 있다. 정용량 베
인펌프에는 로터의 수에 따라 1단형, 2단형, 또는 3단형까지 있다. 2중베인펌프
(double vane pump)는 이단식(two stage) 베인펌프(그림 7.7)와는 달리 성능이 다
른 두 개의 펌프를 동일축으로 연결 조립하여 한 개의 원동기로 구동하는 펌프
이다.

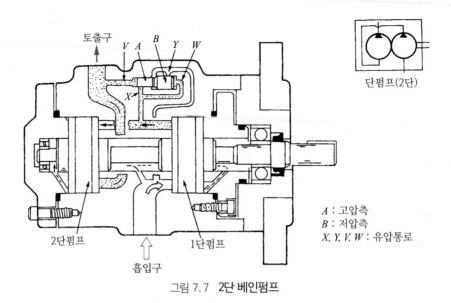

그림 7.7　2단 베인펌프

② 가변용량형 베인펌프(variable displacement vane pump)

이 펌프는 유압회로의 부하에 따라서 유량이 조정되는 것이다. 불필요한 유량을 토출하지 않으므로 동력손실이 적다. 펌프의 최고사용압력은 $70 \sim 105 \text{ kgf/cm}^2$ 범위이고 토출량은 $200 \; l/\text{min}$ 정도이다. 가변용량 베인펌프는 불평형형 펌프이고 효율은 정용량형보다 낮은 75% 정도이다.

그림 7.8은 가변토출량 베인펌프의 구조와 작동을 설명한 것이다. 그림에서 보면 이 형식은 원형캠링을 편심시키는 것인데 압력보상기구의 압력설정스프링에 의해 최대토출량 조정 나사 끝에 닿도록 캠링이 밀착되어 있다. 만일 회로압력이 상승해서 토출측 베인 간의 압력이 상승하면 캠링은 로터의 중심으로 이동하여 압력과 균형을 잡을 때까지 토출량은 감소한다. 회로압력이 스프링의 설정압력에 도달하면 토출량이 0이 된다.

그림 7.9는 가변용량 베인펌프의 특성곡선이다. 유량-압력곡선에서 토출량은 압력의 상승에 따라 ⓐ → ⓑ → ⓒ → ⓓ로 감소해가는 특성을 나타낸다. 이것은 용적형 펌프에서는 어느 펌프에서도 생길 수 있는 내부누설의 증가 때문이다. 압력이 설정압에 달하면 $5 \sim 10 \text{ kgf/cm}^2$ 정도의 범위에서 압력보상장치가 작동되어 링을 토출량 0의 위치까지 이동시키므로 거의 수직에 가까운 곡선을 나타낸다. 그 원리는 펌프에 들어온 기름은 그림 7.8에서와 같이 링에 $F_1$, 로터에는 $F_2$

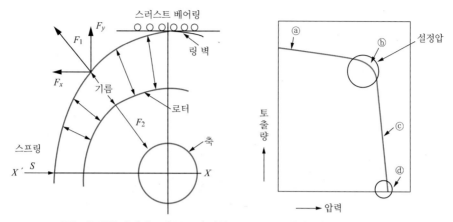

그림 7.8  가변토출량형 베인펌프의 구조와 작동    그림 7.9  가변토출량형 베인펌프의 특성 곡선

라는 힘을 주는데, 로터에 작용하는 힘은 축베어링에서 받으므로 로터는 이동하지 않는다. 그러나 링에 작용하는 힘 $F_1$은 $F_x$와 $F_y$로 나누어지며 $F_y$는 스러스트베어링에서 받고, $F_x$는 스프링의 힘 $S$에 대항한다. 이 $F_x$가 $S$ 이상으로 되었을 경우, 링은 $X-X'$의 방향으로 이동한다. 즉, 압력조정용 스프링을 소정의 힘 $S$에 설정해 두면 압력이 올라가서 $F_x$가 $S$를 넘으면 토출량이 감소하기 시작한다. $S$는 링의 이동량에 따라 조금씩 커져 가지만, $F_x$가 더 커지면 링은 더 이상 이동할 수 없게 되는데 이때 토출량은 완전히 0이 된다. 이 상태를 데드헤드(dead head)라고 한다.

## 7.2.4 피스톤 펌프

### (1) 개 요

피스톤 펌프는 피스톤(piston) 혹은 플런저(plunger)의 왕복운동에 의한 용적변화를 이용하여 유체를 흡입측에서 토출측에 압출하는 형식의 펌프이다. 피스톤 수는 9개가 주로 사용되고 있다. 피스톤 펌프는 다른 펌프와 비교해서 상당히 높은 압력에 견딜 수 있고 효율이 85~95% 정도로 높아서 고압용 유압장치에 많이 사용되고 있다. 사용압력 범위는 140 kgf/cm$^2$~500 kgf/cm$^2$이고 토출량은 1~1350 $l$/min 범위의 대용량도 있다.

피스톤 펌프는 정용량형 펌프로 이용되고 있지만 주로 가변용량형 펌프로 많이 사용되고 있다.

## (2) 종류와 구조

피스톤 펌프는 피스톤 혹은 플런저의 왕복운동을 일으키는 구조 및 운동방향 등에 의해 다음과 같이 분류한다.

레이디얼 펌프는 피스톤이 구동축에 대해서 방사상으로 배열되어 있고, 액시얼 펌프는 피스톤이 동일 원주상에 축방향과 평행하게 배열되어 있다. 레이디얼 펌프는 액시얼 펌프에 비해 최대회전속도가 낮고 단위 토출량에 대한 펌프 중량도 크지만 고압이 쉽게 얻어지고 용적효율이 높고 안정된 운동상태를 얻을 수 있는 장점이 있다.

### ① 레이디얼 피스톤 펌프(radial piston pump)

이 펌프는 주로 가변용량형으로 이용된다. 피스톤(혹은 플런저)의 운동방향이 편심구동축과 직각방향으로 작동되며 회전 실린더식과 고정 실린더식이 있다.

회전 실린더식(그림 7.10)은 축에 의해 캠이 회전하면 각 피스톤은 왕복직선운동을 하고 흡입밸브와 토출밸브에 의해 흡입과 토출행정이 이루어진다. 비교적 고압하에서 무리 없는 작동이 가능하나 구조상 가변용량형을 만들기가 어렵다.

고정 실린더식(그림 7.11)은 피스톤을 내장한 실린더 블록(로터)이 흡입 및 토출밸브의 작용을 하는 고정 핀틀(pintle)을 중심으로 스러스트링(thrust ring)과 접촉하면서 회전하면 실린더 블록 내의 피스톤이 왕복운동을 하면서 유량을 토

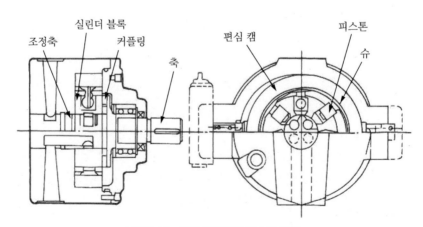

그림 7.10 회전 실린더식 피스톤 펌프

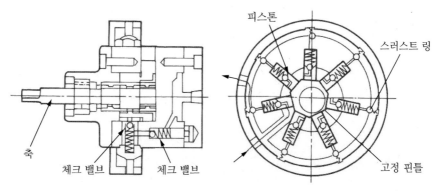

그림 7.11   고정 실린더식 피스톤펌프

출시킨다. 중앙에 고정된 핀틀이 있고 그 상하에 흡입구와 토출구가 있다. 피스톤 주위에는 회전하는 실린더 블록이 있고, 스러스트링은 여러 개의 피스톤 외주를 둘러싸고 안내를 하며 추력을 막는다. 실린더 블록과 스러스트링의 중심이 일치할 때는 피스톤은 펌핑작업을 하지 않는다. 스러스트링이 좌우로 이동하면 펌핑작용을 하게 되어 유량을 토출하게 되는데 토출량은 실린더 블록과 스러스트링의 편심량에 의해 결정된다. 편심량을 바꿈으로써 기름의 토출량을 바꿀 수 있으나 압력은 175~210 kgf/cm² 정도이다. 토출량에 비하여 펌프가 크고, 고속 회전에는 적합하지 않은 결점도 있으나, 인젝션 머신, 선박의 조타용으로는 오래 전부터 쓰이고 있다.

② 액시얼 피스톤 펌프(axial piston pump)

이 펌프는 여러 개의 피스톤이 동일 원주상에 축방향과 평행하게 배열된 펌프인데, 피스톤을 회전시키는 구동축과 피스톤의 왕복운동을 안내하는 실린더 블록 및 이것에 접한 고정 밸브판으로 구성되어 있다. 토출량을 변화시키는 데 실린더 블록과 구동축의 각도를 바꾸는 사축식 액시얼 피스톤 펌프(bent axis axial piston pump)와 실린더 블록과 구동축을 동일 축상에 배치하고 경사판(swash plate)의 각도를 바꾸어서 피스톤의 행정을 조정하는 경사판식 액시얼 피스톤 펌프(swash plate piston pump)가 있다.

그림 7.12, 7.13, 7.14는 경사축식과 경사판식을 표시한 액시얼 피스톤 펌프의 개략도이다.

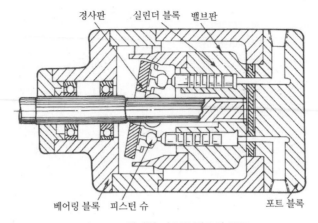

그림 7.12 액시얼 피스톤 펌프의 구조

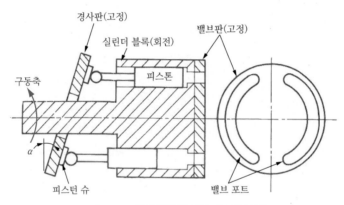

그림 7.13 경사판식 액시얼 피스톤 펌프

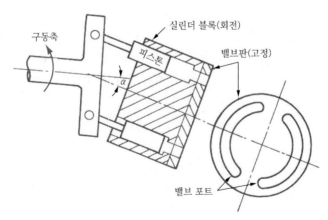

그림 7.14 경사축식 액시얼 피스톤 펌프

## 7.3 제어밸브

유압펌프에서 가압된 작동유는 관로를 거쳐 유압작동기(actuator)에 전달되어 소정의 기계적인 일을 하게 되는데, 이때 작동기가 목적에 맞는 일을 하기 위해서는 작동유의 유량, 압력 및 흐름의 방향을 제어해야 한다. 이러한 목적에 사용되는 기기를 제어밸브라 한다. 압력을 제어시키는 밸브를 압력제어밸브(pressure control valve), 유량을 제어시키는 밸브를 유량제어밸브(flow control valve), 작동유 흐름의 방향을 정해주는 밸브를 방향제어밸브(directional control valve)라 한다.

같은 형상의 밸브에 있어서도 제어방식에 따라 압력을 제어할 수도 있고 유량밸브나 방향밸브로서 사용할 수 있는 경우도 있다. 밸브를 조작하기 위해 필요한 동력은 밸브를 통과하고 있는 유체의 동력에 비하면 비교가 안 될 만큼 작다. 밸브의 특성은 밸브의 교축부분에서의 유량계수에 의해 대부분 결정된다. 밸브의 움직임은 여러 가지 방법으로 밸브 내에 피드백 루프(feedback loop)를 만들어 정특성과 동특성에 대하여 보상동작을 하고 있다. 밸브의 조작력은 밸브에 작용하는 유체에 의한 힘과 밸브의 설치상태, 즉 스프링이나 마찰력에 의해 정해진다.

일반적으로 제어밸브의 구조는 포핏(poppet) 또는 볼(ball)이 스프링으로 시트(seat)에 밀어 붙여져 작동하는 형식과 접속구(port)를 변경시켜 제어하는 형식으로 되어 있다.

### 7.3.1 압력제어밸브

유압회로 내의 압력을 제어하는 밸브이며 회로 내의 압력을 설정값 이하로 유지하는 밸브와 회로 내 압력아 설정값에 달하면 유로를 전환시키는 밸브가 있다. 전자에 속하는 것에는 릴리프 밸브, 감압밸브(reducing valve)가 있고 후자에 속하는 것에는 시퀀스 밸브(sequence valve), 카운터 밸런스 밸브(counter balance valve), 압력 스위치(pressure switch) 등이 있다.

#### (1) 릴리프 밸브(relief valve)

단순한 기름의 도출용 밸브가 아닌 고정도의 압력제어를 하기 위해서 밸런스

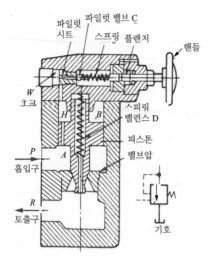

그림 7.15 밸런스 피스톤형 릴리프 밸브

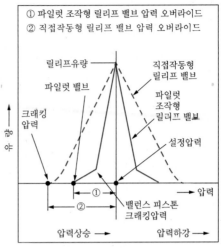

그림 7.16 릴리프 밸브 성능

피스톤형 릴리프 밸브가 개발되었다. 그림 7.15에 밸런스 피스톤형 릴리프 밸브의 구조를 나타낸다. 이 밸브는 압력 오버라이드가 상당히 적기 때문에 채터링(chattering) 현상이 거의 발생되지 않는다.

그림 7.15에서 이 밸브의 구조는 밸런스 피스톤을 내장한 본체와 파일럿 밸브를 내장한 부분이 본체 상부에 조립되어 있다. 압력의 설정은 압력조정 핸들을 돌려서 파일럿 스프링의 힘을 가감해서 정한다. 이 밸브의 작동상태는 그림에서 회로로 통하는 입구측 A실의 압력과 밸런스 피스톤 상부 B실의 압력이 초크(choke) H를 통해 압력이 같을 때 피스톤 스프링의 힘으로 밸브 시트와 압착되어 기름이 탱크로 흐르지 못하게 된다. 즉 릴리프 밸브가 폐위치에 있게 된다. 또 파일럿 밸브의 포핏도 B실의 압력이 파일럿 스프링의 힘보다 크게 될 때까지 열리지 않고 폐위치로 있게 된다.

다음에는 회로 내 A실의 압력이 증가하면 작동유는 밸런스 피스톤의 뚫어진 초크 H를 통해 B실의 압력이 증가한다. 이 압력이 파일럿 스프링의 힘보다 크면 포핏이 열리게 된다. 작동유는 파일럿 밸브실 C를 거쳐 피스톤 스프링이 있는 D실로 들어가 탱크로 유출된다.

이와 같이 작동유가 흐르기 시작하면 A실의 작동유는 초크 H를 통해 B실로 흐른다. 그러면 초크 전후에 압력차가 생겨 B실의 압력은 A실보다 낮아진다. 회로 내 압력이 한층 증가하고 A실의 압력이 B실의 압력과 피스톤 스프링의 힘과 합력을 능가할 때까지 상승하고 피스톤 상하방향의 힘평형이 무너지면 피스톤은 위로 올라가 탱크의 통로는 열린다. 작동유는 오리피스를 통해 탱크로 유출되면서 회로 내의 압력을 설정값까지 유지하게 된다. 이 작동은 회로압력이 저하할 때까지 계속되고 압력이 감소하면 파일럿 밸브가 닫혀 밸런스 피스톤 상하압력이 같아진다. 그렇게 되면 피스톤 스프링 힘으로 오리피스를 닫게 되고 탱크로 유출되는 기름은 멈추게 된다. 그림에서 벤트 마개(vent plug)가 붙어 있는 W실은 보통 닫고 사용하나 이 포트에 파일럿 밸브와 같은 구조의 압력제어밸브를 연결하면 릴리프밸브를 원격제어(remote control)할 수가 있다.

그림 7.16은 직동형 릴리프 밸브와 밸런스 피스톤형 릴리프 밸브의 성능을 비교한 것이다. 그림에서 보면 펌프압력이 상승하여 크래킹 압력이 되면 밸브가 열리기 시작하여 조절 릴리프 압력화가 100%, 즉 전량압력(full flow pressure)이 되면 전 유량이 흐르게 된다. 여기서 직동형 릴리프 밸브의 압력 오버라이드가 밸런스 피스톤형 릴리프 밸브보다 크다는 것을 알 수 있다.

### (2) 감압밸브(reducing valve)

감압밸브(reducing valve)는 유압회로의 일부를 릴리프 밸브의 설정압력 이하로 감압하는 목적으로 사용된다. 이 밸브는 상시 개방상태로 되어 있어서 입구의 1차측의 주회로에서 2차측의 감압회로에 작동유가 흐르고 있다. 2차측의 압력이 감압밸브의 설정압력보다도 높아지면 밸브가 작동하여 작동유의 유로를 닫게 된다. 감압밸브에는 릴리프밸브와 같이 직접작동형과 파일럿조작형이 있다.

그림 7.17은 직접작동형 감압밸브의 구조를 나타낸 것인데 밸브의 중앙에 있는 스풀은 압력조정스프링으로 눌리어 상시 개방상태로 있으며 작동유는 1차측에서 2차측으로 흐르고 있다. 2차측의 압력이 높아지면 스풀에 압력이 작용하여, 압력조정스프링 힘을 이기면 스풀을 압상하여 기름의 유로를 좁혀서 유량을 제한하는 동시에 압력손실에 의하여 2차측의 압력을 감압하게 된다. 2차측의 압력이 압력조정스프링에 의한 설정압력에 달하면 스풀은 완전히 압상되어서 유로를 닫는다.

이때 2치측에서 소량의 기름이 스풀속의 오리피스상의 가는 구멍을 지나 드레인되어 기름탱크에 흐른다. 이것은 밸브가 닫혔을 때 1차측에서 스풀을 접동면을 지나 고압유가 새어 나와도 이것을 드레인으로서 도출하여 2차측의 압력을

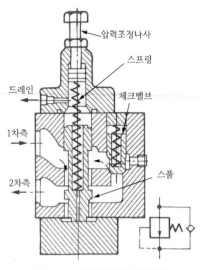

그림 7.17 **직접작동형 감압밸브**

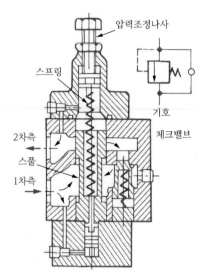

그림 7.18 **카운터 밸런스 밸브**

설정압력보다도 상승시키지 않기 위해서이다.

직접작동형 감압밸브는 스프링의 치수가 커지므로 압력조정범위는 좁으나 스풀의 응답이 빠르므로 주로 저압용 감압밸브에 사용된다.

### (3) 카운터 밸런스 밸브(counter balance valve)

그림 7.18에 나타낸 카운터 밸런스 밸브는 유압회로의 1방향의 흐름에 대하여 설정된 배압을 발생시키고, 다른 방향의 흐름은 자유롭게 흐르도록 한 밸브로, 이것에는 반드시 체크밸브가 내장되어 있다. 예컨대 수직방향으로 작동하는 유압실린더에 있어서 상승행정일 때는 작동유를 자유롭게 보내고 유압실린더가 하강할 때는 중력에 의해 자유낙하하는 것을 방지하기 위하여, 유압실린더의 복귀측의 작동유에 배압을 주어서 낙하속도를 제어하게 된다.

## 7.3.2 유량제어밸브

유량제어밸브(flow control valve)는 유압회로의 작동유의 유량을 제어하기 위하여 사용하는 밸브이다. 가변용량형 유압펌프는 펌프 자체로 토출량을 변화시킬 수가 있으나, 정용량형 유압펌프는 부하가 변동하여도 토출량은 거의 변화하지 않는다. 이 경우에, 유량제어밸브를 사용하여 작동유의 유량을 제어하여, 유압모터의 속도나 유압실린더의 이동속도를 임의로 조정할 수가 있다. 기능상 유량제어밸브는 교축밸브, 압력보상 유량조정밸브, 압력 – 온도보상 유량조정밸브, 분류밸브 등으로 분류되는데 압력보상 유량조절밸브에 대해서 설명한다.

## (1) 압력보상 유량조정밸브

교축밸브는 입구측과 출구측의 압력차의 변동에 의하여 통과유량이 변화하는 결점이 있다. 그래서 부하의 변동이 있어도, 교축부의 압력차를 항상 일정하게 유지하는 압력보상기구가 비치되어, 일정한 유량을 얻을 수 있도록 한 것이 압력보상 유량조정밸브인데, 그림 7.19는 그 구조를 나타낸 것이다.

그림에서 알 수 있듯이 노치부 로터리형의 교축밸브(1)와 압력보상밸브(2)로 구성되며, 유량은 다이얼에 의하여 교축개도를 변경하여 조절한다. 압력보상밸브의 U실측의 수압면적은 $V$실과 $W$실의 수압면적의 합과 같게 만들며, $U$실은 출구관로에 통하며, $V$실, $W$실은 교축밸브의 오리피스 $Y$의 입구측에 해당하는 $X$실에 통하고 있다. 또 $U$실에 스프링을 넣어 $U$실의 압력과 스프링력은 $V$실과 $W$실의 압력에 대응하고 있다.

이 작동원리는 입구 $A$에서 압력 $p_1$의 작동유가 유입하고, 오리피스 $Z$로 압력 $p_2$로 내려가고 다시 오리피스 $Y$를 지나 압력 $p_3$로 강하하여 출구에 유출한다. 여기에서 압력보상밸브가 $X$실과 출구와의 압력차 $p_2 - p_3 = \Delta p$를 일정하게 하도록 작용하는 것이다.

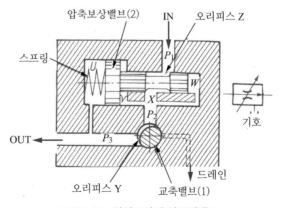

그림 7.19  압력보상 유량조정밸브

### 7.3.3 방향제어밸브

방향제어밸브(directional control valve)는 일반적으로 작동유의 방향을 제어하기 위하여 사용되는 밸브를 총칭한다.

#### (1) 방향제어밸브(directional control valve)

방향제어밸브(directional control valve)는 유압회로에 사용되는 것 중에서 가장 중요한 회로요소의 하나이다.
방향제어밸브는 구조, 기능, 조작방법 등으로 분류된다.

#### ① 포트 및 위치의 수

포트의 수는 외부의 관로에 접속되어서 기름이 변환밸브에서 출입하는 출입구의 수를 말하며(파일럿과 드레인을 제외한다), 위치의 수(number of position)는 밸브의 변환수를 나타내며 보통 2위치와 3위치가 많이 사용되고 있다. 이 포트와 위치의 수에 의하여, 2포트 2위치 변환밸브, 4포트 3위치 변환밸브라고 말한다.

그림 7.20은 그 기본 표시를 나타낸 것인데, 정방향의 칸막이의 수는 변환위치의 수를 나타내며, 정방형의 상하면의 외측에 나와 있는 실선은 접속된 관로의 수를 표시하며, 이 수가 포트의 수가 된다.

관로는 밸브가 정상상태에 있을 때의 변환위치를 표시한다. 각 정방형의 내부에 그려진 화살표는 그 변환위치에서의 흐름의 방향을 표시하며, ⊥ 또는 ⊤의 표시는 밸브의 내부에서 유로가 차단되어 있는 것을 나타낸다.

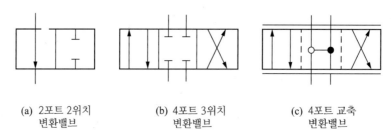

(a) 2포트 2위치    (b) 4포트 3위치    (c) 4포트 교축
　　변환밸브　　　　　　　변환밸브　　　　　　　변환밸브

그림 7.20  방향변환밸브의 기본 표시

② 전자변환밸브(solenoid valve)

이것은 스풀의 양측 또는 한쪽에 솔레노이드를 설치하고, 여기에 전류를 보내거나 차단시킨다. 그러면 솔레노이드는 전자력을 발생하거나 소멸하거나 한다. 이 전자력의 변화를 이용하여 스풀의 변환을 하는 것이다.

솔레노이드는 전원전압으로 교류, 직류용으로 분류되며 교류전원용의 것은 100 V, 200 V를 사용하고 직류전원용의 것은 12 V, 24 V가 사용되고 있다.

전자변환밸브는 전기신호에 의해 변환조작을 하므로 자동운전, 원격조작 또는 비상정지 동을 용이하게 할 수 있다. 또, 변환시간이 빠르고 정확하므로 현재 가장 많이 사용되고 있다. 다만, 이것은 솔레노이드의 흡인력을 이용하고 있으므로 너무 대용량의 것에는 곤란한데 대체로 압력 210 kg/cm$^2$, 최대유량 80 $l$/min 정도까지의 변환에 채용되고 있다.

그림 7.21은 스프링 옵셋형 및 스프링 센터형 전자변환밸브의 외관 및 구조를 나타낸 것이다.

## (2) 체크밸브(check valve)

그림 7.22에 보이는 바와 같이 체크밸브(check valve)는 기름의 흐름방식을 한 방향에 한정할 때 또는 유압실린더를 어떤 위치에서 확실히 유지하여 둘 때 또는 회로의 압력을 2~10 kg/cm$^2$ 정도로 유지하는 경우 등에 사용된다.

체크밸브에는 직동형과 파일럿조작형이 있다. 또 단체로 사용되는 경우와 다른 밸브에 편입되어서 사용되는 경우가 있다.

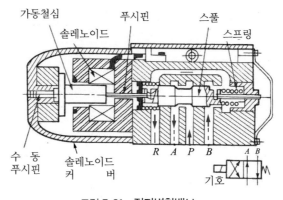

그림 7.21 **전자변환밸브**

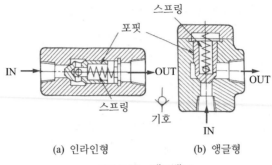

(a) 인라인형      (b) 앵글형

그림 7.22  **체크밸브**

## (3) 감속밸브(deceleration valve)

감속밸브(deceleration valve)는 유압실린더 또는 유압모터의 속도를 서서히 감속 또는 가속 시킬 때 사용하는 밸브이다. 그림 7.23은 감속밸브의 구조를 나타낸 것인데, 보통 스풀의 일단에 롤러가 붙어 있고 캠에 의해 로터가 눌리면 스풀도 서서히 움직이고 스트로크에 따라 스풀의 테이퍼부에 의해 통과 유량이 조정되어 원활한 감속 또는 가속이 될 수 있다.

밸브에는 스프링 옵셋시에 상시 개방이 된 노멀 오픈형(normally open type)과 상시폐쇄가 된 노멀 클로즈드형(normally closed type)이 있다. 또 역류를 자유로 보내기 위하여 체크밸브를 내장한 밸브도 있다.

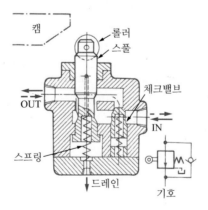

그림 7.23  **감속밸브**

### 7.3.4 서보밸브(servo valve)

최근에 서보밸브(servo valve)가 연구 개발되어 종래의 시퀀스제어로부터 서보기구에 의한 피드백 제어가 가능하며 항공기, 미사일, 선박, 차량 등의 자동조정 및 공작기계 기타 일반 산업용 기계의 제어에 널리 이용하게 되었다.

서보기구(servo mechanism)는 물체의 위치, 방위, 자세 등을 제어하여 목표치의 변화에 추종하도록 구성된 제어계를 말한다. 서보밸브는 서보기구에서 사용되며, 전기 기타의 입력신호에 따라 비교적 높은 압력의 공급원으로부터의 유체의 유량과 압력을 빠른 응답속도를 가지고 제어하는 밸브이다.

서보밸브의 방식 및 구조는 여러 종류가 있으나 유압장치에서 가장 일반적인 것은 전기 – 유압서보기구에 의한 유량제어 서보밸브이다. 이것은 유압유의 압력을 10~50 mA 정도의 미약한 전기입력만으로써 기계적 변위로 변환하고 그 변위를 다시 200~300 kg/cm²에까지 달하는 고압의 작동유 유량을 제어하고 있다. 그림 7.24는 서보밸브의 기본 구조를 나타낸 것이다.

### 7.3.5 전자비례 제어밸브

전자비례 제어밸브는 일반 유압제어밸브에 전기제어부를 부가시킨 것으로, 입

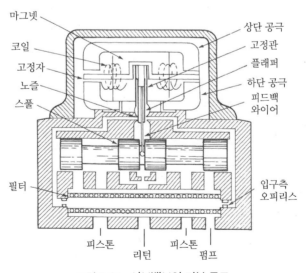

그림 7.24 **서보밸브의 기본 구조**

력신호에 비례한 출력(압력, 유량)의 제어가 가능한 밸브이다. 압력, 유량 등의 출력을 전기적으로 제어 하는 점에서는 유압서보밸브와 동일하지만 서보밸브만큼 고정밀도가 아닌 일반 제어밸브를 오픈루프(open loop)로 원격제어할 수 있는 점이 특징이다.

## (1) 전자비례 압력제어밸브

종래의 밸런스 피스톤형 릴리프밸브와 펄스모터를 결합한 전자비례 압력제어밸브의 예를 그림 7.25에 제시한다. 그림에 있어서 릴리프밸브의 2차압 제어부에 펄스모터를 설치하여 펄스모터로의 입력전류의 크기를 바꿈으로써 압력이 거의 비례적으로 제어된다.

## (2) 전자비례 유량제어밸브

일반 유량제어밸브의 조정다이얼에 의한 교축밸브(throttle valve)의 개도조정을 전자비례 유량제어밸브에서는 입력전류에 비례한 전자석의 출력으로 조정하고 있다. 이 교축밸브의 개도조정방식에는 전자석의 힘으로 교축밸브를 직접 움직이는 방법이나 전술한 바와 같이 파일럿압력과 스프링력을 평형시켜서 위치결정을 하는 방법 등이 있다. 그림 7.26은 전자비례 유량제어밸브를 나타내고 있다.

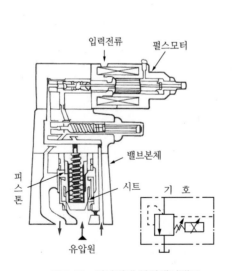

그림 7.25  전자비례 압력제어밸브

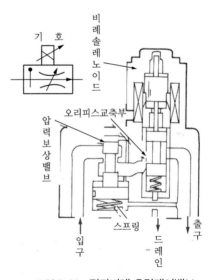

그림 7.26  전자비례 유량제어밸브

## 7.4 유압작동기

그림 7.27은 일반산업용 실린더의 내부 단면도이다. 실린더 튜브(cylinder tube)를 면측의 덮개(cover)를 덮고 이것을 4개의 타이로드(tie rod)로 체결하여 압력용기를 형성하고 작동유에 의해 피스톤을 작동시키는 구조이다. 피스톤 로드(piston rod)의 선단에 나사를 장치하여 다른 구동기와 직결하면 유체 에너지를 기계적 에너지로 변환시키는 역할을 하게 된다.

이런 형의 실린더는 분해와 조립이 간편하여 제작과 사용상의 이점이 있다.

실린더를 구성하고 있는 중요부품은 ① 실린더 튜브, ② 피스톤, ③ 피스톤 로드(piston rod), ④ 실린더 패킹(cylinder packing), ⑤ 완충장치(cushioning device) 등이다.

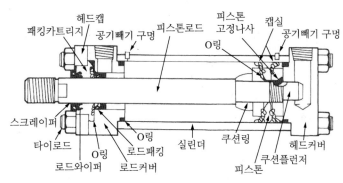

그림 7.27　산업용 타이로드 실린더의 내부구조도

## 7.5 유압제어회로

### 7.5.1 압력제어회로

압력제어회로(pressure control circuit)는 각각의 목적에 따라, 주로 회로 중에 편입된 압력제어밸브를 중심으로 하여 회로 내의 압력을 여러 가지로 제어하는 회로이다. 회로의 기능으로 분류하면, 조압, 감압, 언로드, 시퀀스 카운터 밸런스, 어큐뮬레이터, 증압 등의 회로방식으로 분류된다.

## (1) 무부하회로

반복작동을 하고 있을 때나 작동중 일을 하고 있지 않을 때 정용량형 유압펌프의 토출유량을 릴리프 밸브로 기름탱크에 다시 보내는 것은 동력손실과 작동유 관리면에서 좋지 않다. 이때문에 펌프 토출유량을 저압으로 하여 기름탱크에 보내고 유압펌프를 무부하 운전시키는 회로가 언로드회로이다. 이것에는 다음과 같은 회로가 있다.

### ① Hi-Lo 회로

이것은 그림 7.28과 같이 저압 대용량펌프 A와, 고압 소용량 펌프 B를 동시에 사용하였을 때의 언로드 회로이다. 또 C는 저압용 언로드 밸브, D는 고압용 릴리프 밸브, E는 고압측에서 저압측으로의 흐름을 방지하는 체크밸브이다.

공작기계나 프레스 등에 있어서 급속이송(저압 대용량)일 때는 두 펌프의 합계유량이 유압실린더에 공급되고, 절삭이송이나 가압행정(고압 소용량)일 때는 회로압력이 상승하므로 파일럿압력이 작용하여, 펌프 A는 무부하 운전을 하므로 펌프 B만 작용하여 고압유를 회로에 공급한다. 따라서 전동기의 출력은 그 작동사이클의 부하에 대하여 소용량으로도 되며, 동력손실이 적으므로 열의 발생을 방지할 수가 있다.

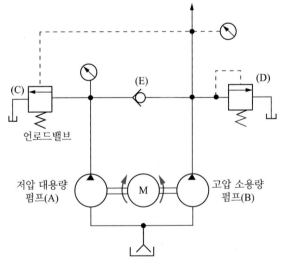

그림 7.28 Hi-Lo 회로

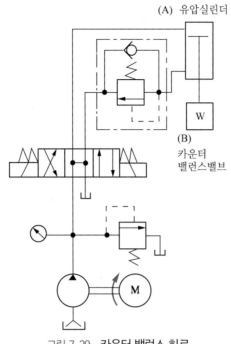

(A) 유압실린더

(B)
카운터
밸런스밸브

M

그림 7.29 **카운터 밸런스 회로**

## (2) 카운터 밸런스 회로

이것은 카운터 밸런스 밸브를 사용한 회로인데 실린더 부하가 갑자기 감소해도 피스톤이 급진하는 것을 방지하거나 수직램이 자중낙하를 막기 때문에 실린더의 배압측의 유압을 일정하게 유지시키는 작용을 한다.

그림 7.29는 비교적 자중이 큰 실린더 피스톤의 자중낙하 방지회로를 표시한 것인데, 실린더 A의 복귀측에 카운터 밸런스 밸브 B를 넣어서 유압저항을 주고 이것으로 생기는 배압으로 피스톤이 자유낙하를 방지한다. 필요한 피스톤력은 릴리프 밸브로 조정하고 있다.

## 7.5.2 **유량제어밸브의 사용회로**

유량제어밸브를 사용하여 유압실린더 또는 유압모터의 속도를 제어하는 기본적인 방법에는 그 부착위치에 따라 미터 인(meter in), 블리드 오프(bleed off), 미터 아웃(meter out)의 3종이 있다.

## (1) 미터 인 회로

미터 인 회로(meter in circuit)는 그림 7.30과 같이 유량제어밸브를 실린더의 입구측에 장치하여, 유입유량을 조정하여 실린더의 속도를 제어한다. 이 경우 펌프는 항상 실린더의 소요유량 이상의 작동유를 토출해야 한다. 이 때문에 속도제어에 필요한 작동유 이외의 기름은 릴리프 밸브를 지나 기름탱크에 복귀된다. 토출압을 유지하고 또한 펌프에 불필요한 동력손실이 없게 하기 위하여, 릴리프 밸브의 설정압력은 부하의 구동에 필요한 압력보다 약간 높게 설정하는 것이 바람직하다. 미터 인 회로는 작동중 부하가 피스톤의 움직임에 대하여 정방향의 저항을 주는 경우에 이용된다. 예컨대, 연삭기, 밀링의 테이블 이송 등에 적합하다.

이 회로의 작동효율 $\eta_{M1}$은 다음 식으로 표현된다.

$$\eta_{M1} = \frac{(Q - Q_R)p_2}{p_1 Q} \tag{7.7}$$

여기서, $Q$ : 펌프의 토출량        $Q_R$ : 릴리프 밸브로부터의 유출량

$p_1$ : 릴리프 밸브의 설정압력    $p_2$ : 실린더의 입구압력

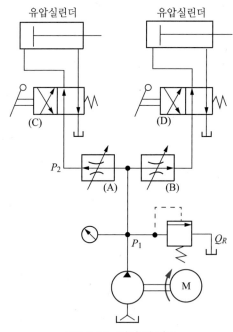

그림 7.30 **미터 인 회로**

## (2) 블리드 오프 회로

블리드 오프 회로(bleed off circuit)는 그림 7.31과 같이 실린더와 병렬로 유량 제어밸브를 설치하고, 그 출구를 기름탱크에 접속하여 펌프토출량 중 적당한 양 만 탱크에 보내고, 실린더의 속도제어에 필요한 유량을 간접적으로 제어하게 된 다. 이 회로에서는 릴리프 밸브에 의하여 과잉압력을 줄일 필요가 없고, 펌프 토 출압력은 부하저항에 이길 정도로 상승만 하므로, 열의 발생이 적고 작동효율이 좋다. 다만 부하변동이 심할 경우에는 실린더에 유입하는 유량이 변화하여 정확 한 유량제어가 곤란하다. 이 때문에 비교적 부하변동이 적은 브로칭 머신, 호닝 머신, 연삭기 등에 사용된다. 이 회로의 작동효율 $\eta_{B0}$는 펌프의 토출압력과 실린 더의 부하압력이 같다고 간주하면 다음 식으로 표시된다.

$$\eta_{B0} = \frac{Q - Q_f}{Q} \tag{7.8}$$

여기서, $Q$ : 펌프의 토출량        $Q_f$ : 유량제어밸브를 지나가는 유량

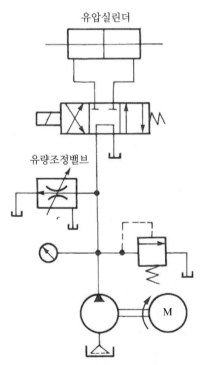

유압실린더

유량조정밸브

그림 7.31 블리드 오프 회로

## (3) 미터 아웃 회로

미터 아웃 회로(meter out circuit)는 그림 7.32와 같이 유량제어밸브를 실린더의 출구쪽에 장치하여, 복귀유의 유량을 제어함으로써 실린더를 제어한다. 따라서 실린더는 항상 배압이 작용하고 있으므로, 급격한 부하변동에 대해서 피스톤로드가 이탈하는 것을 막고 실린더가 진행하는 부방향의 부하에 대해서도 속도를 유지할 수가 있다. 이 회로는 드릴머신, 밀링머신, 톱질기계 등의 테이블이송에 사용된다.

미터 인 회로와 같이 불필요한 작동유는 릴리프 밸브를 지나 기름탱크에 토출시키고 있으므로 동력손실은 크고 작동유의 온도는 상승한다.

이 회로의 작동효율 $\eta_{M0}$는 다음 식으로 표시된다.

$$\eta_{M0} = \frac{(p_1 - p_2)(Q - Q_R)}{p_1 Q} \tag{7.9}$$

여기서, $p_1$ : 펌프의 토출압력     $p_2$ : 실린더배압

     $Q$ : 펌프의 토출량     $Q_R$ : 릴리프 밸브에서의 토출량

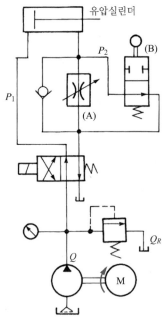

그림 7.32 미터 아웃 회로

### 7.5.3 전기유압 시퀀스 제어회로

공작기계(연삭기)의 전기 · 유압제어회로의 예를 그림 7.33에 제시한다. 테이블 －왕복대 전환시의 쇼크방지와 윤활이나 가감속을 위한 전자비례 방향유량제어 밸브(컨트롤러에 의한 제어)를 사용하고 있다. 또한 작동유의 온도에 따른 전후 테이블 속도의 변화를 방지하기 위해, 온도보상형 유량제어밸브를 이용한 가변 용량 형펌프를 사용하고 있다.

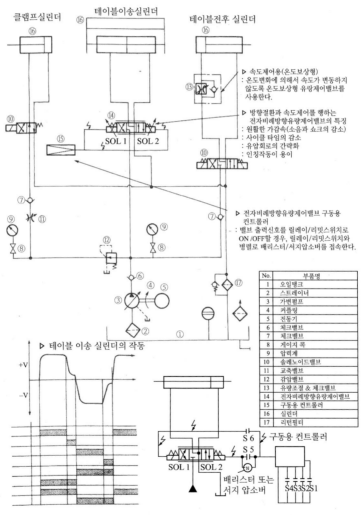

그림 7.33   전기 · 유압제어회로의 예(평면연삭기)

1. Saybolt 점도와 Redwood 점도에 대하여 설명하라.

2. 기어펌프의 구조 그림을 그려서 설명하고, 장단점을 열거하라.

3. 기어펌프는 가변용량형(variable displacement)이 없는데, 그 이유를 설명하라.

4. 베인펌프의 종류와 그 특징을 설명하라.

5. 액시얼 피스톤 펌프의 구동원리를 설명하라.

6. 밸브의 종류에 대해서 설명하라.

7. 압력제어에 사용되는 감압밸브의 구조 그림을 그려서 설명하라.

8. 유압모터(실린더)에 의한 속도제어방법에 대해서 설명하라.

9. 카운터 밸런스 회로의 작용에 대해서 설명하라.

# CHAPTER 8 구동모터와 제어시스템

공작기계는 제품에 따라 선반, 밀링머신, 연삭기, 각종 NC 공작기계 등 많은 기계가 있다. 이에 따라 구동모터와 제어시스템이 각기 다르다. 이 장에서는 각종 공작기계의 특성에 따른 모터와 그 구동 특성 및 제어시스템을 다루어 공작기계 설계에 도움이 되도록 한다.

## 8.1   모터구동에 의한 기계의 이송장치

기계의 이송장치에는 기계적인 방법이 있으나 여기에서는 주로 모터구동에 의한 방법을 대상으로 한다. 모터는 전기 에너지를 기계 에너지로 변환하는 에너지 변환 기능과 제어에 의해 속도와 토크를 변화시키는 제어 기능이 있다.

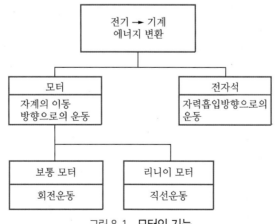

그림 8.1   모터의 기능

- 전기 에너지에서부터 기계 에너지로의 변환(그림 8.1) 모터는 전원에서부터 전력을 입력으로 받아서, 출력으로 기계적인 동력을 내는 회전기계이다.
- 제어에 의한 속도와 토크 변화 모터의 또 하나의 기능으로 제어에 의해서 속도와 토크를 바꿀 수 있다. 가감속 모터, 서보 모터 등 제어시스템 중 하나의 요소로서 모터가 사용된다.

## 8.1.1 모터의 기능도

모터의 기능은 그림 8.2와 같이 4개의 단자를 가진 블록 그림으로 나타낼 수 있다. 제1기능인 에너지 변환 기능은 그림의 ① → ③으로 동력 시스템에 속하는 기능이다. 제2기능인 제어기능은 ④ → ②의 제어시스템이다. 모터를 사용하는 입장에서는 이 블록의 내용보다 4개의 단자조건에 의해서 결정되는 모터의 기능이 더욱 중요하다.

모터는 전자제어장치와 더불어 각종의 장치와 결합되어 모터 자체로서는 발휘할 수 없는 다양한 제어기능을 갖게 된다.

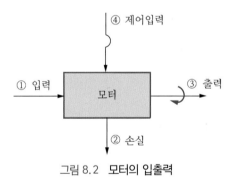

그림 8.2 **모터의 입출력**

## 8.1.2 **모터의 종류**

모터를 원리와 구조면으로 분류하면 그림 8.3과 같다.

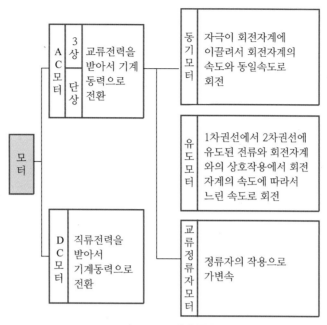

<table>
<tr><td rowspan="4">모터</td><td rowspan="2">AC 모터</td><td rowspan="2">3상<br>단상</td><td rowspan="2">교류전력을 받아서 기계 동력으로 전환</td><td>동기 모터</td><td>자극이 회전자계에 이끌려서 회전자계의 속도와 동일속도로 회전</td></tr>
</table>

그림 8.3  **모터의 종류**

| 모터 | | | | |
|---|---|---|---|---|
| | AC 모터 | 3상 단상 | 교류전력을 받아서 기계 동력으로 전환 | 동기 모터 — 자극이 회전자계에 이끌려서 회전자계의 속도와 동일속도로 회전 |
| | | | | 유도 모터 — 1차권선에서 2차권선에 유도된 전류와 회전자계와의 상호작용에서 회전자계의 속도에 따라서 느린 속도로 회전 |
| | DC 모터 | | 직류전력을 받아서 기계동력으로 전환 | 교류정류자 모터 — 정류자의 작용으로 가변속 |

## (1) AC 모터에 의한 기계적 이송장치

고정회전수(극변환 등 단계적 변속 포함)의 교류모터를 구동요소인 기어, 브레이크, 클러치 등으로 이송속도를 변환시키는 장치에 대해서 간단히 설명한다.

그림 8.4에 그 기구를 표시하고 있다. 구동원이 일정 회전이므로 변속을 위해서는 기계적 장치를 추가로 활용하여야 한다. 따라서 이송장치는 대형 복잡화가 되기 쉽다.

기계부품의 교환, 또는 기구의 개조가 필요한 점 등 결점이 있지만 다음과 같은 장점이 있다.

• 이동의 안정성이 있다.
• 기름이 새는 일이 없다.
• 준비작업이 필요없다.
• 보수가 쉽다.
• 제어장치가 간소화되어 신뢰성이 향상된다.

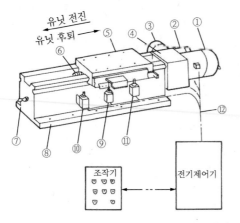

| ① | 빠른 이송 모터 |
|---|---|
| ② | 브레이크 |
| ③ | 느린 이송 모터 |
| ④ | 기어 박스 |
| ⑤ | 새들 |
| ⑥ | 볼스크루 |
| ⑦ | 스토퍼 볼트 |
| ⑧ | 슬라이드 베이스 |
| ⑨ | 유닛 후퇴확인용 리밋스위치 |
| ⑩ | 유닛 느린 이송용 리밋스위치 |
| ⑪ | 유닛 전진확인용 리밋스위치 |
| ⑫ | 전기배선 |

그림 8.4  AC 모터의 구동에 의한 이송

## (2) DC 모터에 의한 기계의 이송장치

구동원인 DC 모터를 이용해서 이송시키는 방법으로(그림 8.5) 슬라이드 베이스(slide base), 새들, 구동부 및 DC 모터 등으로 이송장치가 구성되어 있다. DC 모터에 의한 기계의 이송장치(mechanical feeder)에는 구동부에 정도가 높은 볼스크루를 사용하는데, 저속에 있어서도 원활한 이송을 줄 수 있으며 전달효율이 높고, 마멸도 적은 구조로 되어 있다. DC모터의 회전력은 커플링(coupling)을 중간에 끼워서 직접 볼스크루에 전달되도록 한다.

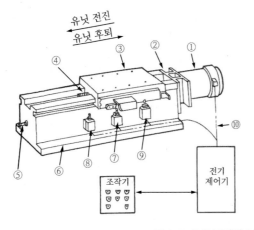

| ① | 모터 |
|---|---|
| ② | 모터 블라킷 |
| ③ | 새들 |
| ④ | 볼스크루 |
| ⑤ | 스토퍼 볼트 |
| ⑥ | 슬라이드 베이스 |
| ⑦ | 유닛 후퇴확인용 리밋 스위치 |
| ⑧ | 유닛 느린 이송용 리밋 스위치 |
| ⑨ | 유닛 전진확인용 리밋 스위치 |
| ⑩ | 전기배선 |

그림 8.5  DC 모터에 의한 이송장치

이 DC 모터는 시퀀스 제어 지령신호에 따른 제어장치의 출력에 의해 회전방향, 속도제어가 행해진다. 그리고 유닛 이송단 확인용 리밋 스위치, 전진 확인용 리밋 스위치, 지연이송용 리밋 스위치가 시퀀스 제어 확인 기기로서 설치가 되어 있고 DC 모터와 같이 전기제어기에 배선되어 있다.

## 8.2 DC모터 제어시스템의 구성

DC 모터 제어시스템은 그림 8.6에서 나타내는 것과 같이 조작신호를 시퀀스(sequence) 제어회로부에 의한 지령신호에 의해 방향과 속도를 제어하며, 전기적으로 출력하는 모터제어부와 전기 에너지를 기계 에너지로 변환하는 구동부 및 속도 검출부로 구성되어 있다.

### (1) 제어회로부

조작기에서의 조작신호와 기계적 동작위치 확인신호를 시퀀스에 따라서 제어하는 전기회로가 주어져 있다. 제어회로부는 모터제어를 위해 모터의 회전방향과 회전속도를 결정하는 지령신호(릴레이 접점)가 발생하게 된다. 이 지령신호는 유압 이송장치인 경우 솔레노이드 밸브 전환 신호와 동일한 기능이다.

### (2) 모터 제어부

모터 제어부의 기능은 제어회로에서부터 지령신호에 의해 구동부(DC 모터)에 회전방향과 속도를 지령한다. 이 모터 제어부는 기계설계에서는 블랙 박스(black box)로 취급되는 부분이다.

여기에서는 모터 제어부에 필요한 기능을 간략히 설명하는 것으로 한다.

### ① 동력변환 주회로

유압 이송장치의 경우는 동력이 유압이지만 DC 모터 이송인 경우는 직류전원이다. 따라서 교류를 직류 전원으로 변환하는 동력 변환회로가 필요하게 된다. 이 동력회로의 극성 변환에 의해 모터의 회전 방향으로 변환을 하게 된다.

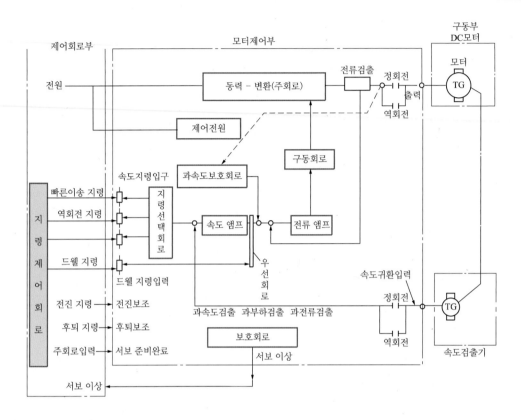

그림 8.6  DC 모터 제어시스템의 구성

## ② 속도지령 회로

유압제어의 경우는 유압을 제어하는 유압기기가 달려 있어서 이송속도가 제어된다. DC 기구 이송장치인 경우는 모터 제어부에 있어서 DC 모터의 전기자 전압을 바꾸는 전압제어 방식 또는 자속을 바꾸는 계자제어방식이 있다. DC 모터는 다음과 같은 전기적 특성으로 나타낼 수 있다.

$$E = \phi \cdot N + I \cdot R \qquad (8.1)$$
$$(E \gg I \cdot R)$$

여기서, $E$ : 전기자 전압     $R$ : 전기자 저항

       $\phi$ : 계자의 자속     $N$ : 회전수        $I$ : 전기자 전류

DC 모터의 회전수 $N$을 조정하려면 전기자 전압 $E$를 바꾸든가 자속 $\phi$를 바꾸면 된다. 이 자속 $\phi$를 바꾸는 방식을 계자제어방식이라 하고, 전기자 전압 $E$를 바꾸는 방식을 전압제어방식이라고 한다(그림 8.7 참조).

그림 8.8에 DC 모터의 분류와 그 특성을 나타낸다. 일반적으로 이송장치에 사

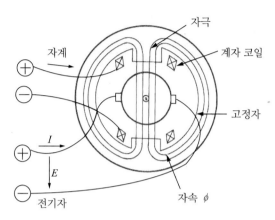

그림 8.7 DC 모터의 속도제어

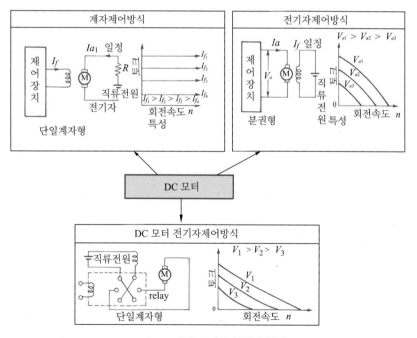

그림 8.8 DC 모터의 분류와 특성

용되는 모터제어부에는 이송속도를 설정시킬 수 있는 기능이 있으며 외부의 지령신호에 의해 속도를 설정하도록 되어 있다.

### ③ 보호기능

메카트로닉스(mechatronics)에서 가장 중요한 부분이고 일반적으로 과부하, 과전류, 과속도, 모터의 과열 및 퓨즈 차단 등의 검출장치가 부착되어 있다.

### (3) 구동부(DC 모터)

제어시스템의 최종단계에서 입력신호에 따라 기계부하를 조작, 구동하는 동력요소이다.

### (4) 속도검출기(tachogenerator)

모터의 회전수를 검출하여 그 출력 전압을 모터 제어부에 피드 백(feed back)시켜 자동 속도제어를 행하는 데 필요한 센서이다.

## 8.3 DC 모터에 의한 이송장치의 제어

### 8.3.1 사이클 선도의 작성

먼저 기계적 이송장치(mechanical feeder)를 제어하려면 그 기계에 요구되는 작업의 사이클을 파악하여야 하는데 순서는 다음과 같다.

① 기동 푸시 버튼을 누른다.
② 유닛 전진, 급속(rapid traverse)지령을 모터 제어부에 출력하면 DC 모터가 급속 회전하여 유닛이 급송 전진한다.
③ 유닛 지연용 리밋 스위치의 신호를 확인한다.
④ 유닛 전진용 리밋 스위치가 확인되면 드웰지령을 ON으로 하고, DC 모터에 과전류제어를 입력하게 한다(정토크로 유닛을 정지시킨다).
⑤ 드웰 타이머에 따라, 유닛 전진지령을 OFF시켜서 유닛 후퇴의 급속지령을 ON 한다. DC 모터는 급속 회전하고 유닛은 급속 후퇴한다.

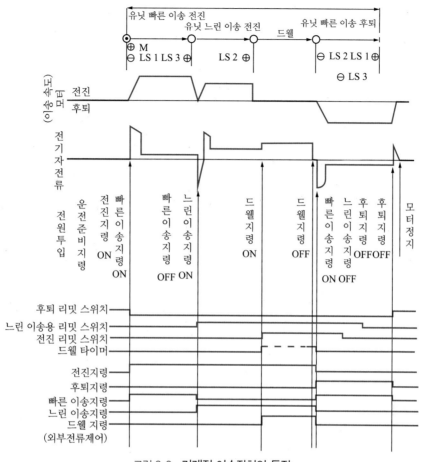

그림 8.9 기계적 이송장치의 동작

⑥ 유닛 후퇴용 리밋 스위치를 확인하면 유닛 후퇴의 급속 지령을 OFF해서 DC
모터의 회전을 정지시키고 모든 사이클이 종료된다.

그림 8.9는 이 사이클에 따라서 그려진 선도이며 이 선도에 의해서 DC 모터
회전과 전기자 전류의 변화가 표시되어 있다.

## 8.3.2 제어회로 작성

사이클 선도에 의하여 제어회로를 작성하게 된다. 일반적으로 전기 제어회로
를 만드는 데 있어서 구동부의 이상을 감지하여 구동모터를 순간적으로 정지시

| | | |
|---|---|---|
| (CR) | relay coil | |
| CR ※ | relay make(접점) ·························· | 코일이 여자되어서 닫히는 접점 |
| CR ※ | relay brake접점(b접점) ························ | 코일이 여자되어서 열리는 접점 |
| (TR) | timer coil | |
| TR ※ | timer 한시동작의 make 접점(a 접점) ····· | 코일이 여자되어서 닫히는 접점 |
| TR ※ | timer 순간동작의 make 접점(a 접점)······· | 코일 여자되는 순간에 닫히는 접점 |
| | push button switch의 make 접점(a 접점) ··· | 버튼을 누르는 경우에 닫히고 떼는 경우에 스프링이 원래의 상태로 되돌아가는 접점 |
| LS | limit switch make 접점(a 접점) ············ | 리밋 스위치가 밟아지는 경우에 닫히는 접점 |
| SOL | solenoid ······························· | solenoid 방향절환 valve에 사용하고 있다. |
| (1)  (2) | switch ································ | 선택 스위치를 (1)에 맞출 때 폐로로 된다. |

그림 8.10  회로도의 기호

키는 모터제어 신호와 타임 차트의 타이밍을 적절히 조정할 필요가 있다. 이 지령신호에 대한 처리방법이 유압식 제어와 전기식 제어의 큰 차이이므로 설계자는 이에 주의해야 한다. 이점들을 고려한 제어회로도가 작성되어야 하는데 여기에서는 간단히 동작을 하는 데 필요한 것만 기입한다. 그림 8.10에 회로도 기호를 정리하였다.

DC 모터는 광범위한 속도제어가 용이하므로 많이 사용되고 있다. AC 모터에 비하면 브러시 등이 있기 때문에 마찰이 증대되어서 보수의 점에서 결점이 있으나, AC 모터 보다 기동토크가 크므로 속도 조절이 쉽고 효율이 높은 등의 장점이 있다. 따라서 기계적 이송장치의 구동원으로 많이 사용된다.

### 8.3.3 DC 모터의 기계적 이송장치의 특징

DC 모터의 기계적 이송장치의 특징은 다음과 같다.

### (1) 신뢰성

모터를 볼스크루 축에 직결하여 설계가 간소화되므로 위치 루프가 생략되어 기구가 간단하다.

(2) 유압이송에 비해 월등한 유연성

- 무단변속 설정이 용이
- 고강성 이송
- 워밍업 불필요
- 슬로업 다운 조정 용이
- 기구상의 제약이 적음

(3) 클린 샤프 드라이브(clean sharp drive)

- 저소음 저진동
- 제어성 양호
- 기름 누설이 없음

(4) 경제성

- 모터제어부와의 조합으로 기능 다양
- 동력공급의 용이
- 부대장비가 일체 불필요

# 8.4  서보시스템의 구성

## 8.4.1  서보시스템

서보기구는 현재값과 목표값을 비교해서 양자가 일치되도록 제어 대상을 구동시키는 기구로서 위치와 속도의 피드백계를 갖추고 항상 보상동작을 행하는 제어기구라 할 수 있다.

여기서 말하는 서보기구라는 것은 지령펄스에 따라서 그 지령대로 기계의 각 축을 구동하는 서보 제어부나 서보 구동 같은 기계계를 뜻하며 오픈루프(open loop), 클로즈드루프(closed loop)로 나눌 수 있다(그림 8.11 참조).

서보구동을 AC 모터를 쓰느냐 또는 DC 모터를 쓰느냐에 따라 제어의 내용이 달라지겠지만 여기에서는 이송계에 많이 쓰이는 일반화된 DC 모터를 구동모터로 한 DC 서보시스템을 설명한다.

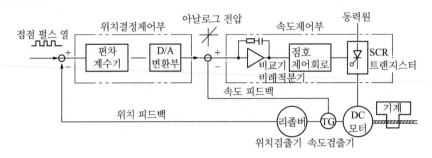

그림 8.11  DC 서보시스템의 구성

DC 모터는 회전수를 바꿀 수 있는 가변속 모터인데 이것을 제어하기 위해서는 속도검출기(tachogenerator, TG) 등과 같은 속도를 검출해서 피드백시켜 주는 수단이 필요하다. 또한 회전각, 즉 위치를 제어하기 위한 리졸버(resolver), 펄스 발생기(pulse generator, PG) 등의 회전각 검출기가 필요하다.

이와 같이 DC 모터를 서보모터로 사용하기 위해서는 이들의 피드백 수단 외에 다른 지령값과 피드백값을 비교하는 회로와 지령 펄스인 디지털값을 아날로그 전압으로 변환하기 위한 D/A 변환회로 등이 필요하게 된다. 그림 8.11에 표시한 것과 같이 DC 서보 시스템에는 일반적으로 다음과 같이 구성되어 있다.

- 위치결정 제어부(디지털 제어부)
- 속도제어부(아날로그 제어부)
- 직류 서보모터
- 속도검출기(타코제너레이터)
- 위치검출기(리졸버, 펄스 발생기)

먼저 지령 펄스열이 위치결정 제어부의 편차 계수기에 주어진다. 편차 계수기는 주어진 지령펄스수와 리졸버, 펄스 발생기 중의 위치검출기에 의한 피드백 펄스 수의 차를 만들어내는 비교 계수기로서 이 차를 편차 카운터의 편차라 하는데 속도에 비례하고, 서보모터의 동작신호가 된다.

이 디지털 편차를 D/A 변환(디지털/아날로그 변환)시켜서 속도지령 전압으로 속도제어부에 전달한다(그림 8.12 참조).

속도제어부에는 속도지령 전압과 속도 검출기로부터 속도 피드백 전압과의

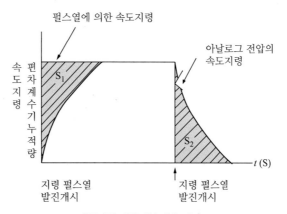

속도지령

편차계수기누적량

$S_1$

아날로그 전압의
속도지령

펄스열에 의한 속도지령

$S_2$

$t$ (S)

지령 펄스열
발진개시

지령 펄스열
발진개시

$S_1$ : 기동시의 편차 계수기 누적량

$S_2$ : 지령 펄스 정지 후의 방출 펄스량

$S_1 = S_2$

그림 8.12  편차 계수기의 누적펄스와 속도지령

아날로그 비교회로가 있다. 또한 속도의 오차가 매우 적을 때 즉, 비교회로의 출력이 적을 때도 모터가 충분한 토크를 발생하고 오차를 수정할 수 있도록 비례적분회로가 있다. 이 비례적분회로의 출력이 사이리스터(thyristor)와 트랜지스터 등에 내장되어 있는 스위칭 소자의 스위칭 시간을 제어하는 점호제어회로에 주어져서 모터의 동력을 제어하게 된다. 속도지령 전압과 속도 피드백 전압과의 차가 0(zero)에 가까워지도록 속도가 정해진다.

이와 같이 클로즈드루프(closed loop)를 구성함으로써 위치제어부, 속도제어부 어느 쪽에 있어서도 지령값과 피드백값과의 차가 0이 될 때까지 동작을 반복하도록 서보계가 구성되어 있다.

## (1) 속도검출기

속도검출은 일반적으로 DC 속도검출기(速度檢出器)와 펄스발생기(PG)를 F/V(frequency/voltage) 변환한 것이 사용되고 있다.

DC 속도검출기는 자속을 도체가 가로지르면 전류가 흘러 전압이 발생하는 원리를 응용한 것으로 모터의 회전속도에 비례한 전압이 얻어지는 발전기이다(그림 8.13). 펄스발생기는 증분형 엔코더라고도 불린다. 축의 기계적 회전각인 아날로그 값을 펄스수로 바꾸는 일종의 아날로그 디지털 변환기이다.

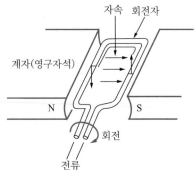

그림 8.13 **속도검출기**

### (2) 위치검출기

위치검출기(位置檢出器)로서는 전술한 펄스발생기, 리졸버 등이 사용되고 있다. 펄스발생기를 위치검출로 사용할 때 모터축의 분해능이 회전판의 슬릿 수에 따라서 기계적으로 정해지므로 높은 정도의 위치검출이 되지 않는다든가 계산착오가 누적되는 등의 문제가 있다.

세미 클로즈드루프 방식의 위치검출기로서는 리졸버가 있고, 완전 클로즈드루프 방식의 검출기로서는 인덕토신(inductosyn)이 많이 채용되고 있다.

## 8.4.2 공작기계 서보기구의 분류

서보기구의 중요한 구성 요소는 컨트롤러, 인터페이스, 서보앰프, 서보모터, 볼스크루, 테이블, 위치검출기, 속도검출기 등이 있다. 이들의 요소는 구성방식에 따라 서보기구는 위치 및 속도검출기를 가지지 않는 오픈루프 방식과 그림 8.14에 나타내는 위치 및 속도검출기를 가지는 클로즈드루프 방식으로 나누어진다. 클로즈드루프 방식은 위치검출기의 종류와 부착위치에 따라 상대 위치를 검출하는 세미 클로즈드루프 방식과 절대 위치를 검출하는 완전 클로즈드루프 방식으로 나누어진다.

오픈 루프 방식에서는 보통 스테핑모터만으로 위치결정이나 속도제어가 가능하기 때문에 구동계의 위치 정보를 컨트롤러 쪽으로 피드백하지 않아서 간단한 서보기구를 구성할 수 있다. 회전속도가 빠르면 출력 토크가 저하하고, 부하토크의 변동에 따라 지령한 위치와의 동기가 이루어지지 않는 단점이 있다. 그리고 여자상을 전환함에 따라 기동, 정지가 단속되므로 부드러운 회전이 이루어지지 않는다. 현재의 공작기계의 제어에는 거의 사용되지 않는다.

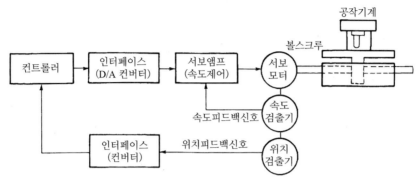

(a) 세미 클로즈드 루프(semi-closed loop) 방식의 서보기구

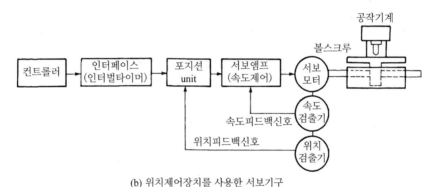

(b) 위치제어장치를 사용한 서보기구

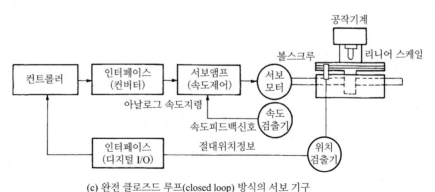

(c) 완전 클로즈드 루프(closed loop) 방식의 서보 기구

그림 8.14　공작기계의 구동계에 쓰이는 서보기구(클로즈드 루프 방식)

세미 클로즈드루프 방식은 그림 8.14(a)에 보이듯이 서보모터 축상에 위치나 속도검출기에 상당하는 모터의 위치검출기, 속도검출기를 붙이고 컨트롤러가 이들 신호를 항상 검출해가면서 기계의 위치나 속도를 제어하는 방식이다. 보통 회전각이나 회전속도의 검출기는 서보모터의 출력축과는 반대측에 붙어 있어 비교적 간단하게 공작기계에 붙일 수 있다. 또한 서보모터의 구동장치에 있는 서보앰프에는 속도제어 기능이 내장되어 있는데, 이 방식의 최종 위치결정 정도는 양호하지는 않다. 그러나 서보앰프 내에는 전달 구동계에 의한 기계적 진동이나 마찰 등의 비선형 요소가 들어 있지 않기 때문에 안정한 제어가 가능하여 대부분의 CNC 공작기계가 이 방식을 채용하고 있다.

또한 서보앰프와 조합해서 사용하는 위치제어장치(position unit)가 개발되어 있다. 이 장치는 그림 8.14(b)에 보이듯이 위치결정제어를 하드웨어로써 실현하는 것으로 오픈루프 방식으로도 가능하다.

완전 클로즈드루프 방식에는 그림 8.14(c)에 보이듯이 테이블 등에 위치검출기(리니어 스케일)를 붙여 전달동력계의 위치 정도까지도 제어루프에 반영시켜 고정도의 위치결정제어를 하는 방식이다.

세미 클로즈드루프 방식은 전달동력계의 기계적 진동이나 마찰 등의 비선형 요소의 영향으로 서보루프가 불안정할 수 있기 때문에 전달동력계의 구성에 따른 위치정도 제어방법에 주의할 필요가 있다.

# 8.5 리졸버 및 엔코더

## 8.5.1 리졸버의 동작원리 및 구조

리졸버를 구조로 분류하면 다음과 같다.

- 브러시형 [권선형 그림 8.15 (a), 그림 8.16]
- 브러시리스형 : (a) 회전트랜스형, (b) VR형[그림 8.15 (b)]

다음에 브러시리스형을 중심으로 그 원리를 설명한다.

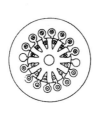
(a) 권선형 리졸버

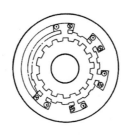
(b) VR형 리졸버

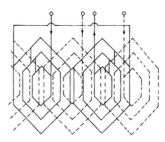
(c) 리졸버의 권선도(회전자)

그림 8.15  리졸버의 코어형상과 권선도

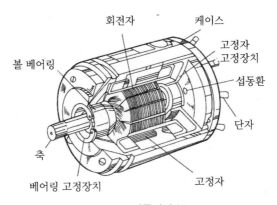

그림 8.16  리졸버의 구조

## (1) 회전 트랜스형

기본적인 본체부는 권선형의 동기 발전기와 유사하다[그림 8.15 (a)]. 회전 트랜스는 브러시와 섭동환 대신 사용되는 장치이고 결합계수가 회전각에 따라 변화하지 않는 것 등이 권선형 리졸버의 특징이다.

그림 8.17에 그 결선도와 출력방정식이 나와 있다. 다만 이 방정식은 이상적인

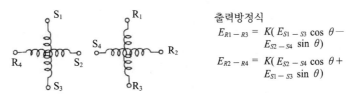

출력방정식
$$E_{R1-R3} = K(E_{S1-S3} \cos \theta - E_{S2-S4} \sin \theta)$$
$$E_{R2-R4} = K(E_{S2-S4} \cos \theta + E_{S1-S3} \sin \theta)$$

그림 8.17  결선도와 출력방정식

것으로서, 실제는 $\theta$를 기본파로 하여 무수한 고주파 전압이 포함되어 있고 이들이 오차의 원인이 된다. 그 때문에 리졸버는 회전자와 고정자 사이의 고주파를 최소로 억제하기 위한 여러 가지 설계기술이 구사되고 있다.

### (2) 가변 리덕턴스형(VR형)

회전자에는 권선이 없고, 단지 톱니바퀴의 톱니와 같은 형상으로 된 철심이 있다. 회전 트랜스가 없으며 브러시가 없기 때문에 구조적으로 매우 간단하고, 출력 임피던스를 작게 억제시킬 수 있다.

## 8.5.2 리졸버의 공작기계에의 응용

그림 8.18은 대표적인 공작기계에 대한 응용예이다. 그림 8.18(a)는 서보계 중에서 널리 이용되고 있는 세미 클로즈드루프를 나타낸다. 서보계 중에는 스텝모터로 직접 부하를 구동하고, 피드백이 없게 오픈루프와 피드백을 취하는 클로즈드루프가 있고, 또 클로즈드루프 중에 완전 클로즈드루프(리니어 센서로 피드백하는 방법)와 회전량에서 간접적으로 신호를 취하는 세미 클로즈드루프가 있다.

그림 8.18(b)는 리졸버를 위상 서보형으로 실현시킨 것이다. 특히 CPU(중앙처리장치)를 사용한 블록선도를 나타내고 있는데 구동모터가 기어를 통하여 이송나사를 작업대가 그 나사의 회전량에 비례하여 이동하게 되며, 그 회전량을 리졸버로 감시하면서 CPU에 순차로 보고하면 작업대가 지금 어떤 위치에 있는지 알 수 있게 된다.

제어용 모터에의 직결 검출기로서 앞으로도 리졸버가 다양하게 활용될 것이다. 경박단소(輕薄短小)로 표현되는 오늘날, 모터 자체도 작고 또 고출력이 요구되기 때문에 모터의 발열이 높아져 고온절연을 하게 된다. 그래서 검출기 자체의 내열성도 100℃ 이상으로 사양을 변경할 필요가 있다.

기계적 커플링에도 종류가 많지만 이상적으로는 모터축에 직결할 수 있는 방법이 치수를 콤팩트하게 만들 수도 있어 커플링 자체의 강성(비틀림 등)이 낮은 것으로부터 해방될 수도 있고, 장래에는 커플링리스의 내장형이 주류가 될 것으로 생각된다.

모터는 항상 깨끗한 장소에서만 사용된다고는 할 수 없다. 오히려 인간의 수

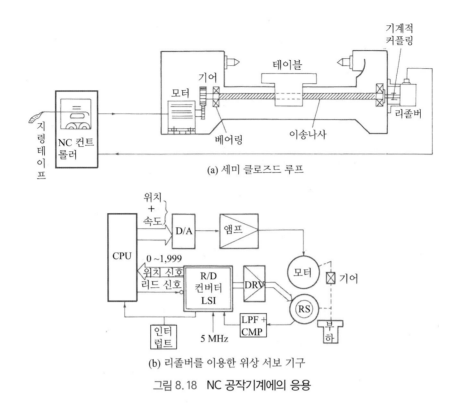

(a) 세미 클로즈드 루프

(b) 리졸버를 이용한 위상 서보 기구

그림 8.18  NC 공작기계에의 응용

족 대신 더러운 장소나 진동이나 충격이 심한 장소에서 사용되는 경우가 더욱 증가되어 갈 것으로 생각된다. 이때의 신뢰성을 고려하면 역시 구조가 간단한 리졸버가 쓰기 쉬울 것이다. 이상의 것으로부터 리졸버의 장래의 방향결정을 할 수 있지만 리졸버 자체가 갖는 결점 중 가격이 비싼 점과 주변회로(R/D 컨버터 등)가 복잡하다는 점이다.

### 8.5.3 엔코더의 동작원리 및 구조

엔코더(암호기)는 보통 그 구조상 직선형(리니어) 엔코더와 회전형(로터리) 엔코더로 대별된다. 어느 것이나 모터 제어용의 위치 센서 중에서 디지털 서보 요소로 쓰이고, 기본적으로 기계축의 위치의 이동에 비례한 일정량의 디지털 부호가 발생한다.

회전형 엔코더는 샤프트 엔코더 혹은 앵귤러 엔코더 등으로 불린다. 리졸버를 디지털 센서로서 사용할 때 디지털 컨버터가 필요한 데 반하여 엔코더는 직접 디지털 신호가 발생하는 장점이 있다.

### (1) 펄스 발생기

엔코더의 가장 단순한 형태이고, 반복하여 "$H$"와 "$L$"의 펄스가 발생한다. 임의의 시간 내에서의 펄스를 카운트하면 속도가 검출되어서 속도검출기의 역할을 하므로 엔코더 타코라 부르기도 한다.

### (2) 증분형 엔코더

기준위치에서 펄스의 카운트에 의하여 이동량을 구하는 것이다. 펄스발생기는 일종의 증분형엔코더라 할 수 있다. 2상 펄스가 발생하기 때문에 정역회전을 할 수 있고, 2배나 4배로 펄스수를 전자회로적으로 증가시킬 수 있다.

### (3) 절대형 엔코더

절대형 엔코더에서는 기준위치를 0으로 하여 이동량에 대응한 양자화된 2진 부호가 발생 한다. 기본적으로는 교번 2진의 신호를 디스크판에서 판독한 후 순 2진으로 변환하는 방법이 취해지고 있다.

## 8.5.4 엔코더의 구조별 종류

엔코더(encoder)를 구조별로 분류하면 브러시식, 자기포화식, 광학식 및 자기식 등 네 가지로 나눌 수 있다. 브러시식과 자기포화식은 그 용도가 한정되는 데 대하여 광학식과 자기식은 사용범위가 넓어서 많이 쓰이고 있다.

### (1) 자기식

자기식(磁器式) 엔코더는 그림 8.19에서 보는 것과 같이 동작성능이 좋고 가격이 저렴한 자기저항소자를 이용한 구조로 되어 있다.

그림 8.19(a)는 자기 VR식으로 톱니바퀴의 이와 골의 위치 변화가 자기저항소자의 저항의 변화로 되고, 이는 다시 전압으로 변환하는 구조로 되어 있다. 다만 이 방식으로 분해능이 크게 될 수 없기 때문에 그림 8.19(b)와 같이 드럼의 주위

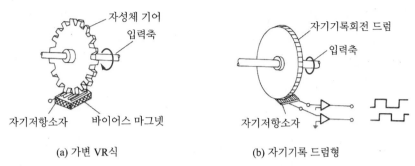

(a) 가변 VR식　　　　　(b) 자기기록 드럼형

그림 8.19 **자기식 엔코더**

에 자성분을 엷게 카세트 테이프와 같이 바른 후에 N·S극을 균등하게 착자하는 자기기록 드럼형 방법도 있다.

## (2) 광학식

그림 8.20에 광학식(光學式) 엔코더의 대표적인 로터리식과 리니어식의 구조가 나타나 있다. 로터리식은 디스크판의 모양에 따라 증분형과 절대형은 그림

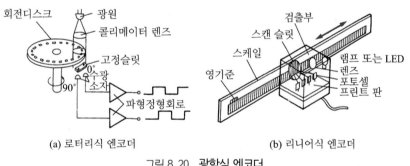

(a) 로터리식 엔코더　　　　　(b) 리니어식 엔코더

그림 8.20 **광학식 엔코더**

그림 8.21 **증분형 엔코더**　　　　　그림 8.22 **절대형 엔코더**

8.21과 8.22에 나타나 있으며, 커트의 슬릿수가 분해능이 된다. 그림에서 그 기본 구조를 볼 수 있지만 광원에서 발생한 광속이 콜리메이터 렌즈로 평행광이 되고, 회전 디스크의 슬릿과 고정 슬릿을 관통한 빛을 수광소자(포토셀)로 전압으로 변환하는 구조로 되어 있다.

### (3) 자기포화형 엔코더

그림 8.23에서 보는 것과 같이 디스크의 원주에 마그넷을 매입하고 그 위에 트로코이덜 코어가 배치된 구조로 되어 있다. 트로코이덜 코어에 200 kHz의 주파수로 여자했을 때의 전압이 엔코더의 출력펄스가 된다. 코어가 마그넷의 바로 위에 오면 포화되어 출력이 나오지 않게 되고 마그넷 이외의 절연판 위에서는 출력이 발생하는 원리로 되어 있다.

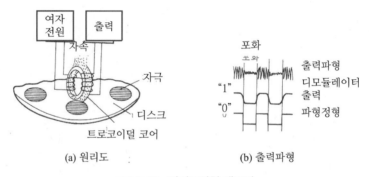

(a) 원리도          (b) 출력파형

그림 8.23  자기포화형 엔코더

### (4) 브러시식 엔코더

그림 8.24에서 보는 바와 같이 디스크상에 도전체 부분과 절연부로 구분한 패턴부에 브러시를 배치하여 출력 펄스를 발생하는 구조로 되어 있다.

이 방식이 가장 오래된 것이지만 브러시의 섭동 노이즈라든가 수명의 문제가 있어 지금은 거의 쓰이지 않고 있다.

그림 8.25는 NC 공작기계에의 응용 예를 나타내고 있다.

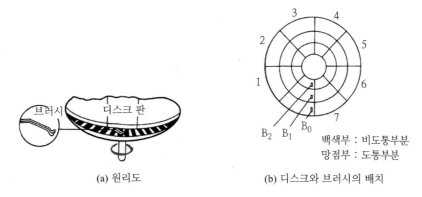

(a) 원리도 　　　　　　　　　(b) 디스크와 브러시의 배치

그림 8.24　브러시형 엔코더

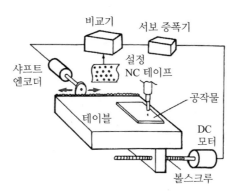

그림 8.25　NC 공작기계에의 응용

### 8.5.5 레이저 간섭계의 동작원리 및 구조

레이저(LASER: light amplification by stimulated emission of radiation)는 복사형식으로 유도 방출되어 증폭된 빛을 나타낸다. 레이저는 단색성, 가간섭성, 직진성, 집속성, 초단펄스 등의 광학 특성을 가지고 있어 다양한 분야에 활용되고 있다. 간섭계(干涉計)는 빛의 간섭원리를 이용하는 것으로 반사거울이 이동할 때마다 간섭무늬가 변화하는 것을 측정하며, 광원은 파장이 안정한 헬륨-네온 레이저를 많이 사용한다. 헬륨-네온 레이저의 구조는 관 내부에 헬륨과 네온의 혼합기체를 넣고 고전압을 방전시키면 레이저 거울 사이에서 레이저 발진이 일어난다.

## (1) 레이저 간섭계의 종류

레이저 간섭계(laser interferometer)는 단일 주파수를 사용한 호모다인이나 두 개의 주파수를 사용한 헤테로다인 간섭계가 있다. 그림 8.26은 레이저 간섭계의 종류를 보여주고 있다. 호모다인 간섭계는 단일 주파수 레이저를 사용하여 구조가 간단하고 신호대 잡음비가 낮으며, 빛의 세기 변화를 측정한다. 헤테로다인 간섭계는 2개의 주파수를 사용하여 서로 다른 위상 각도를 갖는 두 개의 파장이 만나 발생하는 간섭현상과 두 전자기파의 주파수 차이를 측정하는 맥놀이 주파

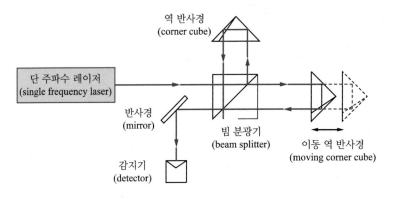

(a) 호모다인 간섭계(homodyne interferometer)

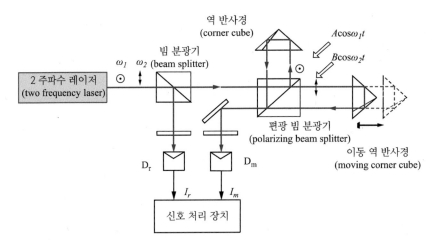

(b) 헤테로다인 간섭계(heterodyne interferometer)

그림 8.26 레이저 간섭계의 종류

수의 변화를 측정한다. 호모다인 간섭계에 비교하여 비교적 공기의 영향을 덜 받으며 간섭계의 정렬 등에서 유리하고, 미소변위를 측정하기에 적합하다.

일반적인 공작기계의 계측용으로는 1970년대 초에 헤테로다인 감지기법을 사용한 레이저 간섭계가 상용화되었다. 헤테로다인 레이저 간섭계는 응집된 레이저 광을 사용하므로 측정용 빔과 기준 빔의 경로가 같을 필요가 없으며 확실한 줄무늬 간섭 패턴이 만들어진다. 또한 광학 요소들에 의한 빔 왜곡 등이 최소화되어 분해능과 정확도가 증가된다. 선형변위, 각도 회전, 진직도, 직각도, 평행도 및 기체의 상대적인 굴절계수 등의 양들을 정확하게 계측할 수 있다.

## (2) 간섭계 시스템의 구성요소

헤테로다인 레이저 간섭계를 이용한 테이블의 운동 상태를 측정하기 위한 시스템의 기본구성은 레이저 헤드, 고정위치의 간섭계 그리고 이송테이블위의 역반사경으로 이루어진다. 레이저 헤드에서 발진된 2 주파수성분의 레이저 광이 간섭계에서 기준빔과 이동 역반사경으로부터 되돌아온 측정빔이 간섭되어 신호처리 장치에서 연산이 되어 위치값으로 출력된다. 그림 8.27에 이송테이블의 운동오차를 측정하는 전체 구성도를 보여주고 있다.

레이저 간섭계는 633 nm 파장의 He-Ne 레이저가 사용되고 있다. 본체헤드에는 He-Ne 레이저 튜브에서 추출된 빔은 복굴절 분리프리즘에 의해서 분리되고  감지기를 통해 두 가지 성분들의 강도를 측정하여 레이저 튜브의 온도를 조절한다.

레이저 튜브의 온도를 조절함에 따라 양단 사이의 거리를 제어하여 주파수를 안정화시킬 수 있다. 안정화 레이저를 위해 지만(Zeeman) 안정화, 2종모드 평형

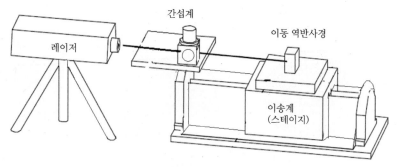

그림 8.27   레이저 간섭계에 의한 이송계 측정의 구성도

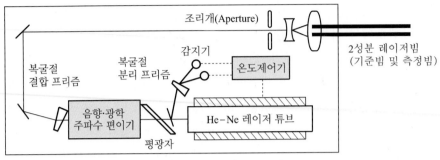

그림 8.28 레이저 간섭계 본체부

안정화, 3종모드 안정화 등 다양한 방식이 사용되고 있다. 음향광학주파수편이기(acousto-optic frequency shifter)는 레이저 빔 중 절반을 미소각 만큼 회절시켜 주파수 편이를 발생시키고, 복굴절 결합 프리즘을 사용하여 두 빔을 평행광으로 만들어 기준빔과 편이된 측정빔 사이의 간섭을 통해 측정이 이루어진다.

그림 8.28은 레이저 간섭계의 본체부를 보여주고 있다.

레이저 간섭계는 로봇, 공작기계, 정밀장비, 가공장비, 생산설비 등의 정밀측정 및 보정을 수행하기 위하여 광학계를 모듈 형태로 사용할 수 있도록 만들어

(a) 빔 밴더        (b) 분광기        (c) 반사경

(d) 역 반사경      (e) 편광분광기     (f) 선형간섭계

그림 8.29 간섭계용 광학계

서 사용자가 손쉽게 자신의 용도에 맞는 측정 시스템을 구축할 수 있다.

광학계의 종류로는 다음과 같다(그림 8.29).

- 빔 굴절기(beam bender)　빛을 90°로 굴절
- 분광기(beam splitter)　두 프리즘을 맞붙여 놓은 구조로 33%, 50%로 분광
- 반사경(reflector)　프리즘 구조로 빛을 반사시킴
- 역반사경(retroreflector)　사면체 프리즘 구조로 빛을 역반사시킴
- 편광 분광기(polarization beam splitter)　직각으로 편광된 측정빔과 기준빔을 분리시킴
- 선형간섭계(linear interferometer)　1축 방향으로 측정하기 위한 간섭계 모듈

## (3) 레이저 간섭계를 이용한 측정 광학계 구성

레이저 간섭계는 높은 측정 정확도를 가지고 있으며 작업의 효율성이 높고 사용에 유연성과 편이성이 좋아 모든 작업 환경에서 폭 넓게 이용되고 있다.

레이저 간섭계를 이용한 측정 항목은 다음과 같다.

- 선형(거리, 위치) 측정 : 선형변위 간섭계
- 진직도 측정 : 진직도 간섭계
- 피치, 요, 롤 각도 측정
- 반복 위치 정밀도
- 직각도 측정
- 평탄도 측정
- 평행도 측정
- 회전 각도 측정

### ① 선형(거리, 위치) 측정(선형변위 간섭계)

선형변위를 측정하기 위한 간섭계는 그림 8.30과 같이 선형간섭계(Linear interferometer)와 역반사경(retroreflector)를 사용하여 구성할 수 있다. 여기서 이동부가 간섭계인 경우와 역반사경인 경우로 나누어 간섭계의 구성이 달라진다.

측정범위는 수십 미터에 대해 미터당 마이크로미터 이하($\ll \mu$m/m)의 정확도로 측정이 가능하다.

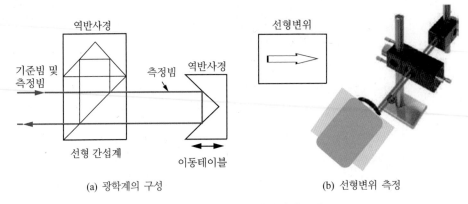

(a) 광학계의 구성　　　　　　　　(b) 선형변위 측정

그림 8.30　선형변위 측정 광학계 구성

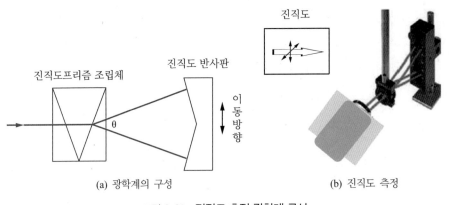

(a) 광학계의 구성　　　　　　　　(b) 진직도 측정

그림 8.31　진직도 측정 광학계 구성

② 진직도 측정(진직도 간섭계)

진직도 프리즘 조립체와 진직도 반사판에서 반사된 광선의 경로차이를 이용
하여 진직도를 측정한다. 그림 8.31은 진직도 측정 모습을 보여준다.

③ 직각도, 각도, 회전, 평면도 측정

그 외 다양한 직각도, 각도, 회전량, 평면도 등을 측정하는 광학계의 구성을
그림 8.32에 보여주고 있다.

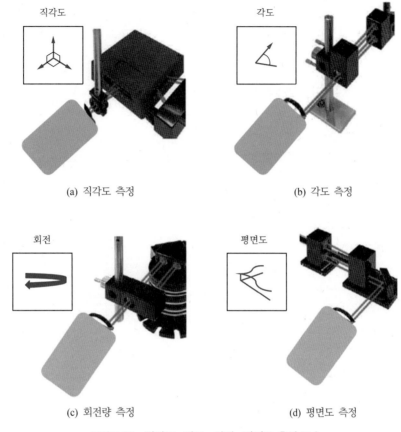

(a) 직각도 측정

(b) 각도 측정

(c) 회전량 측정

(d) 평면도 측정

그림 8.32  직각도, 각도, 회전, 평면도 측정 모습

## (4) 레이저 간섭계의 측정오차 및 사용 환경 제어

레이저 간섭계는 선형변위(線形變位, linear) 측정뿐 아니라 각도 측정에 광 간섭의 원리가 사용되므로 정확도에 대한 신뢰가 높다고 할 수 있다. 레이저는 국제표준에 준하는 안정적인 파장을 가진 빔이 사용되고 주파수 안정성이 뛰어나고 일정한 온도 및 기압 범위에서 나노미터의 분해능과 수십 kHz 이상의 동적 응답 특성을 가지고 있다.

그러나, 레이저 빔은 공기온도, 기압 및 상대습도에 영향을 받기 때문에 거리측정에서 오차가 발생한다. 빔의 굴절오차와 파장길이 오차는 온도, 압력, 습도 및 기체조성이 측정 영역에서 영향을 미치며 전기적 노이즈 성분도 오차로 발생

(a) 온도 센서　　　　　　　　(b) 공기센서

그림 8.33　레이저 간섭계 온도센서 및 공기센서

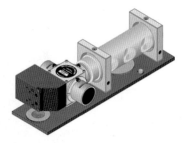

(a) Renishaw XC80　　　　　　　　(b) HP 10717A

그림 8.34　레이저 간섭계 보정시스템

한다. 레이저 간섭계에는 보정을 위한 각종 센서 및 보정시스템이 사용되고 있는데, 공기센서 및 온도센서를 통해 압력 및 온도에 대한 보정이 일반적으로 이루어진다(그림 8.33).

각 레이저 간섭계마다 별도의 빔 보정시스템 모듈이 사용되고 있으며, 이는 측정 정확도에 관계되는 핵심 요소이다. 이 보정 시스템에는 지능형 센서가 내장되어 공기온도, 대기압 및 상대습도를 정확하게 측정하고 레이저 파장의 공칭 값을 수정하여 환경 변동에 따른 모든 측정 오차를 제거하고 있다. 그림 8.34는 제작자별 레이저 간섭계의 보정시스템을 보여주고 있다.

### (5) 레이저 간섭계를 이용한 장비 측정 응용

레이저 간섭계는 다양한 장비에서 위치결정 및 오차 보정을 행하기 위해 활용된다.

- 반도체 노광(노출) 스테이지의 위치결정

- 반도체장비 오차보정용 테스트 장비
- 초정밀 공작기계의 이송계 위치결정
- 기계 장치의 캘리브레이션
- 실험실의 정밀측정 등

그림 8.35는 초정밀 공작기계에 활용되는 레이저 간섭계의 설치 모습을 보여주고 있다. 레이저 본체 헤드에서 발진된 빔이 X, Y, Z축의 3축 구동에 대한 위치 검출을 위해 각 축으로 빔 굴절모듈과 역반사경, 간섭계를 통해 측정되고 있는 것을 볼 수 있다. 측정 환경의 온도 및 기압, 습도 등에 대한 오차 보정을 위해 보정 시스템모듈(10717A)이 사용되고 있다.

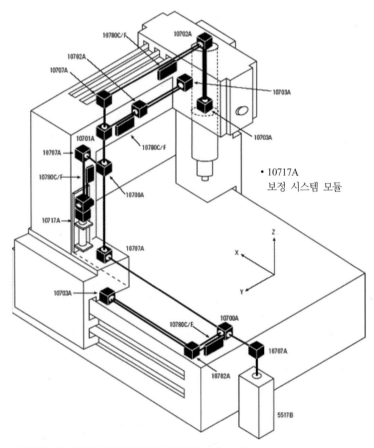

그림 8.35 레이저 간섭계 활용 예(공작기계 : HP laser interferometer)

그림 8.36은 반도체 장비 스테이지 등 정밀이송 테이블에 대한 레이저 간섭계의 활용 예를 보여주고 있다. X축의 위치결정에 대한 측정과 더불어 Y축에 대한 요(Yaw)회전에 대한 측정이 이루어지도록 구성되어 있다. 또한 측정 환경에 대한 오차 보정을 위해 보정 시스템모듈(10717A)이 사용된다.

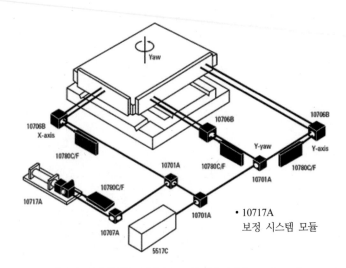

그림 8.36　레이저 간섭계 활용 예(이송스테이지: HP laser interferometer)

1. 모터의 기능에 대해 설명하라.

2. DC 모터 제어시스템의 구성요소에 대해 열거하라.

3. DC 모터의 기계적 이송장치의 특징에 대해서 열거하라.

4. DC 서보시스템의 구성요소를 열거하라.

5. 서보기구의 구성방식에 대해서 설명하라.

6. 리졸버의 동작원리 및 구조에 대해 설명하라.

7. 엔코더의 동작원리 및 구조를 설명하고 그 용도에 대하여 설명하라.

8. 레이저 간섭계의 측정원리를 설명하라.

9. 레이저 간섭계에 사용되는 주요 광학계를 열거하고 각각의 역할을 설명하라.

# 공작기계의
# 동역학

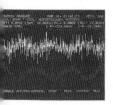

공작기계에서 발생하는 진동은 발생기구의 특성에 따라 강제진동과 자려진동으로 나눌 수 있다. 강제진동은 주기적인 가진력에 의한 에너지가 진동계에 작용하여 진동이 지속되는 형태이고, 자려진동은 어떤 충격적인 외란에 의해 진동이 발생한 후 절삭공정의 특성에 의해 유기되는 변동절삭력에 의해 진동이 소멸되지 않고 격렬한 진동으로 진행되어가는 형태인데, 후자를 특별히 채터진동이라 부르고 있다. 강제 진동은 진동원의 소재를 파악하여 적당한 조치를 취함으로써 충분히 해결할 수 있는 여건이 되는 반면, 자려진동은 그 발생원의 규명과 조치에 상당한 어려움이 있는 것이 현실이다. 그래서 이에 대한 체계적인 이해를 통해 공작기계의 설계변수의 결정과 가공조건의 선정에 대한 기준이 필요하게 된다.

## 9.1 공작기계의 동적 시스템과 전달함수

### 9.1.1 동적 시스템의 개요 및 동특성 측정

공작기계에서 가공공정이 진행될 때 공작물과 절삭공구 사이에 상대진동이 발생하게 된다. 이 진동은 가공정밀도를 나쁘게 할 뿐 아니라 절삭공구의 마멸과 파손에 영향을 주고, 공작기계의 정도를 떨어뜨리는 요인이 된다. 따라서 이의 발생원인 규명과 진동계의 해석을 통한 진동감소대책이 마련되어야 한다. 공작기계에서 발생하는 진동은 발생기구의 특성에 따라 강제진동(強制振動, forced vibration)과 자려진동(自勵振動, self-excited vibration)으로 나눌 수 있다. 강제진동은 주기적인 가진력에 의한 에너지가 진동계에 작용하여 진동이 지속되는 형태

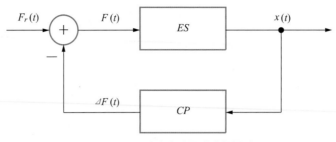

그림 9.1  공작기계 진동계의 동특성

이고, 자려진동은 어떤 충격적인 외란에 의해 진동이 발생한 후 절삭공정의 특성에 의해 유기되는 변동 절삭력에 의해 진동이 소멸되지 않고 격렬한 진동으로 진행되어가는 형태인데, 후자를 특별히 채터진동(chatter vibration)이라 부르고 있다.

채터 진동을 규명하기 위한 방안으로서 먼저 가공공정을 동적 특성을 나타내는 가공 공정 동특성과 공작기계의 고유한 전달특성을 나타내는 공작기계 동특성으로 모델링되어야 한다. 그리고 이 공작기계 동특성과 가공공정의 동특성이 상호 연결되어 있는 동적 모델을 진동해석에서 이용하고 있다. 그림 9.1에서 $ES$는 탄성계의 동특성(elastic system dynamics)을 나타내고, $CP$는 가공공정의 동특성(cutting process dynamics)을 나타내고 있다. 기준력 $F_r(t)$이 가해져서 공작기계의 동특성에 의해 진동변위 $x(t)$가 발생하여 절삭깊이가 변하게 되어 변동 절삭력 $\Delta F(t)$가 발생하게 된다. 이 변동 절삭력은 다시 공작기계 동특성에 작용하여 새로운 진동변위를 발생시켜 가게 되는 폐루프(closed loop) 진동계를 구성하고 있다. 따라서 공작기계 동특성인 $ES$와 가공공정의 동특성인 $CP$의 규명이 이루어져야 채터진동계를 해석할 수 있게 된다.

공작기계의 동특성은 실험적으로 동적 컴플라이언스(compliance)를 측정하여야 한다. 그림 9.2에 보이는 장치는 가진기와 신호 검출기를 구비한 동적 컴플라이언스 측정장치이다.

발진기에서 발생된 신호를 증폭기에서 신호증폭한 후 가진기에 작용시켜서 기계적 힘으로 변환되어 공작기계에 가해지게 된다. 이때의 신호형태는 정현파 신호(harmonic signal), 계단형 신호(step signal) 및 랜덤 신호(random signal) 등이 이용된다. 가진기에 가해진 힘 $F$로 공작기계를 가진하면 진동변위 $X$가 발생하게 된다. 이때의 변위는 검출계로 측정하여 기록계를 거치고 신호해석용 컴퓨터에 의해 자동적으로 컴플라이언스를 계산하여 그 결과를 기록하게 된다.

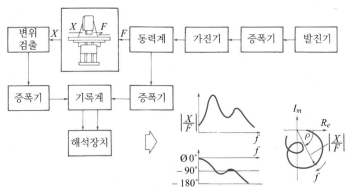

그림 9.2  공작기계의 동특성 측정

## 9.1.2 탄성계의 동특성

공작기계에서 발생하는 진동특성을 살펴보면 많은 부품으로 이루어져 있어서 동적 거동은 매우 복잡하다. 따라서 광범위한 진동수 영역에서 진동특성이 나타나고 있고, 또한 병진운동과 회전운동이 여러 가지 형태로 연성(mode coupling)되어 있어서 현실 그대로의 동적 거동을 수학적으로 표현하는 데는 한계가 있다. 이러한 채터 진동의 특성을 해석적으로 평가하기 위해서 1자유도 진동 시스템으로 단순화된 탄성시스템을 주로 이용한다. 이 진동계는 그림 9.3에서 보이는 바와 같이 스프링(spring) – 질량(mass) – 감쇠기(dashpot)의 배열로 구성 되고 다음과 같은 운동방정식으로 나타낼 수 있다.

$$m\ddot{x}(t) + c\dot{x}(t) + kx(t) = F(t) \tag{9.1}$$

여기서, $x(t)$ : 진동변위        $m$ : 진동 시스템의 질량

$c$ : 시스템의 감쇠상수        $k$ : 시스템의 강성(stiffness)

$F(t)$ : 동적 절삭력

연산자 $s = d/dt$를 적용함으로써, 식 (9.1)은 다음과 같이 표현된다.

$$(ms^2 + cs + k)x(s) = F(s) \tag{9.2}$$

여기서 절삭력 $F(s)$에 대한 진동변위 $x(s)$의 전달특성 $G(s)$는 다음과 같이 나타낼 수 있다.

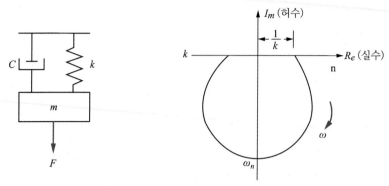

그림 9.3  1자유도계의 진동특성

$$G(s) = \frac{x(s)}{F(s)} \tag{9.3}$$

결과적으로, $G(s)$는 다음과 같다.

$$G(s) = \frac{1}{ms^2 + cs + k} \tag{9.4}$$

진동 시스템의 극좌표상의 동특성은 식 (9.4)에 $s = i\omega$를 대입하고 $\omega$를 0에서 ∞까지의 값을 변화시킴으로써 얻어진다. 진동수 $\omega$는 실제로 관심이 있고 의미를 가지는 일정 범위 내에서 변화하는 값이다. 1자유도 진동시스템의 극좌표 그래프는 그림 9.3에 나타나 있다. 극좌표 그래프상에 나타난 중요한 성질은 다음과 같다.

• 극좌표의 양( + )의 실수축 절편은 시스템의 정강성(static stiffness), 즉 스프링 상수와 동일한 값이다.
• 출력 파라미터(변위)는 입력 파라미터(절삭력)에 대해서 시간 지연을 갖게 된다. 진동수가 증가할 때, 양의 실수축으로부터 시계방향으로 극좌표 값이 연속적으로 나타나고 있는 것을 알 수 있다. 이때 위상지연각은 진동수의 증가에 따라 증가하는 것을 알 수 있다.
• 시스템의 고유진동수 $\omega_n \left( = \sqrt{\dfrac{k}{m}} \right)$에서 입력과 출력의 위상차는 90°이다. 따라서 시스템의 고유진동수는 음( - )의 허수축과 극좌표상의 교점에 해당하는 진동수와 일치한다.

• 원점으로부터의 반경벡터는 고유 진동수에서 최대이다. 진동수가 상당히 증가해 가면 반경벡터는 0으로 수렴해간다. 즉 동적 강성이 최대가 된다.

### 9.1.3 가공 공정의 동특성

절삭력은 절삭조건, 즉 절삭속도, 이송속도, 절삭깊이, 공구경사각, 여유각 그리고 전단각 등 다양한 매개변수에 따라 변동하게 된다. 정상상태의 절삭조건하에서는 이러한 매개변수들이 일정하므로 절삭력 또한 일정하다고 간주할 수 있다. 그러나 진동으로 인한 절삭날과 공작물 사이에 상대운동이 있을 때 이들 매개변수값들이 영향을 받게 된다. 완전한 정상 상태의 절삭공정이 가장 이상적이나, 그것은 결코 실제 절삭공정에서는 실현될 수 없다. 미세한 표면 불균질성 또는 공작물 재료의 비정상적인 경질입자 등의 함유 그리고 구성인선의 발생 등은 공구와 공작물 사이에 상대진동을 일으키기에 충분하다. 이러한 진동들이 가공 매개변수들과 공구의 기하학적 특성을 변화시키고, 정상상태의 힘이 증가하거나 감소하게 되는 절삭력의 변동상태를 유발하게 된다.

일반적으로 공작물과 절삭날 사이의 상대진동 변위에 있어서 회전진동변위는 직선진동변위에 비해 상대적으로 작기 때문에 그림 9.4에서 보이는 바와 같이 $x$, $y$축에 나타난 두 방향의 직선 진동변위에 대해서만 관심을 가진다.

절삭폭방향의 진동변위($y$ 방향)는 변형 전 칩폭 $b$(undeformed chip width), 즉 절삭깊이에 영향을 미친다. 그러나 이 방향의 진동변위는 절삭깊이에 비해 상당히 작기 때문에 절삭력 변동에 무시할 만큼의 영향을 미친다. 반면 $x$ 방향, 즉

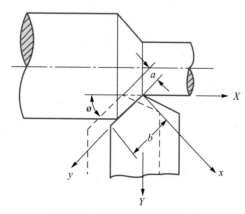

그림 9.4  절삭공정의 변위좌표계

절삭표변에 수직한 방향의 변위는 변형 전 칩두께 $a$(undeformed chip thickness)에 크게 영향을 미친다. 이 진동변위의 절대 크기는 변형 전 칩두께와 비교할 때 상당한 값을 갖게 된다. 따라서 이 방향의 진동은 절삭력의 변화를 유발한다. 그리고 $X$ $Y$ 평면에 수직인 방향, 즉 절삭표면의 접선방향의 변위는 단지 절삭속도에 영향을 미친다. 진동중의 절삭속도의 변화는 칩형성 과정과 절삭온도 등에 영향을 크게 미치지만, 절삭력에는 크게 영향을 주지 않는다고 볼 수 있다.

위와 같은 진동발생시에 기하학적 관점을 정리해 보면, 절삭공정의 동특성은 절삭표면에 수직한 방향에서 측정된 변형 전 칩두께의 변화와 동적 절삭력 사이에 필연적으로 연관성이 있다고 추론할 수 있다. 그래서 대부분의 경우에 절삭공정의 전달함수(傳達函數, transfer function)는 변형 전 칩두께의 진동변위와 동적 절삭력의 비로서 표현된다. 또한 비절삭저항(比切削抵抗, specific cutting force)은 정적 절삭(steady state cutting) 상태에서나 동적 절삭(dynamic cutting) 상태에서나 일정한 값을 갖는다고 보는 것이 일반적인 경향이다. 즉 절삭공정의 진동시스템의 전달함수는 선형적인 관계로 나타낼 수 있게 되며, 정상상태의 절삭에서 얻어지는 정적인 힘과 변형 전 칩두께와의 상관관계가 동적인 절삭상태에서도 그대로 유효하다는 것이다. 따라서 동적인 힘과 동적인 변형 전 칩두께와의 연관성은 다음과 같이 나타낼 수 있다.

$$F(t) = k_s\, x\,(t) \tag{9.5}$$

여기서, $F(t)$ : 동적 절삭력 $\qquad\qquad$ $x(t)$ : 동적 변형 전 칩두께

$\qquad\qquad$ $k_s\,(= b\,k_0)$ : 절삭강성계수($k_0$는 비절삭저항)

절삭공정의 동특성은 실험적으로 비절삭저항 $k_0$를 측정하여 식 (9.5)에 보이는 바와 같이 기하학적인 변위의 변동성분과의 곱으로 나타낼 수 있게 된다.

## 9.2 공작기계의 감쇠작용과 진동제어

### 9.2.1 공작기계의 감쇠작용

공작기계의 진동계에서 발생하는 감쇠특성은 일반적으로 점성감쇠(粘性減衰,

viscous damping)로 볼 수 있으며, 감쇠력(減衰力, damping force)은 식 (9.1)에 나타난 바와 같이 진동속도에 비례하는 힘으로 표현된다.

공작기계의 구조부분과 부분품의 감쇠 크기를 측정해 보면, 재료 내부의 감쇠 작용에 의한 부분을 무시할 수 없지만, 감쇠작용의 대부분은 고정결합부와 안내 면 등의 접촉면에서 생긴다고 할 수 있다. 그러므로 부품이 어떠한 재료로 되어 있는가에 관한 사항은 그렇게 중요한 사항이 아니고 외형적인 형태의 설계가 매 우 중요하게 된다.

주철의 감쇠작용의 우수성이 강의 경우에 비해 월등히 좋은 특성에도 불구하 고 충분한 효과를 발휘하고 있지 않다. 조립한 상태에서 기계구조물의 감쇠성은 각 부품의 감쇠성에 비해 30 내지 50배 이상 크게 된다는 연구결과도 있다. 이러 한 실례로서 그림 9.5(a)에 보여주고 있다. 구조는 동일한 형태이나, 하나는 소재 가 강재이고 다른 세 개는 성분 차이가 있는 주철재이다. 그림에서는 이들의 감 쇠비 $\zeta$(減衰比, damping ratio)의 특성을 나타내고 있다. 또 조립한 주축대의 감 쇠비를 보여주고 있는데, 재료에 따른 특성보다는 조립한 후의 감쇠비가 현저히 증가하고 있음을 보여준다.

그림 9.5(b)는 선반에서 단일 베드만의 경우, 왕복대를 조립한 경우, 주축대를 조립한 경우, 주축대와 왕복대를 조립한 경우 그리고 심압대까지 완전히 조립

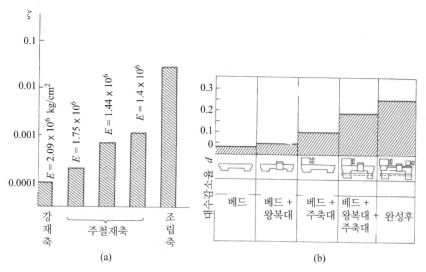

그림 9.5  재료와 조립상태에 따른 감쇠성의 변화

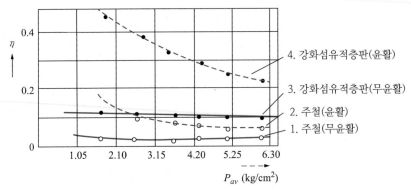

그림 9.6  안내면의 재질, 윤활방법 및 면압에 따른 감쇠성의 변화

한 경우의 대수감소율 $d$ (logarithmic decrement) 값의 변화를 보여주고 있다. 순차적으로 감쇠비가 증가하여 최종 조립된 상태에서는 단일 베드와 비교할 때 8배 정도의 값 차이가 있게 된다.

결합부의 감쇠작용과 관련된 인자로서는 면압력, 윤활방식, 결합부의 재질 그리고 표면거칠기 등이 있다. 그림 9.6은 링 형태의 시험편이 베이스에 대하여 회전운동을 하고 있을 때, 이것을 가진기에 의해 접촉면에 대해 수직한 방향으로 면압 $P_{av}$를 작용하며 가진시켜 그때의 손실계수 $\eta$ (loss factor)값을 표시하고 있다. 손실계수는 위치 에너지에 대한 손실 에너지의 비를 나타낸다. 베이스와 시험편 사이에는 기름이 공급되고 스프링을 사용하였고 스프링에 의해 예압을 걸어 주었고, 가진 주파수는 50 Hz였다. 주철제의 베이스에 대하여 주철 시험편을 사용한 경우는 곡선 1, 2에 나타나 있고, 강화섬유 적층판 시험편을 사용한 경우는 곡선 3, 4에 표시하고 있다. 1과 3의 실험은 기름을 공급하지 않은 경우이고, 2와 4는 기름을 공급한 경우이다. 감쇠성은 면압이 증대하면 감소하며 기름을 공급하면 증가하는 특성을 나타낸다. 강화섬유 적층판이 주철보다 감쇠성이 훨씬 우수한 것을 알 수 있다.

표면상태와 감쇠성의 관계를 나타내는 실험결과가 그림 9.7에 나타나 있다. 이 실험에서는 일정한 면압상태에서 표면의 거칠기를 변화시킨 실험으로서, 감쇠성의 크기는 자유진동이 완전히 감쇠하는 데 걸린 시간 $t_d$를 기준으로 비교하였다. 이 실험결과에 따르면 표면거칠기가 매우 양호하든가 혹은 거칠 때는 감쇠능력이 나빠지는 특성이 보인다. 따라서 결합부에 주어진 면압에 따라 가장

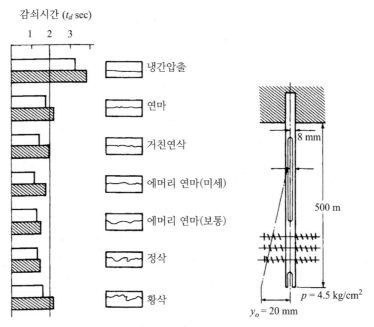

그림 9.7 결합부의 표면상태에 따른 감쇠성

최적한 표면거칠기가 존재함을 알 수 있다.

많은 공작기계의 측정실험을 통하여 얻은 결과에 의하면, 감쇠비는 보통 0.03~0.07 범위 내에 있는 것으로 알려졌다. 스프링만으로서 진동한다고 볼 수 있는 구조로서 중공 강철제 외팔보 진동의 경우는 감쇠비가 낮아서 0.001~0.01 범위 정도에 머물고 있다. 따라서 이러한 경우에는 특수한 진동감쇠장치가 필요하게 된다.

## 9.2.2 진동제어

공작기계에서 진동 에너지를 감소시키는 방법으로서, 일부 부품을 특별한 형상으로 설계변경을 행하는 방법과 댐퍼(damper)라고 부르는 특수한 부속품을 사용하는 방법을 적용하고 있다. 부품의 일부를 설계변경하는 방법의 예로서는 용접구조물의 경우에 용접위치의 배열을 바꾸는 경우가 있다. 댐퍼의 종류로는 크게 수동형 댐퍼(passive damper)와 능동형 댐퍼(active damper)로 대별되는데, 수동형 댐퍼는 진동 에너지를 수동적으로 흡수하는 형태로서 그림 9.8(a), (b)가 이에 해당된다. 능동형 댐퍼는 그림 9.9에 보이는 바와 같이 진동계 외부에서 에너지를 통해서 진동의 크기를 줄이는 방법으로서 가진력이나 변위를 제어하여 진동을 감소시키는 형태이다. 그림 9.8(a)는 공작물과 선반의 베드 사이에 댐퍼를 삽입한 형태인 상대형 댐퍼(relative damper) 이다. 그림 9.8(b)에 보이는 댐퍼는 절대형 댐퍼(absolute damper) 의 한 예이다. 원래의 진동계는 $m_1$, $k_1$을 갖고 있는데, 부가적 진동계의 $m_2$, $k_2$를 질량 $m_1$ 에 붙이고 에너지를 흡수하는 부분 $c_2$ 를 $m_1$과 $m_2$ 사이에 삽입하여 진동을 감소시키는 예이다.

능동형 댐퍼의 개략도 중에서 9.9(a)는 공작기계 $M$에 진동이 발생할 경우 가속도계 $A$를 통해서 진동의 특성을 분석하여 가진력 $F_D$를 주기적으로 부가하여서 진동변위를 감소시키는 방법이다. 9.9(b)는 선삭가공 등에서 채터진동이 발생

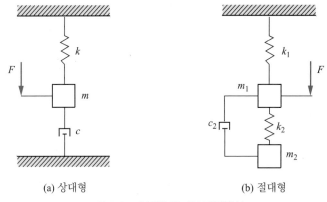

(a) 상대형            (b) 절대형

그림 9.8  수동형 댐퍼의 배치형식

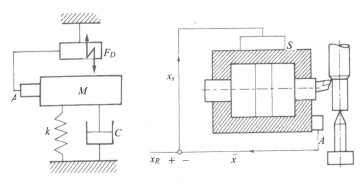

그림 9.9  능동형 댐퍼의 배치형식

하게 되면 이와 위상이 180° 차이가 나는 진동변위를 공구계에 부가하여 상대진동을 감소시키는 방법이다.

보링바에 수동형 댐퍼를 설치한 예를 그림 9.10에 보이고 있다. 9.10(a)는 플라스틱소재로 판을 만들어 스프링역할을 하게 하여 공구계 내부에 삽입한 예이다. 9.10(b)는 외팔보 형태의 강철보가 스프링 역할을 하고 이 주위에 기름이 접촉하

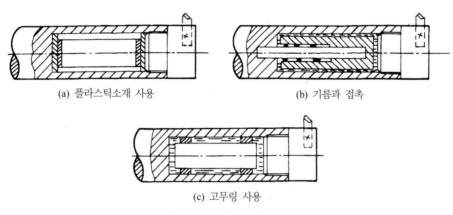

(a) 플라스틱소재 사용          (b) 기름과 접촉

(c) 고무링 사용

그림 9.10  **보링바의 댐퍼 형식**

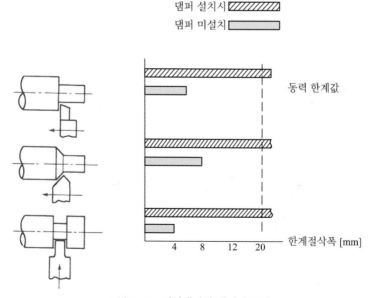

댐퍼 설치시 ▨▨▨
댐퍼 미설치 ▭▭▭

동력 한계값

한계절삭폭 [mm]
4    8    12    20

그림 9.11  **선삭에서의 댐퍼의 효과**

여 감쇠역할을 하게 한 것이다. 9.10(c)는 보링바 내부에서 고무링에 의해서 부가질량이 지지되고 주위의 기름이 댐퍼역할을 하여 진동 에너지를 흡수할 수 있게 제작된 예이다.

그림 9.11은 선반가공에서 댐퍼를 설치할 경우 가공능률이 획기적으로 향상되는 실험결과를 보여주고 있다. 허용동력 안에서 절삭깊이를 최대값까지 올릴 수 있음을 알 수 있다.

## 9.3 동적 성능시험

절삭깊이, 절삭폭 그리고 절삭속도의 변동에 따라서 공작기계-공구-피삭제계의 동특성이 크게 영향을 받는다고 할 수 있다. 따라서 가공공정의 동적 특성을 측정하여야 할 필요가 있는데, 가공중에 채터진동이 발생하지 않고 절삭할수 있는 최대 절삭깊이를 직접 측정하여 성능을 평가하는 방법과 공작기계의 동적 특성을 적당한 표시값으로 나타내는 방법이 있다. 즉 시험방법과 측정하는 특성값에 따라 직접시험법(direct cutting test)과 가진시험법(exciting test)으로 분류된다. 직접시험법은 일반적으로 절삭깊이의 증가나 절삭폭의 증가에 따라 채터진동이 발생하기 쉽게 되는 성질을 이용한 것이다. 그림 9.12는 전형적인 직접시험의 개략도인데, 선삭작업에서 절삭깊이가 증가하는 효과를 갖도록 테이퍼가진 피삭재를 마련하여 절삭을 연속적으로 진행해 가면서 채터진동이 발생하는 절삭깊이를 측정하는 방법이다.

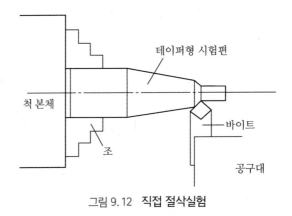

그림 9.12  직접 절삭실험

이에 대해 가진 시험법은 앞서 살펴본 그림 9.2에서 보이는 바와 같이 공작기계를 가진기로 가진하여 발생하는 진동변위를 측정하여 전달특성(傳達特性, receptance, transfer function)을 구한다. 이 전달특성값에 의해 공작기계가 가지고 있는 진동에 대한 특성을 평가하게 된다.

이 두 시험방법은 상호 장점과 단점을 가지고 있는데, 표 9.1에 각각의 특성이 나타나 있다.

**표 9.1  직접시험법과 가진시험법의 특성 비교**

| 시험방법 / 항목 | 직접시험법 | 가진시험법 |
|---|---|---|
| 비용 | • 시험편 재료비가 많음<br>• 시험장치 비용은 적음 | • 시험편 재료비가 적음<br>• 시험장치 비용이 많음 |
| 시험방법 | 간단 | 복잡 |
| 시험결과 정리 | 간단 | 복잡 |
| 시험결과의 해석 | 특별한 지식 불필요 | 특별한 지식 필요 |
| 시험 정도 | 보통 | 양호 |
| 시험결과를 설계에 이용 | 불가능 | 가능 |
| 시험시간 | 짧음 | 짧음 |
| 시험상태 | 가동상태 | 정지상태 |

1. 1자유도 강제진동계에 대해서 설명하라.

2. 자려진동과 강제진동에 대해서 비교 설명하라.

3. 감쇠작용에 영향을 주는 인자에 대해서 설명하라.

4. 공작기계의 성능시험법의 특성을 비교 평가하라.

# CHAPTER 10 공작기계의 시험검사 및 정도 측정

공작기계의 시험검사 및 정도측정은 공작기계 제작회사의 측면에서는 공작기계의 품질을 확인하고 보증하기 위한 것이고 사용자의 측면에서는 공작기계가 제품 생산에 적합한 요구조건을 만족하는지를 평가하는 것을 의미한다. 이 장에서는 공작기계의 성능을 평가하는 기준에 해당되는 시험검사 및 평가방법에 대한 기초지식을 제시한다.

## 10.1 공작기계의 시험 및 검사

### 10.1.1 시험 및 검사의 개요

공작기계는 생산제품의 요구정도에 따라 가공할 수 있는 기계정밀도를 가지고 고능률 가공을 수행하는 것이 필요하다. 기계가공의 정도(精度, accuracy)가 공작기계의 모성원칙에 지배되는 것으로 보면 공작기계 정도, 즉 요소부품의 기하학적 정도와 조립정도에 의해 결정된다고 볼 수 있다. 실제의 가공에 있어서는 가공에 따른 절삭력과 가공열 및 기계의 내외에서 전달되는 진동, 분위기 변화 등 여러 가지의 외부 환경이 가해져 가공 정도가 저하되지만 공작기계를 기준으로 가공 정도에 영향을 미치는 기계본체 및 각 요소부품의 시험 및 검사에 대해 살펴본다.

공작기계의 성능평가에 이용되는 시험 및 검사의 항목은 KS, ISO 등에 시험검사규격이 제시되어 있다. KS B 0077에는 공작기계의 시험 및 검사와 관련된 용어를 규정하고 있다. 시험이란 대상으로 하는 공작기계의 성능을 조사하는 것으로 측정한 수치 자체에 의미를 가지는 것이다. 검사는 측정하여 얻어진 수치를 별도로 주어진 판정기준에 주어진 수치와 비교하여 그 검사항목에 대한 합격여부를 결정하는 것이다. 현재의 KS 규격에는 공작기계의 운전성능, 소음, 전기장치 등을 조사하는 시험방법 및 정도검사 등이 포함되어 있다.

시험검사(試驗檢査)에는 분석시험검사(analysis test), 평가목적의 시험검사(assessment test), 구매에 의한 사용자의 정도 확인 목적의 시험검사(acceptance test) 등이 있다 일반적인 KS 등의 검사규격에는 최종 사용자의 정도 확인 목적을 위한 검사 성격이 강하고, 공작기계 제작회사에서는 공작기계의 성능평가 및 개발을 위한 시험검사가 각 제작회사별로 기준이 정해져 행해지고 있다.

공작기계의 성능평가(性能評價) 항목으로는 작업성 면에서 조작성, 안전성 등과 정도면에서 치수정도, 형상정도, 표면거칠기 등의 가공정도와 능률면에서 고속성, 강력성 등이 고려되고 있다. 공작기계의 본체에 대해서는 위치결정 특성, 열변형 특성, 정적 특성(정강성), 동적 특성(동강성), 소음특성 및 안전성 등이 성능평가 항목으로 된다. 공작기계는 제품을 정밀하게 만드는 것이 목적이므로 시험 검사 대상은 가공 정도에 영향을 주는 부분의 검사 및 평가이다.

공작기계의 정도(精度)를 평가하는 방법에는 직접적인 방법과 간접적인 방법으로 나누어진다. 직접적인 방법은 실제로 절삭가공을 행하여 평가하는 방법으로 안정된 가공이 가능한 한계 절삭깊이 및 절삭속도를 기준으로 가공된 공작물의 진원도, 직각도, 형상오차 등을 측정하여 평가하는 방법이다. 이 방법은 직접 공작기계의 가공정도를 평가할 수 있지만 특정 공작물과 공구, 가공조건의 조합에 따른 여러 가지의 문제점이 포함되어 있어 기계 본체의 평가는 곤란하고 범용성이 부족한 점이 있다.

반면에 간접적인 평가방법은 공작기계 모성원칙(母性原則)에 준하여 공작기계의 운동 정도 및 구성 요소부품의 정도를 측정하여 가공 정도를 평가하는 방법이다. 이는 공작기계의 기하학적 정도 및 운동 정도를 측정하거나, 정·동적인 힘 혹은 발열 및 온도변화 등의 외부환경 변화에 대한 변형(정적 및 동적 그리고 열적 강성)을 측정하는 것에 의해 평가를 행한다. 이 방법은 공작기계의 특성을 직접 파악하는 점에서 우수하지만 측정방법과 해석방법이 충분히 확립되어 있지 않고 구해진 공작기계의 성능과 가공 정도 간의 관계가 명확하지 않은 것 등이 문제점으로 지적되고 있다. 일반적인 공작기계의 검사규격은 간접적인 평가방법이 주로 이용되고 있다.

이들 정도평가방법 중에 공작물을 직접 절삭하여 구하는 직접적인 검사의 결과가 간접적 정도 검사 결과와 차이가 큰 경우에는 직접절삭에 의한 검사결과가 중요시되고 있다.

## 10.1.2 공작기계의 시험검사방법 규정

공작기계의 시험방법 규정은 공작기계의 운전 성능 및 정적 성능 그리고 가공 정도의 시험을 행하는 경우의 기본적인 시험규정 및 시험방법에 대해서 KS B 4001에 제시하고 있으며, 공작기계의 운전성능, 소음 등을 조사하는 시험 및 검사방법이 다음과 같이 제시되고 있다.

- KS B 4001   공작기계의 시험방법 통칙
- KS B 4006   공작기계의 전기장치
- KS B 4009   공작기계의 진동검사방법
- KS B 4010   공작기계의 소음레벨 측정방법
- KS B 4109   공작기계의 안전통칙
- KS B 4204   수치제어기계의 시험방법 통칙

같은 규정으로 국제표준기구(ISO)에 있어서도 다음과 같이 공작기계시험 및 검사에 관한 규격이 규정되어 있다.

- IS0230-1   무부하 또는 마무리 가공조건하에서의 공작기계의 기하학적 정도
- IS0230-2   수치제어 공작기계의 위치결정 정도 시험법
- IS0230-3   열특성 시험법
- IS0230-4   수치제어공작기계의 원형검사
- IS0230-5   소음진동 검사

시험방법 규정에는 시험을 실시함에 있어 주의해야 할 항목과 주요 시험 항목과 공작기계의 운전에 필요한 성능(무부하 운전시험, 부하운전시험, 기능시험 등) 그리고 운전방법에 관한 항목이 있고 공작기계를 구성하는 주요 요소부품의 형상 정도와 각 부품의 조립정도 그리고 가공 정도에 영향을 미치는 항목 및 실제 공작물을 가공하여 가공 정도를 평가하는 항목 등이 포함되어 있다. 시험검

사는 공작기계를 제조공장에서 모든 주변장치를 장착한 상태에서 정상운전을 시킨 후에 측정하도록 규정되어 있고 대표적으로 한 대에 대해서 시험하고 그 결과를 가지고 동일 기종에 적용할 수 있다.

정적정도검사(간접적인 방법)는 평행도, 평면도, 직각도, 동심도, 주축의 흔들림, 회전중에 축방향의 흔들림, 직신운동 정도, 위치분해 정도 등의 항목이 있고 각 항목에서 측정장치, 측정방법 및 기준값이 규정되어 있다. 단, 이 모든 항목에 대해서 시험할 필요는 없고, 가공 정도를 평가하는 데 필요하거나 측정 가능한 항목을 시험하면 되는 것으로 되어 있다.

가공된 공작물의 정도를 직접 측정하여 평가하는 가공정도검사(직접적인 방법)는 진원도, 원통도, 평면도, 직각도, 동심도 및 각 값의 차이 등의 항목으로, 각 정도에 관한 정의, 측정 방법, 표시법 및 기준면이 규정되어 있다. 이것도 평가에 필요한 항목에 대해서만 검사하면 충분하다.

한편, NC 공작기계에 대해서는 NC 장치를 이용하지 않는 검사항목과 NC 장치를 이용한 시험항목으로 나누어져 있다. 예를 들면, 운전시험에 관한 항목에는 연속 무부하 운전시험, 위치결정 정도 시험, 반복위치결정 정도 시험, 로스트모션시험, 최소설정단위 이송시험과 같은 NC 공작기계 특유의 항목이 있다. 이것들의 측정결과에 대해서는 통계적으로 처리하도록 되어 있다. 특히 NC 장치에 의한 위치결정기구는 NC 공작기계의 가공정도에 직접 관계하는 중요 항목이다. 높은 정도의 구멍가공을 가능하게 하고, 윤곽가공에 있어서도 고정도의 가공이 이루어지는 것을 확인하는 의미에서 위치결정 정도는 주요 측정항목이 되고 있다.

각 공작기계의 종류별로 시험 및 검사방법에 대한 KS 규격이 제시되어 있다. NC 공작기계 및 범용 공작기계에 관한 규격은 다음과 같다.

- KS B 4007   선반의 시험 및 검사
- KS B 4207   수치제어선반의 시험방법 및 검사
- KS B 4037   내면연삭기의 시험방법 및 정밀도 검사
- KS B 4038   원통연삭기 및 만능연삭기의 시험방법 및 정밀도 검사
- KS B 4224   수치제어 원통연삭기 및 만능연삭기의 시험방법 및 검사
- KS B 4408   머시닝센터(직립형)의 시험 및 검사방법

## 10.2 공작기계의 성능 및 정도 측정

### 10.2.1 직선운동 정도의 측정

공작기계의 오차는 $X$, $Y$, $Z$ 의 각 축 방향의 직선운동 오차, 그리고 각 축에 관한 회전운동 오차가 있다.

직선운동 오차(直線運動誤差)로는 ① 운동의 진직도오차, ② 위치결정오차, ③ 이송축에 관한 회전오차로서 피칭(pitching), 요잉(yawing), 롤링(rolling)에 의한 오차로 분류할 수 있다.

직선운동 오차의 측정방법으로는 그림 10.1과 같이 다이얼게이지 또는 비접촉식 변위계 등으로 하는 방법이 있으며, 측정규정은 KS 및 ISO 등에 제시되어 있다. 다이얼게이지를 이용한 측정은 측정방법이 간단하여 가장 폭넓게 이용되고 있지만 측정면과 다이얼게이지의 측정점이 접촉하여 이동에 의한 진동, 마멸 등이 측정 정도를 저하시킨다. 따라서 최근 정밀한 측정에서는 빛을 이용한 광학측정기 등을 사용하고 있다.

빛을 이용한 측정법으로는 오토 콜리메이터(auto-collimator)를 이용하는 방법과 레이저 광간섭계를 이용하는 방법이 있다. 오토 콜리메이터법은 이송테이블 위에 설치된 반사경에서 반사되는 광축의 반사각도로부터 이것을 적분하여 이송테이블의 이동에 따른 변위를 구하는 방법이다. 일반적으로 백색광원을 많이 이용하지만, 최근에는 레이저광을 이용하는 측정방법이 사용되고 있다. 레이저 간섭계를 이용하는 방법은 레이저의 우수한 직진성과 간섭의 원리를 이용하는 방법으로 특히 위치결정 정도를 구하는 경우에 유효한 방법이다. 이 방법은 이

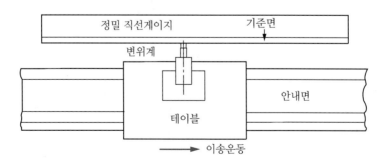

그림 10.1 변위계를 이용한 직선운동오차 측정방법

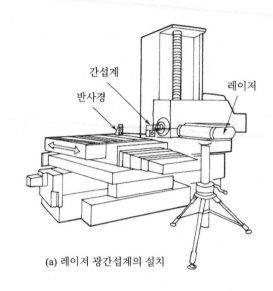

(a) 레이저 광간섭계의 설치

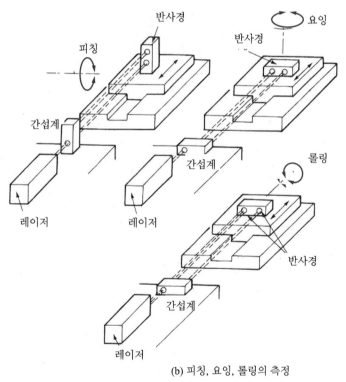

(b) 피칭, 요잉, 롤링의 측정

그림 10.2   레이저 광 간섭계를 이용한 이송축의 회전운동 측정방법

송테이블의 진직도오차 및 각도오차를 2개 광의 거리차를 이용하여 고정도로 측정할 수 있다. 그림 10.2는 각 운동 축에 대해서 회전의 성분이 있는 피칭, 요잉, 롤링을 레이저를 이용해서 측정하는 방법을 보여주고 있다.

측정된 직선운동에 대해 직선운동오차는 기준선에 대한 편차로써 구해지며, 이송축을 한 방향으로 이동하면서 각 지점의 위치를 측정하여 측정점의 위치결정오차 및 누적오차와 진직도오차를 구한다. 각 위치에서의 측정결과는 통계적으로 처리하는 방법이 제안되고 있다. 왕복운동을 시켜서 각각의 측정값을 식 (10.1)에서 구해진 공차(公差, tolerance) $3\sigma$의 범위에서 산란의 크기를 조절하여 각각의 중앙값의 평균을 운동의 중앙값으로 하는 방법이다.

$$3\sigma = 3\sqrt{\frac{1}{n-1}\sum_{j=1}^{n}(x_{ji} - \overline{x_i})^2} \qquad (10.1)$$

여기서, $n$ : 측정 횟수, $x_{ji}$ : 각 측정값, $\overline{x_i}$ : 각 측정 위치에서의 평균값이다.

## 10.2.2 회전운동 정도의 측정

주축의 회전운동 정밀도는 가공정밀도 중 진원도, 원통도, 평면도 그리고 표면거칠기 등에 영향을 주기 때문에 공작기계의 성능을 평가하는 데 있어서 중요한 항목이다.

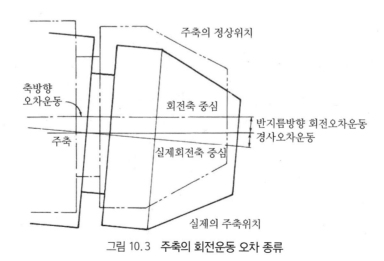

그림 10.3  주축의 회전운동 오차 종류

공작기계 주축의 회전오차는 회전중에 주축 중심으로부터 반지름방향의 편차에 의해 구해지며, 기준이 되는 축 단면 내에서의 흔들림으로 나타내고 있다. 회전 정도는 그림 10.3에 서 나타낸 것과 같이 ① 축방향 오차운동, ② 반지름방향 오차운동, ③ 경사오차운동의 3가지의 운동오차가 있다.

현재 이러한 회전운동 오차를 측정하기 위한 여러 가지 방법들이 제시되고 있다.

## (1) 반지름방향의 회전운동 오차

회전운동 오차(回轉運動誤差)를 측정하는 방법 중 일반적으로 잘 알려져 있는 방법으로는 측정하고자 하는 주축의 바깥지름에 직접 측정하는 방법과 별도의 측정용 회전체를 부착하여 그의 바깥지름을 측정하는 방법이 있다. 측정하고자 하는 바깥지름에 직접 측정하는 방법은 축의 회전 중심에 동심이 잘 이루어지는 부분을 선택해야만 측정오차를 줄일 수 있다. 측정용 회전체를 부착하는 경우에는 주축의 테이퍼부에 고정도의 테이퍼 봉 또는 진원의 구를 붙인 봉을 설치하여 그의 바깥지름 부분을 측정하는 것으로, 이 경우 부착하는 회전체의 형상 정도가 측정 정밀도에 영향이 크므로 형상 정밀도가 좋은 것을 사용하여야 한다. 측정용 센서로는 비접촉식 변위계가 많이 사용되며 직각방향으로 설치하여 각 센서의 출력을 합성해서 구한다. 축의 회전 정도는 출력한 리사주 도형의 내접원 및 외접원의 반지름차를 측정하여 평가한다.

또한 측정용 링의 편심에 의한 오차를 보정하기 위해 측정용 기준 링과 편심 링을 동일 축에 분리 제작하여 공작기계 주축에 설치하여 사용하기도 한다. 이 경우 편심 링으로부터 축의 회전에 동기한 편심 신호를 얻어 이를 기준 링의 신호에 대칭이 되도록 링의 위치를 조정한 후 실제의 편심 성분에 맞추어서 전기적으로 신호량을 줄여 기준 링의 신호에 더하는 것에 의해 측정용 기준 링의 편심오차 성분을 제거한다. 이로부터 회전오차 선호만으로 리사주 도형을 만들어 축 중심의 흔들림을 구한다.

측정용 링에 센서를 회전시켜 두 번 측정함으로써 측정오차성분(형상오차, 편심오차 등)을 제거하는 반전법도 제시되고 있다.

회전오차를 측정하는 보다 정밀한 방법으로는 진원도 측정의 원리를 이용하여 회전오차를 구하는 3점 측정법이 있다. 그림 10.4와 같이 공구대에 계산이 적합하도록 약 120° 간격으로 3개의 변위센서를 붙여 출력을 주축 후단에 붙인 로

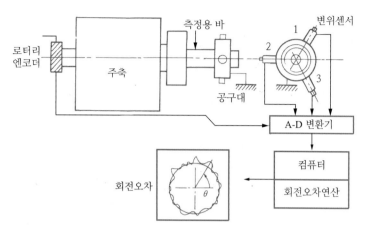

그림 10.4 **3점 측정법을 이용한 회전운동 오차 측정**

터리 엔코더의 회전각의 위치와 맞추어 읽어 기록하고, 실제 회전수에서의 값과 기준 값으로부터의 차를 컴퓨터에 의해 계산하여 주축의 흔들림을 구한다. 이 방법은 실제 절삭한 공작물을 기준면으로 하는 것이 가능한 점과 절삭중에도 측정할 수 있는 이점을 가진다.

회전오차 측정에 광을 이용하는 방법으로는 주축 끝단에 작은 지름의 반사경을 붙여 광을 반사시켜 필름상에 촬영한 결과로부터 축 중심의 흔들림을 얻는 것이 있다. 이 경우 축 중심의 흔들림을 직접 알 수 있지만 고정도로의 측정이 불가능하고 분해능이 나쁜 것이 단점이다.

### (2) 축방향의 흔들림 오차

주축 회전중에 반지름방향의 흔들림과 함께 축방향의 흔들림도 발생한다. 이 축방향의 흔들림은 주축의 편심에 따른 축방향 성분의 영향 및 구동방법에 의한 영향 그리고 주축베어링의 영향(정압 스러스트 베어링의 경우 공급압력의 변동) 등이 원인이 되어 나타난다. 주축의 축방향 흔들림 또한 가공정밀도에 영향이 크므로 공작기계 성능평가에 수행되어야 한다. 측정방법으로서 주축의 단면에 면위계를 설치하여 변위계의 최대진폭 또는 최소진폭의 변동량을 읽어 구하는 방법과 그림 10.5에 나타낸 측정용 기준구를 이용하는 방법이 있다. 측정용 기준구를 이용하는 방법에서는 축방향의 흔들림을 일정 반경에서의 운동으로 하여 취하는 방법으로 역시 3점법을 응용하여 구하는 것이다.

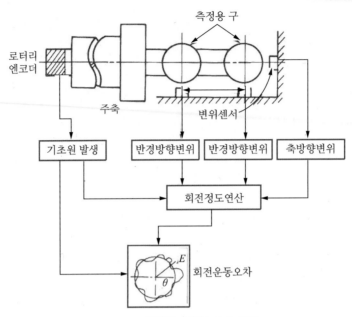

그림 10.5  축방향 흔들림 오차 측정

## 10.2.3 2축 간의 운동오차 측정

공작기계의 두 축 간의 운동오차는 두 축 사이의 직각운동과 평행운동 및 원호운동 정도로 구별하여 볼 수 있다. 두 축 사이의 직각운동 및 평행운동 등을 측정하는 방법은 레이저 광간섭계를 이용하고 있다. 그림 10.6은 레이저 광원, 직각 프리즘 빛 반사경을 이용하여 간섭의 원리를 이용한 운동 정도의 측정방법을 보여주고 있다.

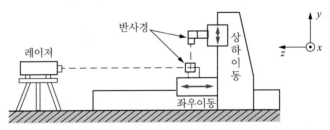

그림 10.6  레이저 광 간섭계를 이용한 2축 간의 운동오차 측정법

NC 공작기계, 특히 머시닝센터 또는 NC 선반에서는 동시 2축제어의 가공인 윤곽가공의 정도에 관계하는 원호운동(원호보간) 정도의 측정이 필요하다. 원호운동 정도 측정에는 다음과 같은 방법이 있다.

- 1차원 프로브에 의한 방법
- 2차원 프로브와 기준 원판에 의한 방법
- 볼-바(DBB법)에 의한 방법

1차원 프로브에 의한 방법은 그림 10.7에 보여주는 바와 같이 주축에 붙인 테스트 바와 테이블에 고정한 기준 축과의 상대변위를 비접촉식 변위센서를 이용하여 측정하는 방법이다. 간단한 방법이지만 비교적 높은 정도로 원호운동 정도의 평가가 가능하나 테스트 바를 안내하는 부분의 형상오차가 측정 정도에 영향을 주므로 정밀한 제작이 필요하다.

2차원 프로브와 기준원판에 의한 방법은 원판법이라고도 하며, 주축에 고정한 2차원 프로브와 테이블 위에 고정한 기준원판에 의해 원호보간(圓弧補間) 정도를 측정하는 방법이다. 이 방법은 스위스의 W. Knapp이 개발하였으며 서큘러 테스트법(circular test method)이라고도 한다. 이를 그림 10.8에 나타내었으며, 그

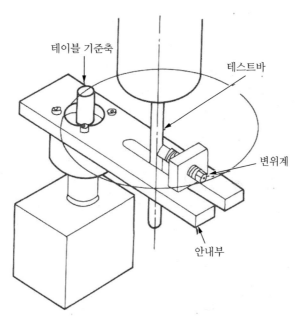

그림 10.7  1차원 프로브에 의한 원호보간 정도 측정

림에서 (a)는 측정시스템을 그리고 (b)는 2차원 프로브(probe)의 구조를 나타내었다. 이 방법의 특징은 X방향 및 Y방향의 변위를 각각 검출할 수 있는 변위센서가 내장되어 있어서 각각의 출력을 실시간으로 표시할 수 있다는 것이다.

그림 10.9는 더블 볼－바(DBB)법(또는 마그네틱 척 볼－바(MBB)법)을 보여주고 있다. 양단에 강구(鋼球, steel ball)를 접착한 신축 가능한 바와 강구를 지지하기 위한 영구자석을 내장한 소켓으로 구성된다. 소켓과 강구와는 3점으로 접

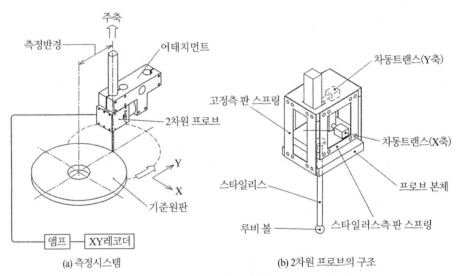

(a) 측정시스템　　　　　　　(b) 2차원 프로브의 구조

그림 10.8　2차원 프로브에 의한 원호보간 정도 측정

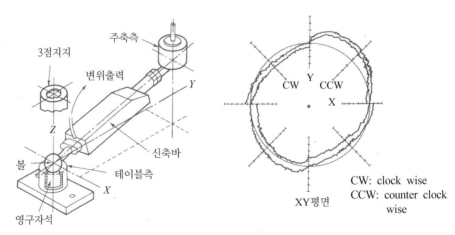

그림 10.9　DBB법에 의한 원호보간 정도 측정

촉하고, 바에는 내장된 변위계에 의해 2개의 강구 간의 상대변위를 검출하여 원호운동 정도를 평가하는 방법이다.

## 10.3  공작기계 진동의 측정

공작기계의 진동은 공작물의 표면거칠기 및 제품정밀도를 저하시키는 요인으로 된다. KS B 4009는 진동을 측정하는 방법 및 판정기준 등을 규정하고 있다. 공작기계의 진동특성(振動特性) 측정방법으로는 외부에서 어떤 가진력(加振力)을 가하고 그때의 출력신호를 분석함으로써 가능하다. 가진하는 방법으로는 정현파가진법, 랜덤가진법 및 충격가진법 등이 있고, 각각의 장단점 및 특징이 있으므로 측정방법의 결정은 구하고자 하는 측정 정도, 비용 등이 고려되어 결정하는 것이 좋다. 앞서 9장의 그림 9.2는 가진법에 의한 공작기계의 진동특성측정 및 평가방법을 나타내었다. 진동분석은 컴퓨터를 이용하여 FFT(fast fourier transform) 처리를 함으로써 공작기계의 진동특성 및 공작기계의 설계에 응용할 수 있다. 공작기계의 진동 특성에는 가공 능률을 향상시킬 목적으로 절삭속도와 절입량을 과대하게 설정하여 가공하는 경우가 많은데 이 경우 가공계가 불안정하게 되어 진폭이 큰 진동이 발생하며 가공을 지속할 수 없게 된다. 가공중에 발생하는 이런 진동을 채터진동이라 하며, 가공능률을 향상시키는 데 가장 큰 문제점이다. 이같은 공작기계의 진동특성(채터진동 등)과 가공 정도와의 관계 등에 대해서는 아직 많은 연구가 필요하다.

## 10.4  공작기계 소음의 측정

공작기계의 소음(騷音)은 작업환경의 개선 및 공장 전체의 소음저감에 중요하며 기계의 이상유무를 판정하는 기준으로도 될 수 있다. KS B 4010에는 공작기계의 소음측정방법과 환경조건 및 평가방법에 대해서 규정되어 있다. 최근에는 공작기계의 고속화와 더불어 주축 및 이송계에서의 소음이 큰 문제점으로 소음저감을 위한 연구들이 수행되고 있다. 공작기계의 소음은 공작기계 자체의 품질 및 제품경쟁력에도 관계가 되므로 발생하는 소음을 줄이기 위한 방음효과(防音效果)가 큰 공작기계 구조재료의 개발도 이루어지고 있다.

## 10.5 공작기계 열변형의 측정

운동 정도 및 동특성에 비해 공작기계의 열특성에 대한 해석은 미진한 상태이다. 이것은 공작기계에서 열의 문제는 본질적으로 비정상 상태이고 다양한 열원이 복잡하게 연결되어 해석의 어려운 면이 있다. 공작기계의 열변형(熱変形)을 측정하는 것은 온도분포를 측정하는 이상으로 어렵다. 먼저 열적으로 장시간 안정된 측정 원점을 얻는 것이 곤란하고 기계의 크기에 비해서 열변형량이 상대적으로 작아 측정이 힘들다. 측정기를 포함한 측정시스템도 공작기계와 같이 외부 환경의 온도변화 영향을 받기 때문에 열적인 안정화가 필요하다. 공작기계가 운동하고 있는 경우에는 하중변화에 따른 탄성변형(彈性変形)도 생기기 때문에 열변형만을 분리하여 측정하는 것 또한 매우 어렵다. 현재 비교적 잘 이용되고 있는 측정기는 레이저 간섭계로 이것은 기계에서 분리된 곳에서 미소 변위를 정확하게 측정할 수 있는 점에서는 높은 성능을 가지고 있지만 각부의 변형을 동시에 측정할 수 없다.

공작기계의 열변형에 관한 검사방법으로 간단한 측정법은 가공 정도에 대해서 가장 중요하게 영향을 미치는 2점 사이의 상대변위(相對変位)를 측정하는 방법이 이용된다. 예를 들면 선반의 주축에 부착한 공작물과 공구대 사이에 상대변위, 머시닝센터의 주축과 테이블 간의 상대변위 등이 있다. 이 방법에 의하면 열변형에 의해 어느 정도 가공오차가 생기는지를 용이하게 추정할 수가 있지만 공작기계의 어느 부분이 변형에 기여하는지를 알 수 없다. 그리고 열변형이 적은 재료(invar 등)를 기준으로 해서 주축 선단의 열변형을 테이블 위 또는 공구대에 전기마이크로미터 또는 변위계를 장착하여 측정하는 방법이 이용되고 있으나 아직 신뢰성이 높은 측정방법은 아니다. 측정대상이 되는 공작기계를 이용하여 일정 형상의 공작물을 일정 시간 간격으로 절삭하고, 가공물의 치수 변화를 측정하여 공작기계의 열변형에 의한 오차를 간접적으로 측정하는 방법도 생각되고 있다.

또한 열변형 특성은 공작기계의 온도상승을 측정하여 평가하는 방법도 제안되고 있다. 공작기계 각부의 온도측정은 일반적인 온도계 및 열전대 등이 많이 이용되고 있으며 최근에는 비접촉에 의한 표면온도를 측정할 수 있는 적외선 온도계도 개발되어 있다. 적외선 온도계를 이용한 열화상 측정창치도 개발되어 온도분포의 해석 및 이상검출 등에 활용되고 있다.

이상과 같이 공작기계의 열특성과 관련하여 평가방법이 제시되고 있으나 아직 각각의 측정방법에 따른 문제점이 많으며, 공작기계의 열변형에 관한 검사규격의 필요성은 인식되나 규격을 정하기에는 아직 많은 연구가 필요하다. KS규격에는 열특성에 대한 규격이 제시되지 않고 있다. 공작기계의 열변형에 의한 가공 정도의 저하는 큰 문제가 되므로 이후에 고정도의 측정방법 및 해석방법이 개발되어야 한다.

1. 머시닝센터에 대한 시험검사 및 평가방법에 대해 기술하라.

2. 공작기계의 시험검사 및 평가에서 직접적인 방법과 간접적인 방법에 대해 기술하라.

3. 공작기계 주축의 회전정도 측정방법을 2가지 이상 기술하라

4. 공작기계 이송계의 직선운동의 종류를 기술하고 그 중 한 가지를 선택하여 측정방법을 설명하라.

5. 원호보간 정도를 측정하는 방법 가운데 2차원 프로브와 기준원판에 의한 측정방법을 그림을 그려서 설명하고 특징을 열거하라.

6. 머시닝센터에서 원호보간 정도를 측정하는 방법 중 DBB(double ball bar)법에 대해 설명하라.

7. 밀링머신의 열변형에 대해 평가 방법이나 새로운 방법에 대해 가장 적합하다고 생각되는 것을 제시하라.

# 공작기계의
# 모니터링 시스템

공작기계가 CNC화된 현대의 가공시스템에서는 공정운영이 더욱 고도화되는 추세이다. 이러한 공정 자동화추세는 공작물, 공구계, 기계성능, 생산능률 등을 대상으로 공정 모니터링(monitoring) 및 관리가 체계적으로 수행되어야한다. 공작기계의 모니터링기능은 절삭이 진행되는 동안 세부적으로 공구와 절삭부하의 이상상태, 공작물 확인 및 가공정도확인 등의 감시기능을 갖게 된다. 또한 공작기계내의 CNC장치, 주변부속장치의 운전상태의 원격모니터링을 통해 이상발생시 원인파악과 신속하고 안전한 복구처리가 가능하게 된다.

## 11.1 모니터링 시스템의 필요성 및 현황

NC 공작기계가 가공생산현장에 도입된 이래 CAD/CAM/CAE의 적용은 더욱 고도화되어 가고 있다. 여러대의 NC 공작기계, 로봇, 그리고 운송장치를 결합하고 공구관리나 생산관리까지도 가능한 CIM(computer integrated manufacturing)이 구현되고 있으며, 앞으로도 제품생산의 정밀도와 생산성 향상을 위한 대규모 공정자동화와 FMS(flexible manufacturing system)가 지속적으로 확대적용되는 추세이다. 그림 11.1에서 보이는 바와 같은 공정자동화 적용추세는 공작물, 공구계, 기계성능, 생산능률 등을 대상으로 공정 모니터링(monitoring) 및 관리가 체계적으로 수행되어야 효과적으로 구현될 수 있다.

공작기계의 모니터링기능은 절삭이 진행되는 동안 세부적으로 공구와 절삭부하의 이상상태, 공작물 확인 및 가공정도확인 등의 감시기능이 필요하다. 또한

그림 11.1 **FMS 시스템**

공작기계내의 CNC장치, 주변부속장치의 운전상태의 원격모니터링을 통해 이상발생시 원인파악과 신속하고 안전한 복구처리 기능도 요구된다. 공작물의 정밀도는 공작기계의 구조, 공작기계 변형 등에 의해서 좌우되는데, 특히 고정도, 고품질의 제품가공을 위해서는 공작기계의 기하오차, 열변형오차, 절삭가공시 발생하는 공구처짐오차, 절삭공구 마멸과 파손, 공작기계 혹은 공구계 진동 등에 따른 다양한 형태의 가공오차(加工誤差)가 발생하므로 이를 감지하고 보정해야 한다.

## 11.2 모니터링 방법

공작기계의 상태모니터링 방법은 가공공정에서 추구하는 목표에 따라 방법을 달리하게 되는데, 연속모니터링(continuous monitoring)과 단속모니터링(interrupted monitoring)으로 분류할 수 있다.

### 11.2.1 연속모니터링

온도 상태모니터링의 경우에는 공작기계 가동중 주축대 등의 주요 기계요소부위에서 연속적으로 온도를 측정함으로써 설정온도의 초과 여부를 감시하며, 절삭력 상태모니터링의 경우에는 가공중에 절삭력을 측정하여 설정절삭력의 초과여부를 연속적으로 감시하는 것이다.

## 11.2.2 단속모니터링

윤활유 상태모니터링에서는 기계운전중에 간헐적으로 사용하는 방법으로 윤활유의 상태나 공급상황만을 감시할 경우, 윤활유의 공급상태는 급격하게 변하는 것이 아니므로 상대적으로 저비용으로 단속모니터링하는 것이 적당한 방법이다.

이러한 상태모니터링은 상태감지, 상태비교, 그리고 진단단계로 나눌 수 있다.

- 상태감지(狀態感知)의 단계는 초기에 설정한 기준 데이터와 현재 상태의 데이터를 비교하며, 측정 데이터의 정리, 기계 특성 및 상태 파라미터 수집을 수행한다. 이 때 기준 데이터 설정은 측정 대상이 되는 주위 환경변화, 공구와 공작물의 위치와 구성을 고려하여 정하게 된다.
- 상태비교(狀態比較)의 단계에서는 크게 두가지 항목을 관찰하게 되는데, 하나는 한계치를 관찰하는 것이고 다른 하나는 시간에 따른 크기 변화를 관찰하는 것이다. 한계치 대상으로서는 온도, 압력, 진동, 변위 등이 있고 대상 항목에서 설정한 최대/최소값 범위를 파악한 후, 비교한 결과를 상태특징(狀態特徵, state feature)으로 나타내서 상태진단의 입력으로 사용하게 된다.
- 진단(診斷)단계에서는 상태비교의 결과를 분석하여 이상상태의 원인과 그 위치를 규명하게 되며, 이상현상에 대한 논리계통을 구성하여 파악하게되면 진단시에 필요한 시간을 최소한으로 단축시킬 수 있다. 이 단계를 통해 장래에 있을 수 있는 고장을 어느정도 예측하여 사전에 예방조처를 취할 수 있게 된다. 그림 11.2는 가공상태에서 발생하는 채터진동을 모니터링하여 공정제어하는 시스템을 보여주고 있다.

모니터링 시스템을 효과적으로 실현하기 위하여 단일 센서뿐 아니라 통합형 센서, 입체형상 감지센서, 센서내장형 공구, 공작기계 내장형 센서 등 지능적인 센서의 개발이 필요하다. 이러한 센서는 소형화, 내환경성, 안정성을 갖는 성능

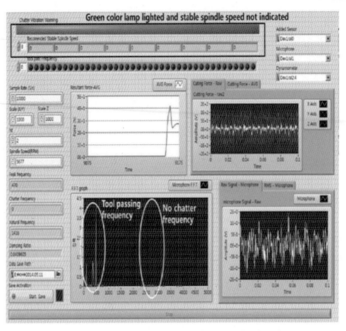

그림 11.2 공작기계 채터진동 모니터링 시스템

이 요구되고 적정 신호처리를 자체적으로 수행할 수 있는 기능도 필요하다. 또한 공구, 공작기계, 주변장치에 고성능 센서를 부착하여 활용하기 위해서는 센서신호, 전원공급, 회전체 등 비접촉 신호전달, 탈착기구와 전기접속, 센서보호 등에 관한 기술 등이 필요하다. 센서 신호처리와 정보처리를 위하여 복수의 센서통합과 이들의 용도에 따른 유용한 정보추출을 위한 신호정보처리와 광범위한 상황에 대응할 수 있어야 한다. 또한, 숙련자의 경험을 이용하여 정보처리할 수 있는 지능형 정보처리시스템, 과거의 지식과 정보의 갱신, 축적이 용이한 지식의 데이터 베이스화 등이 요구된다.

## 11.3   모니터링용 센서와 시스템구축

복잡한 가공변수가 작용하는 가공시스템을 최적으로 운용하기 위해서는 가공공정모니터링(in-process monitoring)과 피드백제어(feed back control) 기술이 적용되어야 하고 이에 필요한 감지센서가 필수적으로 부착되어야 한다.

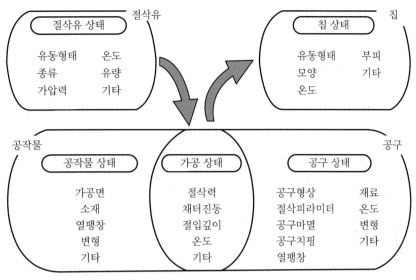

그림 11.3 절삭공정의 모니터링 대상

그림 11.3에 모니터링하는 대상을 보여주고 있는데, 공작기계의 진단과 성능을 목표대로 유지하기 위해서 공구 상태(마멸상태, 윤활, 얼라인먼트), 공작물(형상과 크기, 표면형상, 공차, 가공변질층), 그리고 가공중에 발생하는 가공상태(칩형태, 온도, 변형 에너지)을 모니터링하게 된다.

공작기계에서 발생할 수 있는 자체의 고장이나 절삭공정중에 생기는 이상상태를 실시간으로 검출하여 그 원인을 파악하여 진단 제어할 수 있는 시스템이 갖추어져야 한다. 이러한 모니터링 시스템은 센싱부와 신호처리부 그리고 진단부로 구성된다. 센싱부는 대상으로 하는 이상상태의 물리적 특성을 잘 감지할 수 있어야 하며, 이러한 감지 센서가 갖출 조건은 다음과 같다.

- 가공환경을 잘 파악할 수 있는 동시적이고 다중적인 감지기능
- 가공중 다양한 외란중에도 고응답성과 고감도 유지
- 기계상태의 정밀한 인식정보를 제공하며 설치에 적합한 컴팩트한 구조
- 외부충격에 대한 내구성과 안정성 유지
- 설치사용이 용이하고 저가의 유지비용

가공시스템의 각종 상태모니터링을 하기 위해서는 그림 11.4와 같이 다중센서도 필요하게 된다. 공작물 형상, 크기 그리고 표면 정도의 정밀도가 높은 가공을

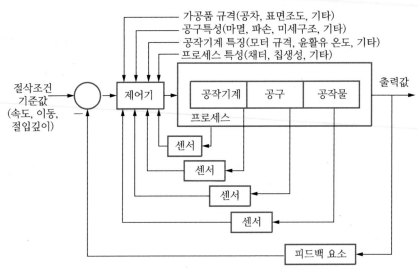

그림 11.4 가공공정제어를 위한 다중 센서

위해서는 이러한 모니터링이 매우 중요하게 된다. 센서시스템의 가장 중요한 요소는 특징추출과 의사결정을 위한 신호분석방법이므로 가공환경에 대한 동시적이고 다중적인 감지가 가능하여야 한다. 지금까지 가공환경 모니터링에 주로 많이 사용되는 감지센서는 절삭력이나 음향방출(音響放出, acoustic emission, AE) 신호 등을 감지하는 것으로 단순한 가공현상을 관찰에만 머무는 경우가 대부분이다. 이들 적용되고 있는 센서가 컴팩트하지 못하고, 편의성 측면에서 부적합한 면이 있지만, 다양한 신호처리기술을 통해 공정최적화와 공정제어를 위한 의미 있는 정보가 제공되고 있다.

센서에서 나오는 신호자체만으로는 이상상태를 명확히 나타내주지 못하는 경우가 있으므로 신호처리를 통해 이상상태와 상관관계를 갖게 하는 특징추출(特徵抽出)이 매우 중요하다. 이러한 특징 추출을 위해서 신호분석이 중요하게 된다. 이러한 신호분석은 시간영역 분석과 주파수영역분석을 통해 이루어진다. 시간영역 분석에서는 신호자체의 진폭크기, 증가율, 상대비, 진폭차이 등을 들 수 있고, 주파수영역 분석에서는 파워 스펙트럼(power spectrum), 진폭 피크(amplitude peak)값을 갖는 특정 주파수, 밴드(band)별 파워 등을 이용하게 된다. 이상상태의 발생여부는 진단부에서 이루어지는데 단순하게 신호의 문턱값(threshold)이 이용되지만 신경망(neural network)이나 퍼지알고리즘(fuzzy algorithm)을 통하여 신호

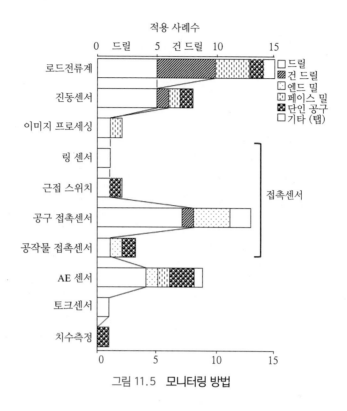

그림 11.5 모니터링 방법

인식이 되기도 한다. 이렇게 이상상태의 진단이 이루어지면 공정운영상에서 알람신호, 비상정지 그리고 각종 적응제어를 수행하게 된다.

그림 11.5는 다양한 가공공정에서 사용되고 있는 모니터링 방법이다. 절삭공구의 치핑, 파손, 마멸, 그리고 드릴링의 구멍가공불량 등을 감지하기 위한 신호원으로서는 접촉센서(touch sensor), 전류센서(load amperage), 진동, 토크(torque) 그리고 AE 등의 신호가 이용되고 있다.

최근 생산성과 정밀도를 보장하는 고속가공(高速加工, high speed machining), 고경도 소재가공인 하드터닝(hard turning)과 같은 새로운 가공시스템에 적용될 센서와 모니터링에 관한 기술 요구가 급증하고 있다. 즉, 100,000 rpm 급정도의 고속회전에서는 응답시간이 매우 짧아야 하고, 또한 매우 작은 절삭량이 적용되고 있어서 절삭 에너지, 공구계의 센서장착, 공구 진입과 이탈의 동적효과에 따른 S/N비(signal to noise ratio) 변화, 습식가공시 노이즈, 피복공구의 미세파손 등의 문제점들이 더욱 크게 나타나게 된다.

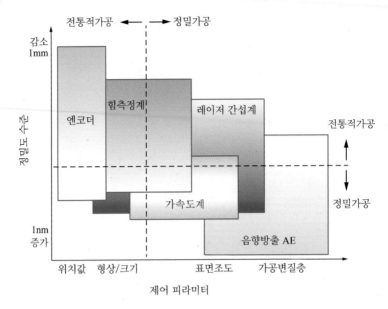

그림 11.6 **정밀도 수준별 센서 적용 예**

그림 11.6에서는 가공정밀도에 따른 센서 선택의 예를 보여주고 있는데, 이를 통해 가공공정제어의 정확성에 기여하고 있다.

일반적으로 모니터링할 대상공구나 공작물의 크기가 작아지면 적용할 센서의 종류가 제한된다. 그림 11.7에 보이는 바와 같이 고속가공에서 절삭깊이가 작아

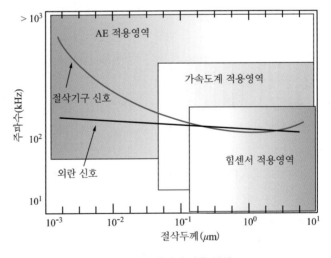

그림 11.7 **센서의 적용 영역**

그림 11.8  공작기계에 적용되는 각종 센서

지면 S/N비가 작아지게 되며, 각 절입깊이 값에 적합한 센서(힘, 가속도, AE) 등을 제시하고 있다.

절삭공정과 연삭공정에서 자주 활용되는 센서 즉, AE센서, 진동계. 동력 및 변위계 예를 그림 11.8에 보이고 있다.

이들 센서 원리는 압전현상(壓電現狀, piezoelectricity)을 이용한 압전형 센서가 주로 사용되고 있다. 이들의 특징은 고감도, 안정성, 신뢰성, 광역주파수특성, 소형, 장수명을 나타내고 있다. 센서는 선삭공정에서는 터릿(turret) 공구대 윗면이나 공구설치대 위에 장착한다. 밀링에서는 주축대 위에, 드릴링에서는 스핀들대(spindle quill) 위에, 연삭공정에서는 주축대 위에 설치한다.

그림 11.9는 공작기계 스핀들에 장착된 힘 센서의 조합과 이들의 구조를 나타내고 있으며, 최근에는 무선으로 신호를 받을 수 있는 형태가 다양하게 활용되고 있다. 센서의 위치는 신호의 크기와 관련되는 데 특히 AE신호는 설치 위치와 설치방법에 따라 신호의 크기가 매우 민감하게 변화하여 나타난다. 진동, 소음, 초음파 진동 그리고 AE는 각 모니터링방법에서 처리하는 주파수 영역이 다른데, 진동 주파수 범위는 1~10 kHz, 소음의 경우는 20~20 kHz, 초음파의 경우는 20 kHz~80 KHz, AE의 경우는 10 kHz~1 MHz 범위수준이 된다. 진동신호는 드릴작업에서 다양한 크기의 드릴의 마멸과 파손의 모니터링에 매우 효과적이다. AE신호는 재료 표면의 변형에 따라 발생하는 신호인데, 공구의 마멸이나 파손의 모니터링에 적당한 주파수 영역대가 있다. 즉 마멸모니터링에서는 200 kHz급의 AE센서, 파손모니터링에서는 800 kHz급의 AE센서가 적합하다.

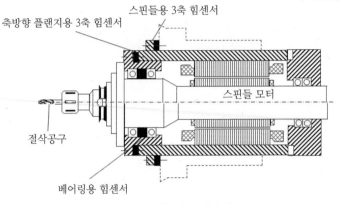

그림 11.9 스핀들에 설치된 센서

그림 11.10은 상용화되고 있는 모니터링 시스템으로 드릴링, 밀링, 리밍, 나사절삭, 브로칭 등에 다양한 모니터링기능을 할 수 있다. 즉, 신속한 기계 충돌 감지, 공구파손 방지, 마멸감지, 공구와 공작물 접촉상태감지 등 공정 가시화와 최적화 등의 기능이 있으며, 그 구성은 네가지 모듈로 되어 있다.

- 센서 모듈  공구가 가공중 부하를 감지하여 모니터 모듈에 보내주는 기능
- 모니터 모듈  감지신호를 설정값과 비교하여 컨트롤러로 보내주는 기능
- 기계 인터페이스 모듈  모니터 모듈과 기계제어장치와 인터페이스하는 기능
- 작업자 패널 모듈  모니터링 시스템에 접근할 수 있는 작업 소프트웨어 기능

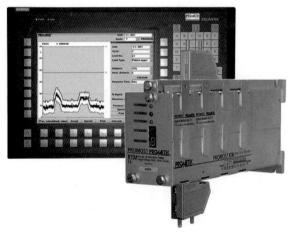

그림 11.10 공구 모니터링 구성형태(ROMOS2)

다중센서를 이용한 모니터링시스템에서는 특징 추출을 위한 의미있는 정보가 무엇인가를 결정하게 된다. AE신호, 절삭력, 그리고 전류센서로부터 얻어진 원신호만으로 명확한 특성파악이 어렵기 때문에 절삭상태의 정보를 파악할 수 있는 유용한 파라미터를 파악하기 위해서 신호변환이 되어야 한다. 시간영역에서는 각 신호의 통계적인 변환값 즉 최소자승(root mean square), 산술평균(arithmetic mean), 표준편차(standard deviation), 커르토시스(kurtosis) 등을 통하여 파악된다. 반면에 주파수 영역에서는 프리에 변환(Fast Fourier Transform, FFT)이 신호분석에 가장 많이 사용되고 있다. 또한, 웨이브렛 변환(Wavelet transform)은 시간-주파수 영역의 특성을 갖고 있어서 상태진단에서 양호한 해법을 얻고 있는데, 주축이나 이송축 전류신호를 이용해 공구파손 감지에 활용되고 있다. 이 방법은 미세 드릴링 공정에도 적용되어 공정자동화에 효과적으로 기여하고 있다.

이들 신호는 그림 11.11에 보이는 바와 같이 인공지능(人工知能, artificial neural networks)기법 등으로 신호처리를 거쳐서 공구상태를 진단하게 되는데 신뢰도가 지속적으로 향상되어 공구상태모니터링에 적용되고 있다.

대부분의 CNC공작기계에서는 실시간 모니터링에 의해 측정된 신호는 CNC 제어계를 동작하여 공정변수를 제어하게 된다. 즉 공정변수인 회전속도, 이송량,

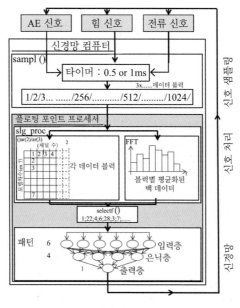

그림 11.11  모니터링 시스템의 작업 계통도

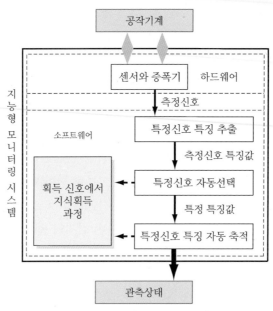

그림 11.12  지능형 모니터링 시스템 구성도

공구 옵셋량, 위치보정, 이송정지 그리고 공구교환 등을 수행하게 된다. 그림 11.12와 같이 공작기계에 각종센서가 내장되어 이러한 동작제어가 가능한 체계를 지능형 모니터링 시스템(intelligent monitoring system)이라고 불린다.

# 11.4  절삭가공 모니터링시스템 예

## 11.4.1  공구상태 모니터링

기계가공공정에서는 공구관리체계가 매우 중요한 사항인데, 과거에는 숙련된 작업자가 공구관리를 담당해 왔다. 그러나 자동화 공정으로 변화하는 작업환경 하에서는 공정중 공구상태 모니터링(tool state monitoring)이 필수적 요소가 되고 있다.

공구상태(工具狀態) 모니터링의 주목적은 생산성 증가, 공구수명(工具壽命) 연장, 기계휴지시간단축, 위험방지 등이 된다. 상업적으로 시판되는 공구상태 모니터링시스템은 공구파손, 공구마멸, 공구충돌, 공구물림상태 등을 감지하는 것이다.

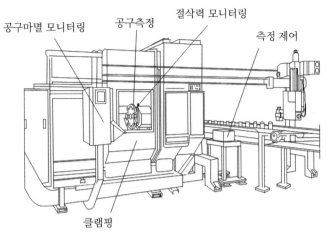

공구마멸 모니터링　　공구측정　　절삭력 모니터링　　측정 제어

클램핑

그림 11.13　터닝센터의 모니터링 시스템

　　그림 11.13은 터닝센터에서 FMS를 구현하기 위한 공구상태 모니터링 시스템의 예를 보여 주고 있다. 그림 11.14는 드릴링 공정에서 공구 모니터링 시스템의 구조를 보여주고 있다. 이 시스템은 절삭토크와 축방향 절삭력을 측정하기 위해 공구홀더에 스트레인 게이지 센서를 사용하고 있다. 효과적인 공구상태 모니터링을 위해서는 공구 마멸이 진행되고 파손과정에 이르는 동안 센서신호가 점진적으로 변해가는 특성을 나타내어야 한다. 드릴 작업에서는 절삭토크보다 축방향 절삭력이 절삭날의 마멸 상태파악에 더 효과적이라고 알려져 있다. 감지 신호 처리과정은 센서 A의 신호는 무선 송신부 B를 통해 수신부 C에 전달되어져

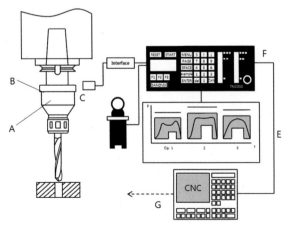

그림 11.14　드릴링 공정의 모니터링 시스템

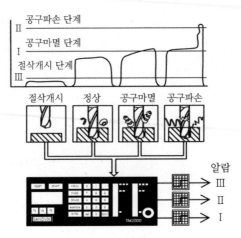

그림 11. 15  드릴링 공정의 모니터링 전략

신호처리부 F를 통해 공구상태 정보를 제공하게 된다.

이 공구상태정보는 그림 11.15에 보이는 바와 같이 알람 레벨을 통해 공구상태를 지시해 주게 된다. 레벨 1에서는 점진적으로 증가해가는 공구마멸을 감지하게 되며 공구교환 시점을 알려주며 감지방법은 그림 11.16에 보이고 있다. 레벨 II에서는 공구의 파손을 감지하는 것으로 기계동작을 신속하게 정지하게 하는데 이용되며, 이의 감지방법은 그림 11.17에 보이고 있다. 레벨 III에서는 공구가 공작물과 접촉 여부를 알려 주며, 이의 감지방법은 그림 11.18에 보이고 있다. 감지 시스템 구성은 그림 11.19와 같으며 이러한 감지방법을 통해 공구의 장착 여부, 가공진행 여부를 파악하는데 이용될 수 있다.

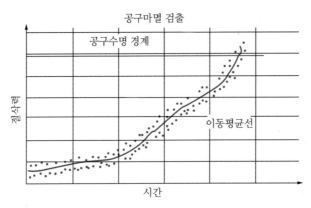

그림 11. 16  공구마멸검출

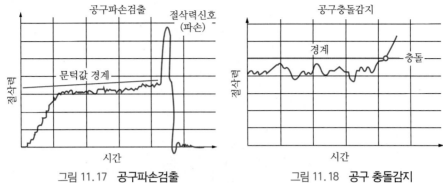

그림 11.17 공구파손검출

그림 11.18 공구 충돌감지

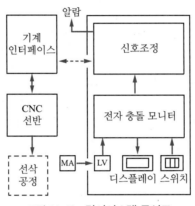

그림 11.19 감시시스템 구성도

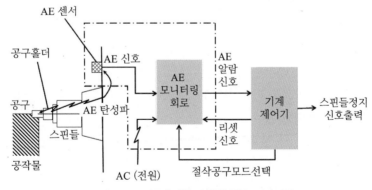

그림 11.20 AE센서를 이용한 공구 모니터링

AE센서를 이용한 공구상태 모니터링 적용 예를 그림 11.20에 보여주고 있는데, 머시닝센터에 적용된 것이다. 신호측정은 스핀들에 압전형 AE센서를 설치한

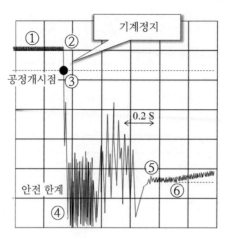

에 표시된 라벨:
- ① ②
- 기계정지
- 공정개시점 ③
- 0.2 S
- ⑤
- 안전 한계 ⑥
- ④

그림 11.21 공작기계의 충돌 모니터링

것이다. AE센서를 설치할 최적한 위치는 신호를 효과적으로 감지할 수 있는 위치로 사전에 신호특성을 파악하여 결정한다. 신호 특성에 따라 공구상태를 파악한 후 이에 따른 언급한 알람 레벨이 작동하게 된다.

공구충돌 모니터링시스템은 CNC공작기계의 안정적인 구동에 필수적인 것이다. 그림 11.21에서 보이는 바와 같이 충돌감지는 레벨 파악에 따라 이루어지는데, 각종 CNC공작기계에 적용되고 있다. 이 때 사용되는 센서는 자기유도형 센서, 압전형 힘센서, 스트레인 게이지 그리고 AE센서 등이 있다. 그림에서 시점 1에서 급속 이송운동이 시작되다가 시점 2에서 공구와 공작물 접촉이 이루어져서 측정된 힘이 급격히 증가해 최대 설정값을 넘어선 순간 시점 3에서 NC 프로그램의 순서제어가 시점 4에서 작동하게 되고, 이후 스핀들은 시점 5에서 잼(jam)현상이 발생하게 되고, 결국 시점 6에서 모터스위치가 꺼지게 되는 형태이다. 즉 충돌 발생후 1초 이내에 CNC 프로그램 작동에 의해 모터가 정지되는 모니터링 시스템이다.

하드터닝은 고경도 부품의 기계가공에서 경제성과 신뢰성을 보장하는 가공공정을 구현하기 위해서 연삭공정 대신 자주 사용되는 공정이다. 전통적인 공구마멸 모니터링 시스템은 하드터닝공정에서 칩형성, 공구마멸 그리고 표면조도 등을 복합적으로 모니터링하기에는 적합하지 않다. 그래서 정밀 터닝공정에 그림 11.22와 같은 수치오차 보상방법을 적용하고 있다. 즉, 절삭력, AE, 진동가속도 등의 감지신호를 통해 공구마멸을 감지하고 열팽창에 의한 정밀도 보상을 하여

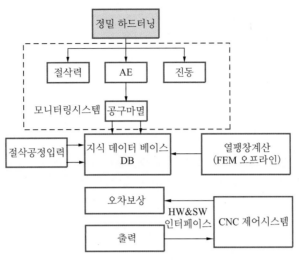

그림 11.22  정밀 하드터닝의 오차보상방법

CNC 제어시스템에 의해 오차보상을 수행하면서 정밀 터닝공정이 수행되도록 하는 방법이다. 이때 열팽창량은 유한요소법(finite element method, FEM)에 의해 예측되어져서 오차보상에 사용하게 된다.


## 11.4.2 열변형 보정시스템

절삭가공 중에 발생하는 열원에 의한 열변형오차 문제를 해결하기 위해서 다양한 가공조건에서 측정된 온도와 기상계측 시스템의 측정결과를 이용하여 신경회로망 모델을 구축함으로써 실시간으로 열변형 오차 예측이 가능하게 된다. 열변형 오차측정은 측정기구를 통해 오차를 측정하고, 측정결과를 이용하여 공작기계의 기하오차, 열변형오차 및 작업공간에서의 공간오차를 해석하고 해석된 결과를 이용하여 오차보정값을 결정한다.

오차보정 방법으로는 CL(cutter location) 데이터의 좌표를 수정하여 가공 프로그램을 생성하는 방법과 옵셋값을 이용한 방법이 있다.

### (1) CL데이터를 수정하는 방법

이 방법은 자유곡면을 가공하는 경우에서 비교적 오차보정(誤差補正)이 용이

한 것으로 활용되고 있다. 자유곡면을 가공하는 NC 프로그램을 생성할 때 CL데이터와 공구형상정보, 절삭조건 정보를 이용하여 생성하기 때문에 작업공간상에서 발생하는 열변형 오차를 고려하여 CL데이터를 수정한 후 수정된 CL데이터를 이용하여 NC 프로그램을 생성함으로써 열변형 오차를 보정하게 된다.

### (2) 옵셋값을 이용한 방법

이 방법은 공작기계 제어기의 매크로(macro)변수에 공간상의 임의의 위치에서 발생한 X, Y, Z방향의 열변형 오차량을 할당한 후 절삭가공을 할 때 열변형 오차값을 보정하여 가공할 수 있도록 하는 방법이다. 이 때 가공에 사용된 NC프로그램은 X, Y, Z축의 위치에 따라 커스텀 매크로(custom macro)의 옵셋변수를 이용하여 NC 프로그램을 수정한다. 그러나 이러한 방법은 형상이 복잡하거나 미소한 단위로 오차보정을 해야 하는 경우는 제어기의 매크로 변수의 메모리 한계로 인해서 실현하는데 어려움이 있다.

자동 오차 보정장치의 작업흐름은 공작기계의 좌표계에 따른 대표 온도점의 온도변화량이 임의의 기준값을 초과할 때마다 트리거링(triggering)을 하여 오차예측을 통한 오차보정량을 다시 산출하는 방법과 각각의 트리거링 시점내에 일

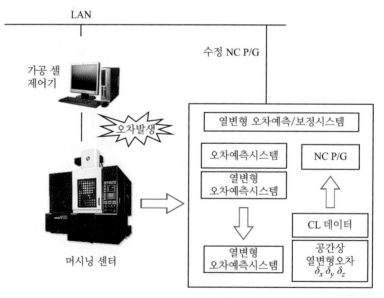

그림 11.23 **열변형 오차예측과 보정시스템**

정한 간격으로 오차보정하는 방법을 병행함으로써 오차보정의 신뢰성을 높일 수 있다.

그림 11.23은 공작기계의 열변형오차예측 및 오차보정 시스템을 나타낸 것이다. 하위의 공작기계는 가공셀 제어기에 의해서 제어되고 가공에 필요한 NC프로그램은 셀 제어기에서 관리한다. 온도변화에 따라 발생하는 열변형오차를 측정하거나 또는 신경회로망에 의해서 예측한 작업공간상의 열변형 오차보정이 수행된다.

### 11.4.3 칩형태 모니터링

고속가공에서는 절삭이 고속으로 진행되므로 짧은 시간동안에 다량의 칩이 발생한다. 특히 단인공구를 사용하는 선삭에서는 길게 유동하는 연속형 칩이 발생하고, 이 생성된 칩은 짧은 시간에 엉킴현상을 유발하게 한다. 이러한 칩은 제품의 표면을 긁어 정밀도를 나쁘게 하고 공작기계에 충격을 주어 고장을 일으키는 원인이 되며, 공구의 수명을 단축시키는 문제도 일으킨다. 또한 발생된 칩은 고온상태이므로 작업자에게 위험을 초래하는 요소가 되기도 한다. 무인 자동화를 구현하는 추세속에서 무인 가공시 칩의 엉킴으로 발생하는 돌발적인 사태를 막기 위해서는 칩이 생성되는 형태를 자동적으로 검출하는 것이 우선적으로 필요하게 된다.

절삭가공의 칩 발생은 매우 다양한 인자들에 의해서 영향을 받고 각 인자들 사이의 명확한 인과관계를 규명하는 것이 현실적으로 불가능한 여건이다. 따라서 수학적인 모델링 기법이나 신호처리기법으로 절삭상태를 직접 예측하는 것은 현실적으로 불가능하여 인공지능기법 등을 활용하고 있는데, 대표적인 예로서 퍼지추론과 신경망기법이 있다. 퍼지추론은 전문가의 경험이나 실험을 통하여 퍼지규칙을 생성해야 하고, 신경망기법은 절삭에 관한 전문지식이 없는 상태에서도 적용가능한 면이 있다. 신경망 기법은 경향이 뚜렷한 패턴들로부터 학습을 통하여 가중치만 결정되면 학습의 과정에 사용되지 않는 유사한 입력패턴에 대하여 그 결과를 추정할 수 있도록 하는 자기조직화(self organization)가 가능하다.

칩 형태는 국제 생산가공연구회(CIRP), 독일 절삭정보센터(INFOS) 등에 의해 분류되고 있는데, 10가지 칩의 형태를 안정(stable), 수용(usable), 불안정(unstable)

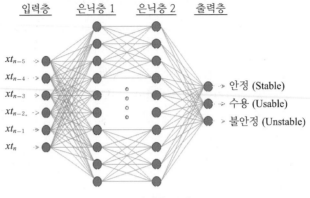

입력층    은닉층 1    은닉층 2    출력층

$xt_{n-5}$

$xt_{n-4}$

$xt_{n-3}$ → 안정 (Stable)

$xt_{n-2}$ → 수용 (Usable)

$xt_{n-1}$ → 불안정 (Unstable)

$xt_n$

그림 11.24   신경망 구성도

으로 분류하고 이 3개 언어변수들은 신경망을 구성하는 출력변수가 되며, 이 과정을 그림 11.24에 보이고 있다.

인공지능을 구현하는 하나의 방법인 신경망은 뇌의 신경세포를 단순화시켜 수학적으로 모델링한 인공 신경세포의 연결로 구성되어 있다. 신경회로망에 있어서 각각의 요소에 해당하는 뉴런(neuron)과 입력, 그리고 그들을 상호연결하는 연결강도 사이의 관계를 도식화한 것이다. 인공세포는 정보처리의 핵심인 인공 신경세포와 기억의 핵심인 연결강도로 구성되어 있다. 신경망의 학습은 그 연결강도를 조정함으로써 수행되는데, 신경망의 각 계층들은 전후 층의 노드(node)들과 연결되고 이 결합 등의 가중치를 학습 알고리즘을 이용하여 결정하게 된다. 학습알고리즘으로는 오류 역전파법(back propagation)이 자주 이용되며, 입력된 데이터는 각 연결강도와 곱하여져 중간층, 출력층으로 입력되고 출력층 결과를 감독데이터와 비교하여 이들 사이의 오차를 최소화하게 된다.

## 11.4.4 지능형 스마트 공구

최근에는 절삭공구 자체만으로도 가공공정을 모니터링할 수 있고 자동화공정에 중요한 실제적인 정보를 제공하기도 한다. 모니터링하고자 하는 공정의 정확도와 난이도에 따라 여러 형태의 센서가 공구계에 내장된다. 사용되는 센서와 트랜스미터(transmitter)와 적합한 전자 모듈과 이에 적합한 프로그램 구동에 의해 정밀도와 가공능률이 높은 지능형 공구를 구현하고 있다.

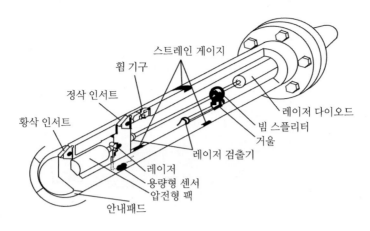

스트레인 게이지

휨 기구

정삭 인서트

황삭 인서트

레이저 다이오드

빔 스플리터

거울

레이저 검출기

레이저

용량형 센서

압전형 팩

안내패드

그림 11.25  센서 내장형 보링 공구

그림 11.25는 절삭시 공구 인서트 위치를 교정할 수 있는 지능형 보링바 (intelligent boring bar)의 형태를 보여주고 있으며, 세장비(slenderness ratio)가 크고 치수정도와 형상정도가 정밀한 보링가공을 위한 공구계이다. 이를 위해서는 가공오차를 발생하는 공구진동 문제와 공구의 정적 변위를 최소화하는 것이 필요하게 된다. 공구의 센서와 제어기 간의 거리가 멀어서 신호 지연이 발생하는 어려움을 피하기 위해 내장형 센서와 신호처리 모듈이 사용된다. 공구내부는 압전형 센서와 레이저 가이드계로 구성되어 있고, 실시간 제어가 되는 작동기가 내장되어 있다. 공구내에는 두 개의 인서트가 포함되어 있는데, 황삭용 인서트와 정삭용 인서트가 축방향으로 거리를 두고 설치되어 있다. 정삭용 인서트는 휨기구(flexure mechanism) 위에 설치되어 고주파 특성을 갖는 압전형 작동기에 연결되어 있으며 공구 제어기에 의해 반경방향으로 위치제어가 된다.

공구 외경 외부에 있는 스트레인 게이지는 부하상태와 변형량을 측정하게 된다. 내부에 있는 레이저 시스템은 진동변위를 측정하고 이에 따라 작동기를 제어하여 공구 인서트 위치를 교정하게 된다.

그림 11.26은 상용화되고 있는 지능형 마이크로 보링바의 형태로서 자동 바란싱이 가능한 구조이다.

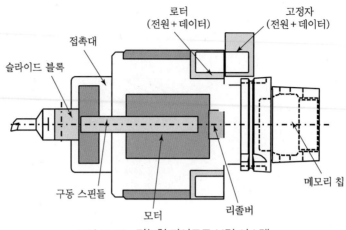

그림 11.26  지능형 마이크로 보링 시스템

## 11.4.5 공작기계 지능화

공작기계의 지능화(知能化)를 구현하기 위해서는 공작기계 내부적으로 가공모니터링에 필요한 기능을 갖추고 외부적으로 정보 송수신 기능이 시스템화되어서 그 연계성이 확보되는 것이 중요한 사항이다. 이를 위하여 가공진단 모델링, 가공제어 고속화, 측정 및 정보처리 지능화가 필요하게 된다. 즉, 대상 공작기계는 제품생산에 필요한 지식을 얻고 체계화할 수 있는 지능화 체계, 기계의 양호한 상태를 유지하고 상황을 판단하고 대처할 수 있는 자율성과 융통성, 주변 장치와 연계하여 정보교환과 조치를 위한 협동성의 기본기능이 필요하게 된다.

이러한 지능화 시스템은 주어진 CAD/CAM 데이터에 의한 가공공정의 결정과 지식 데이터베이스와 시뮬레이션에 의한 작업결정으로 가공공정을 진행하게 한다. 가공공정의 모델과 시뮬레이션에 기초한 적정가공을 수행하면서 오차를 예측하여 보정량을 결정하고 가공조건의 설정과 파라미터변화를 예측하며 제어하게 된다. 센서에서 입력되는 신호로서 가공공정의 상태를 인식하고 액추에이터의 제어 파라미터를 실시간으로 보정하는 제어기능을 가지고 있어서 주어진 형상, 치수, 정도에 맞는 부품가공을 수행하게 된다.

가공준비에서는 숙련자가 작업하듯이 CAD데이터와 주어진 요구사항에 대해 가공공정 시뮬레이션 및 평가를 수행한다. 이러한 평가가 적절하지 못하면 재수정과 반복수행을 통하여 최적한 결과를 도출하여 가공을 수행하게 된다. 또한 작업을 수행하는데 필요한 가공지식이나 지식데이터 베이스는 실가공 데이터로부터 학습하여 더욱 개선된다.

가공데이터가 제공되면 공작기계와 가공공정은 각종 센서와 제어에 의해 최적한 상태가 유지되도록 하고, 예기치 못한 공구파손, 고장 등에 대하여 최단시간내 대처하고 작업이 계속될 수 있도록 하여야 한다. 또한 가공정도, 가공효율, 가공비용을 고려하여 최적한 절삭상태가 되도록 실시간 감시와 보정이 필요하다. 가공된 제품의 정도계측과 가공오차를 확인하고 보정하여 주어진 목표를 달성할 수 있어야 한다.

가공시스템의 고도화는 센서가 장착된 지능형 시스템에 의해서 구축되어진다. 그림 11.27은 지능형 가공시스템의 구조를 나타내고 있다. 지능형 머시닝센터에서 오차보상을 위한 주요 기능으로서 변형감지, 보상치계산, 보상방법, 평가측정이 필수적이다. 이 머시닝센터는 열변형보상, 힘과 토크제어에 의한 가공, 유압작동에 의한 페일–세이프(fail-safe)기능과 자체 NC제어장치와 외부 인터넷에 의한 제어가 가능한 형태를 갖추고 있다. 스핀들시스템에서 자체적으로 힘과 토크를 측정하여 과도한 토크에서는 페일–세이프 기능이 작동하여 가공시스템을 보호한다. 힘센서와 페일–세이프 기능이 결합하여 비정상적인 하중이 작용하면

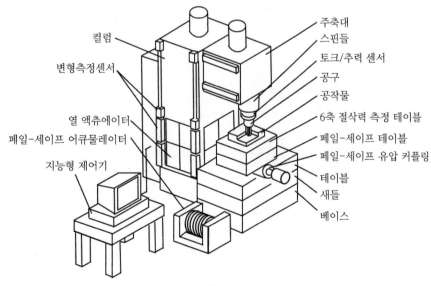

그림 11.27  지능형 머시닝센터

주축계, 테이블, 새들(saddle)을 보호하게 된다. 변형센서는 컬럼(column)과 주축계의 표면에 장착되어 기계 구조체의 변형을 측정하게 된다. 온도 센서는 각 측정지점의 열과 외부환경에 따른 온도 변화를 측정한다. 컬럼은 능동구동 구조물(active structure)로서 지능제어에 의해 기하학적 정밀도를 자체적으로 유지하게 된다. 영상센서와 소음센서는 기계 외부에 설치되어 전체적인 기계 동작을 모니터링 한다.

## 11.4.6 공작기계의 원격모니터링

공작기계가 단일기계로 사용되다가 FMC, FMS, CIM개념의 고도화된 생산에 적용되면서 단일공작기계보다는 셀(cell) 단위의 시스템 성능이 더욱 중요하게 된다. 즉, 종전에는 공작기계의 고장이 하나의 공작기계의 생산성에만 영향을 주었다면, 셀 단위 시스템에서는 단일 공작기계 뿐 아니라 셀의 운영 자체를 불가능하게 함으로써 생산에 치명적인 영향을 주게 된다. 따라서, 공작기계의 사용자 입장에서는 공작기계내의 자기진단 및 원격(遠隔)모니터링의 요구가 매우 절실한 상황이다. 이러한 가공시스템의 효과적인 모니터링은 가공시스템의 운전시간을 증대시키고 생산성을 향상시키는 역할도 하게 되는데, 개념도는 그림 11.28에 보이는 바와 같다.

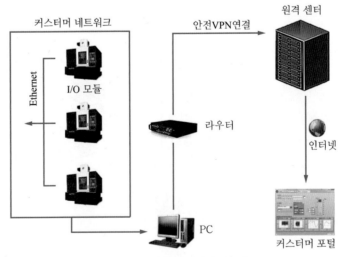

그림 11.28 원격 모니터링 시스템

공정 중에 공구경로, 주축 회전수, 이송속도, 진행 프로그램 등을 표시해 주는 기본적인 운전상태 확인 기능과 NC 상태, 주축계, 서어보계 상태 등을 파악하여 알려주는 자기진단 기능을 갖고 있다. 가공공정의 원격모니터링의 대상은 주로 절삭온도, 절삭저항, 절삭음향, 절삭칩상태를 감지하여 공구마멸, 공구수명, 공구 손상, 공구사용 횟수 및 시간 등 공구상태를 진단하고, 공작물의 표면 정밀도, 치수 정밀도, 형상정밀도 등의 피삭재 상태를 진단하고, 제어계, 구동계, 윤활계, 본체 등의 공작기계의 상태를 진단하는 데 적용되고 있다.

1. 가공상태 모니터링의 필요성에 대해서 설명하라.

2. 상태모니터링 방법에 대해서 설명하라.

3. 상태 모니터링에 이용되는 센서에 대해서 설명하라.

4. 센서 신호의 시간영역 분석과 주파수 영역 분석에 대해서 설명하라.

5. 공구상태 모니터링을 설명하라.

6. 열보정시스템에 대해서 설명하라.

7. 칩형태 모니터링에 대해서 설명하라.

8. 지능형 스마트공구에 대해서 설명하라.

9. 공작기계의 지능화에 대해서 설명하라.

10. 공작기계의 원격모니터링에 대해서 설명하라.

# CHAPTER 12

# NC 공작기계 및 NC 프로그램

수치제어공작기계는 NC 장치를 이용하여 범용 공작기계에서 사람이 수행하는 작업을 기계적으로 수행하는 장치로서 생산 자동화 및 대량생산에 획기적인 전기를 가져왔다. 이 장에서는 수치제어공작기계의 개요와 NC 명령이 서보기구에 전달되어 기계의 속도와 위치를 제어하여 가공이 이루어지는 기본 작동원리를 중심으로 수치제어공작기계의 구성과 제어방법에 대해 살펴본다. 그리고 NC 공작기계를 구동하기 위한 프로그램에 대한 기본사항으로 프로그램의 구성 및 프로그램작업에 대해 설명한다.

## 12.1  NC의 개념

### 12.1.1  NC와 NC 공작기계의 정의

수치제어공작기계(NC 공작기계 : numerical control machine tool)는 공구와 공작물의 상대운동을 수치로 제어하는 공작기계를 의미한다. 즉 NC란 numerical control의 약어로 이송 거리, 이송속도, 운동의 종류, 작업조건 등을 수치와 부호로 구성된 수치정보(數值情報, coded data)로 종이테이프 또는 디스크에 기록하고 이를 공작기계의 제어시스템에 지령하여 가공이 이루어지는 것을 말한다.

일반적인 범용의 공작기계는 사람이 직접 기계를 조작하지만 수치제어공작기계는 NC 장치에서 NC 프로그램에 의해 기계조작이 이루어지므로 기계 본체와 NC 장치(NC controller)가 분리되어 구성된 것이 차이점이다. 그림 12.1은 NC 작업이 이루어지는 순서를 보여주고 있다.

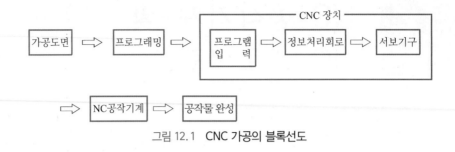

그림 12.1　CNC 가공의 블록선도

## 12.1.2　NC 공작기계의 특징

NC 공작기계의 개발은 지금까지 인간이 수행하던 작업을 기계 자체에서 수행할 수 있게 하였으며 생산 자동화 및 대량생산에 획기적인 전기를 마련하게 되었다. NC 공작기계는 NC 명령이 서보기구에 전달되어 절삭점의 위치와 속도를 제어하여 가공이 이루어지며 프로그램 및 데이터의 저장, 연산기능이 첨부되어 프로그램제어가 가능하다. 따라서 NC 공작기계는 범용 공작기계와 비교하여 다음의 특징을 가지고 있다.

### (1) 자동화에 의한 다품종의 대량생산

NC 공작기계에서는 프로그램을 한 번 작성하면 동일한 가공을 반복할 수 있으므로 대량생산이 가능하고, 가공 부품의 종류가 많은 제품의 경우, 전용기를 사용하는 경우보다 효율적으로 제품생산이 가능하다. NC 공작기계에 있어서도 제품의 종류가 달라지면 NC 프로그램, 치공구, 소재 등이 교환되어야 하므로 각 부품의 수요가 적은 소량생산의 경우에는 부적당하다고 볼 수 있다.

### (2) 품질의 균일성, 정밀도 향상 및 조립작업 능률화

절삭가공작업에서 주축회전수, 이송, 절삭깊이, 사용공구, 절삭유의 사용유무 등이 NC로 정량화하게 되므로 작업자가 바뀌어도 일정한 품질의 부품이 가공된다. 따라서 조립작업에서도 능률 향상을 기할 수 있다.

### (3) 복잡한 형상의 부품가공에 적합

NC 공작기계는 프로그래밍 제어가 가능하고 컴퓨터로 기하학적인 형상이나 공구경로를 연산할 수 있으므로 복잡한 형상부품가공에 적합하다. 그러므로 설계의 자유도가 높다.

### (4) 작업관리의 정량화 및 표준화가 가능하고 공정관리가 용이

작업조건 및 공구에 관한 각종 정보가 DB에 저장되어 가공을 표준화하고 합리화할 수 있다. 작업시간 및 부품공정의 진행을 수치화하여 컴퓨터로 합리적인 관리가 가능하다.

### (5) 숙련자의 수 감소 등 전반적인 생산원가의 감소

숙련된 작업자가 아닌 경우에도 복잡한 가공이 가능하고, 작업조건이 표준화되어 한 사람의 작업자가 여러 대의 공작기계를 조작할 수 있으므로 인건비를 절약할 수 있다. 주변설비인 CAD/CAM과의 연계 활용으로 제품생산 시간이 단축된다. 단 NC 공작기계는 가격면에서 범용 공작기계에 비하여 3~8배 높기 때문에 생산비와 가동률이 문제가 될 수 있다.

## 12.2 NC 공작기계의 발달사

NC 공작기계는 미국의 Parsons 법인에 의해 연구개발이 시작되어 1951년 MIT공과대학 서보기구연구소와 공동개발에 의해 최초로 개발되었다. 1952년 처음으로 3축의 NC 공작기계가 개발되어 Cincinnati Milacron 의 수직형 밀링에 적용되었다. 그 이후 1958년 ATC(자동 공구교환장치)가 부착된 머시닝센터의 개발을 시작으로 1960년대에 들어서 급속한 발달이 이루어졌으며, 컴퓨터 및 NC 장치의 고도화와 함께 컴퓨터에 의한 직접 제어방식인 DNC(direct numerical control)가 개발되었다. DNC 방식의 최초의 시스템은 1967년 영국의 모린스사에서 발표한 System 24로 불리는 무인 공장을 시행한 것이다. 이 시스템은 사회적인 문제로 실현되지는 않았지만 각국에서 많은 연구와 개발을 통해 FMS, FA로 발전되어 공장의 무인화가 실현되고 있다.

일본의 경우 1950년대 후반부터 연구개발이 시작되어 1960년 히다찌(日立)제작소가 머시닝센터를 개발하고 1966년 FANUC이 IC화된 NC 장치를 개발하

| 1984 | T.Parsons가 미국 공군의 의뢰를 받아 항공기 부품의 검사용 판 게이지 제작에 필요한 전자적으로 제어되는 공작기계를 고안해서 개발을 시작하여 MIT의 협력을 얻어 밀링 머신에 최초로 적용 |
|---|---|
| 1952 | MIT가 NC 밀링머신을 최초로 완성하고 수치제어(NC)라 함 |
| 1957 | 일본 농성공대외 池貝鐵工이 최초의 NC 선반 개발 |
| 1959 | Kearney & trecker사가 NC 밀링머신을 기초로 하여 자동공구교환장치(ATC)가 붙은 머시닝센터를 1960년에 발표 |
| 1966 | DANUC 최초 IC화된 NC 장치 개발 |
| 1967 | Molins사가 DNC(군 관리시스템) System 24를 발표 |
| 1976 | KIST 정밀기계기술센터에서 NC 선반 개발(국산 1호기) |
| 1977 | KIST-화천기공사 국산 NC 선반 출품 |
| 1981 | 통일산업에서 국산 머시닝센터 생산 |

그림 12.2  NC 공작기계의 발달사

는 등 활발한 제품개발이 수행되고 있다. 한국은 1970년대 중반에 KIST를 중심으로 NC 선반이 개발되기 시작하여 관련 공작기계 회사 및 관련 연구소에서 제품개발이 이루어지고 있다. 그림 12.2는 NC 공작기계의 발달사를 보여주고 있다.

## 12.3  NC 공작기계의 구성

### 12.3.1 NC 공작기계의 구성

NC 공작기계는 NC 테이프 등에 기억된 수치정보를 NC 장치에서 읽어 공작기계의 서보 모터를 구동하고 여기에 연결된 구동요소(볼스크루 등)에 의해 테이블을 직선운동하게 하며 제품가공을 수행할 수 있도록 구성되어 있다. NC 공작기계는 크게 나누어 하드웨어인 공작기계 및 NC 장치 그리고 소프트웨어인 NC 프로그램으로 구성되어 있으며, 그림 12.3은 수치제어에 있어서의 정보의 흐름을 보여주고 있다. 하드웨어로는 공작기계 본체, 제어시스템 및 주변장치 등을 포함하며 소프트웨어로는 NC 테이프의 작성에 관련된 사항으로 NC 장치가 이

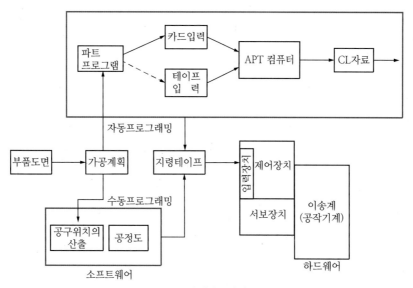

그림 12.3  수치제어공작기계의 구성

해할 수 있는 프로그래밍 작업을 의미한다. NC 공작기계에 의한 작업은 주어진 가공도면에 따라 필요한 프로그램(수치제어정보)을 작성하여 수치제어 장치의 정보처리부에 전달된다. 정보처리부에서는 이들의 수치제어정보를 이해하고 기계의 서보기구를 구동하기 위한 펄스신호를 발생한다. 수치제어장치에서는 이 펄스신호에 따라 서보기구를 구동하고 테이블과 공구대 등의 공작기계 각부의 운동을 제어하여 기계가공을 수행한다.

## 12.3.2 NC 기능과 관련된 구성요소

NC 공작기계에서 NC 장치에 의해 구동되는 구성요소를 기능면에서 분류하면 이송구동계, 주축회전계, 공구교환계, 공작물 교환계, 윤활유 및 절삭유 공급계로 나누어 볼 수 있다.

### (1) 이송구동계

이송구동계는 공작물 또는 공구의 이송에 관계하는 것으로 NC 장치로 구동되는 기본적인 기능이다. 이 경우 이송방향, 이송속도, 이송량, 이송방법 등이 NC로 제어된다. 이송구동계는 이송테이블, 볼스크루, 서보모터로 구성되며, NC 지령에 의해 서보모터와 볼스크루가 구동하여 목적하는 형상으로 공작물을 가공한다.

## (2) 주축회전계

주축회전계는 공작기계의 주축과 주축구동모터로 구성되며, NC 지령에 의해 주축에 설치된 공작물이나 공구의 회전방향, 회전속도, 회전각도 등을 제어한다. NC 프로그램에서 절삭속도를 일정하게 또는 주축 회전수를 일정하게 할 수 있는 NC 지령이 있다.

## (3) 공구교환계

공구교환계는 자동공구교환장치 전체를 말하며, 공구의 선택, 공구의 교환을 제어한다.

## (4) 공작물 교환계

공작물 교환계는 펠릿체인지(pallet changer)의 동작을 제어하여 공작물의 장착(loading), 이탈(unloading), 가공면의 변경, 공작물의 교환이 제어된다.

## (5) 윤활유 및 절삭유 공급계

윤활유 및 절삭유 공급계는 공작기계에 오일 및 절삭유의 공급을 제어하는 것이다.

## 12.3.3 NC 장치의 구성

1970년대에 마이크로컴퓨터의 개발과 함께 공작기계의 수치제어장치에 응용이 빠르게 이루어졌다. 그 이후 NC에서 CNC로 수치제어장치의 기능도 소프트웨어로 실현할 수 있도록 되었다. 종래의 수치제어장치가 시퀀스제어에 의해서 기능의 대부분을 하드웨어에서 실현한 하드웨어(hardward) NC라고 하면, CNC는 수치제어기능이 컴퓨터에서 소프트웨어로 실현되므로 소프트웨어(software) NC라고 할 수 있다. 사용되고 있는 컴퓨터도 최근은 32비트 CPU와 병렬처리방식 등 그 성능과 처리속도가 크게 향상되었다. 그림 12.4는 마이크로프로세서, 시스템 버스, 메모리, 프로그램 메모리로 구성된 수치제어장치의 기본적인 하드웨어를 보여 주고 있다.

수치제어장치를 기능적인 측면에서 구성을 살펴보면 기본 연산부와 인터페이스부로 이루어진다.

기본 연산부의 핵심은 마이크로프로세서이며 연산기능뿐만 아니라 순서에 따라 작업을 분배하는 기능이 있다. 기록기억소자(ROM)에 작업순서나 기능 등의 프로그램을 내장하고 있어 NC 프로그램과는 관계없이 NC 장치 자체를 제어하고 NC 프로그램의 내용을 해독하는 작업을 수행하며 RAM(random access memory)에는 많은 NC 프로그램을 저장할 수 있다. 기본연산부에는 최근 32비트 CPU의 이용이 일반화되고 있고, 이러한 배경에 따라 곡면 가공 등의 복잡한 가공을 고속, 고정도로 수행할 수 있게 되었다. 즉 NC 데이터의 고속처리, 고도

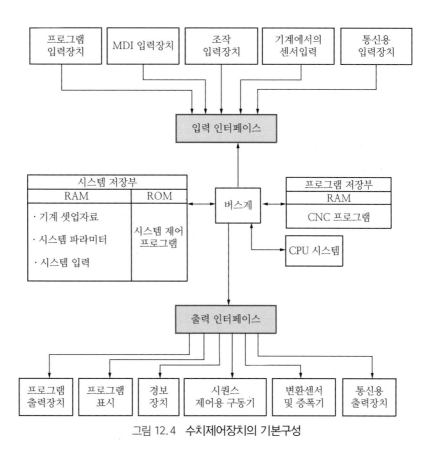

그림 12.4  수치제어장치의 기본구성

의 제어이론에 기초한 서보처리 등 연산량이 많은 경우에도 가능하게 되었다.

수지제어장치에 있어 인터페이스는 외부에서부터 데이터를 입력할 목적의 입력 인터페이스와 외부에 데이터를 출력하는 출력 인터페이스로 분류된다.

## 12.4  NC 공작기계의 제어방식

NC 공작기계는 수치제어장치에서 주어진 신호에 따라 서보기구를 구동하고 테이블과 공구대 등의 공작기계 각부의 운동을 제어하여 가공을 행한다. NC 공작기계에서 이루어지는 여러 가지의 위치제어방식에 대해 살펴보기로 한다.

### 12.4.1  서보제어기구

서보기구의 정의는 물체의 위치, 방향, 자세 등을 제어량으로 하여 목표값의 임의의 변화에 추종(追從)하도록 구성한 제어계이다. 공작기계에 있어 서보제어 기구는 테이블이나 공구대, NC 프로그램에 주어진 위치의 목표값으로 움직여서 목적하는 가공을 실현하는 것이다. 그림 12.5는 서보기구의 기본 구성을 보여주고 있으며, 서보기구의 주요한 구성요소는 제어부, 인터페이스, 서보앰프, 서보모터, 볼스크루, 테이블, 위치검출기, 속도검출기 등이 있다. 여기서 제어부(制御部)는 입력지령치와 제어대상기계의 움직임을 피드백 신호와 비교하여 서보모터에 대하여 가장 적절한 제어신호를 만들어내는 연산기구이다 서보 증폭부(增幅部)는 지령값과 검출된 실제의 위치를 비교하여 얻은 신호를 증폭하여 서보모터의 구동신호를 발생시킨다. 출력신호 검출부(檢出部)는 현재의 위치를 검출하여 목적위치에 도달할 때까지 피드백 신호를 발생시킨다.

그림 12.5  서보기구의 기본 구성

이들 요소들의 구성방법에 의해 서보기구는 위치와 속도검출기가 없는 오픈 루프방식(open loop)과 위치와 속도검출기를 갖춘 클로즈드 루프방식(closed loop)으로 분류되며, 클로즈드 루프방식에 있어서도 위치검출기의 종류와 부착위치에 따라 상대위치를 검출하는 세미 클로즈드 루프방식(semi colsed loop)과 절대위치를 검출하는 풀 클로즈드 루프 방식으로 나누어진다.

## (1) 오픈루프 시스템(open loop system)

오픈루프 시스템에서는 구동장치 자체가 위치결정과 속도제어기구를 가지고 있기 때문에 구동계의 위치정보를 컨트롤러측에 피드백하지 않는다. 이 방식은 간단하게 서보기구를 만들 수 있지만, 회전속도가 빠르고 출력 토크가 저하하는 경우 부하의 변동에 따른 이탈 토크 때문에 지령한 위치와 일치하지 않을 수 있으므로 주의가 필요하다. 또한 부드러운 회전이 얻어지지 않는 결점 등으로 공작기계의 제어에는 거의 사용되지 않고 있다. 그림 12.6은 오픈루프 시스템을 보여주고 있다.

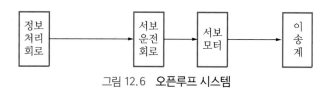

그림 12.6  **오픈루프 시스템**

## (2) 세미 클로즈드루프 시스템(semi closed loop system)

세미 클로즈드루프 시스템은 서보모터 축상에 위치와 속도검출기에 상당하는 모터의 회전각, 회전속도 검출기를 붙여 컨트롤러가 이들의 신호를 항상 검출하면서 축의 각변위(角變位)와 각속도(角速度)를 제어하는 방식이다. 일반적으로 각변위와 각속도 검출기는 서보모터 출력축의 반대측에 부착하는 방법으로 비교적 간단하게 공작기계에 부착하는 것이 가능하다 이 방식의 최종의 위치결정 정도는 오픈 루프방식과 같이 서보모터 이하의 전달 구동계에 크게 의존하는 것이며 고정도의 위치 결정 정도는 얻어지지 않는다. 그러나 서보회로 내에서는 전달구동계에 의한 기계적 진동과 마찰 등의 비선형요소가 들어 있지 않아 안정한 제어가 가능하기 때문에 많은 CNC 공작기계가 이 방식을 채용하고 있다.

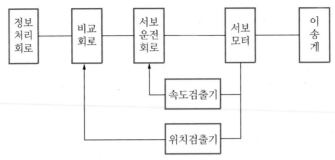

그림 12.7    세미 클로즈드루프 시스템

그림 12.7은 세미 클로즈드루프 시스템을 보여주고 있다.

### (3) 클로즈드루프 시스템(closed loop system)

클로즈드루프 시스템은 그림 12.8에 나타낸 것과 같이 테이블에 위치검출기(리니어 스케일 등)를 부착하여 위치를 검출하고 피드백하여 비교회로를 통해 위치결정제어를 행하는 방식이다. 이 방식은 전달구동계의 기계적 진동이나 마찰 등의 비선형 요소가 서보계를 불안정하게 하는 경우가 있으므로 전달구동계의 구성이나 제어에 주의가 필요하다. 클로즈드루프 시스템은 원리적으로 검출기의 분해능까지 정도를 향상시킬 수 있다.

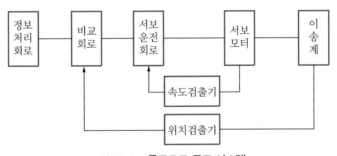

그림 12.8    클로즈드 루프 시스템

### (4) 하이브리드루프 시스템(hybrid loop system)

하이브리드루프 시스템은 그림 12.9와 같이 클로즈드루프와 세미 클로즈드루프가 섞여 있는 서보기구로 가공조건이 열악한 공작기계에도 높은 정밀도를 얻을 수 있다.

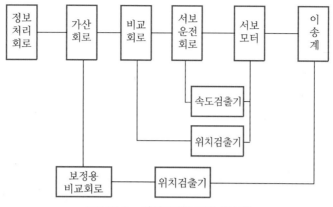

그림 12.9  하이브리드 루프 시스템

## 12.4.2 위치결정제어와 윤곽제어

NC 공작기계에서는 이송축의 직선운동인 좌우, 전후, 상하운동에 평행한 좌
표축을 오른손 직교좌표계(直交座標系)로 정의하여 그것에 의해 공작기계 각부

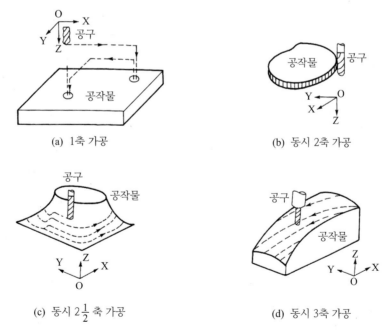

(a) 1축 가공

(b) 동시 2축 가공

(c) 동시 $2\frac{1}{2}$ 축 가공

(d) 동시 3축 가공

그림 12.10  동시제어 축 수에 따른 가공방식

의 운동을 제어한다. 공작기계는 보통 X, Y, Z로 표시되는 직선운동 좌표계와 A, B, C로 표시되는 각축의 회전운동 좌표계가 있으며 그 외 필요에 따라서 보조 좌표계가 주어진다. 수치제어 공작기계에서는 각 축의 직선 운동과 회전운동을 각각 독립된 축으로 생각하여 제어가 가능하도록 되어 있다. 따라서 제어할 수 있는 축의 수를 제어축 수, 동시에 일정한 상호관계를 가지면서 제어가 가능한 축 수를 동시 제어축 수라 부른다. 동시 제어축 수의 종류에 따라 가공형태를 분류하면 그림 12.10과 같다. 여기에서 1축 제어는 제어할 수 있는 축 수가 1축인 제어방식이고, 2축 제어는 동시제어할 수 있는 축 수가 2축인 경우이며, $2\frac{1}{2}$축 제어의 경우 2축은 동시 제어하고 1축은 동시 제어되지 않고 다른 축의 운동에 이어서 일정한 한 순간에만 이송이 이루어지는 것을 의미한다. 3축 제어는 동시제어 가능한 축의 수가 3축인 제어방식으로 3차원 형상 가공이 가능하다.

동시 제어축 수와는 별도로 수치제어 공작기계의 운동제어는 이하와 같이 분류된다.

## (1) 위치결정 제어(point to point control)

위치결정 제어는 공작물에 대해서 공구가 주어진 목적 위치에 도달하도록 하는 제어방식으로 어떤 위치로부터 다음 위치까지의 이동중의 경로는 문제로 하지 않는다. 주로 드릴링, 각종의 보링, 태핑과 같은 구멍가공과 파이프 벤더, 스폿용접 등에 위치결정 제어가 쓰이고 있다.

## (2) 직선절삭 제어(straight cut control)

직선절삭 제어는 1개의 축을 따라서 공작물에 대한 공구의 운동을 직선적으로 제어하는 방식으로 선반작업의 외경가공, 밀링작업, 평면직선가공 등에 적용된다.

## (3) 윤곽 제어(contouring control)

윤곽 제어(輪郭制御)는 2축 또는 그 이상의 축을 동시에 공작물에 대한 공구의 경로를 제어하는 방식이다. 선반이나 밀링에서 공구경로가 지정된 직선가공이나 곡면가공을 수행할 때 주로 이용하는 제어 방식이며, 각 X, Y, Z축의 단위 이동의 합성으로 공구경로가 결정된다. 그러므로 매끄러운 변을 얻기 위해서는 복잡한 등고선을 세분하여 몇 개의 직선 또는 곡선으로 나누는 직선보간 또는 원호보간을 수행하여야 한다. 보간의 방식으로는 펄스분배방식, DDA(digital differential analyzer) 방식, 대수연산방식 등이 있다. 현재 DDA 방식이 가장 광범위하게 사용되고 있다.

## 12.5 NC 프로그램

NC가공에 필요한 가공공정 작성 및 제어지령용 펀치 테이프의 작성까지의 모든 단계가 프로그래밍에 포함되는데 여기에는 수동 프로그래밍과 자동 프로그래밍이 있다. 그림 12.11은 프로그램의 방법을 보여주고 있다.

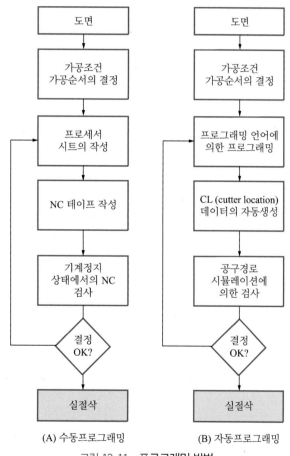

(A) 수동프로그래밍    (B) 자동프로그래밍

그림 12.11 **프로그래밍 방법**

### 12.5.1 수동 프로그래밍

수동(手動) 프로그래밍에서는 작업자가 NC 코드를 이용하여 프로그래밍을 작성하는 방법으로 도면의 좌표값을 이용하여 계산한 공구의 운동을 가공 수순에 따라서 프로세스용지에 기입하고 이것을 전용 테이프에 기존의 규약에 맞추어 테이프 펀치하여 NC 테이프를 작성하는 수동작성방식이다. 가공도면과 작업지침이 주어졌을 때 공구의 위치나 부품도변의 좌표 등을 일일이 계산하여 프로그래밍하는 방법으로 작업이 비교적 단순한 경우에 사용되며, 작업이 복잡한 부품의 경우에는 비효율적이고 프로그래밍이 어렵다.

### 12.5.2 자동 프로그래밍

컴퓨터 언어의 형식으로 된 자동(自動) 프로그래밍 시스템에서 공구위치나 부품의 좌표 등을 계산하여 NC 장치가 인식하는 CL(cutter location) 데이터를 생성하는 방법이다. 따라서 계산 시간 및 노력이 감소될 뿐 아니라 컴퓨터의 주변장치로서 테스트도 할 수 있고 에러를 검출할 수도 있게 된다. 이때 사용되는 프로그래밍 언어로는 미국에서 개발된 APT(automatically programmed tools), 독일에서 개발된 EXAPT, 일본에서 개발된 FAPT 등이 있다.

## 12.6  NC  프로그램 입력

### 12.6.1  프로그램 작업

#### (1) 공작기계의 좌표계

실제로 공작물을 가공하는 경우에는 공구나 공작물의 기계상의 위치 관계를 분명히 해둘 필요가 있는데, 이 위치 관계를 분명하게 해주는 것이 좌표계이다. 공작기계의 좌표계에는 그림 12.12와 같이 각 구동축을 가진 기계원점을 기준점으로 하는 기계좌표계와 프로그램 가능한 원점을 가진 프로그램 좌표계가 있다. NC 프로그램의 경우에는 프로그램 좌표계를 이용한다. 이러한 좌표계에 있어서

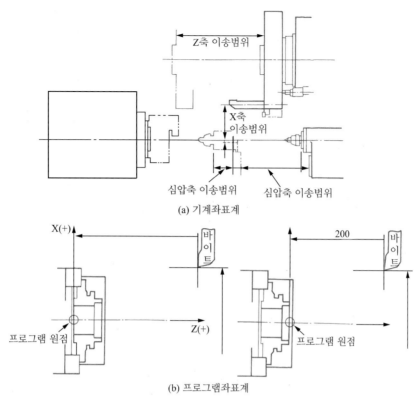

(a) 기계좌표계

(b) 프로그램좌표계

그림 12.12 **기계좌표계와 프로그램 좌표계**

좌표축은 오른손 직교좌표계를 이용한다. 그림 12.12는 NC 선반의 좌표축을 나타낸 것이다.

① 기계좌표계

각각의 NC 공작기계는 기계 고유의 기준점(기계원점)을 가지고, 이 기계 기준점에 의해 공작기계의 좌표계, 즉 기계좌표계를 설정한다. 기계 기준점은 원칙적으로 공구와 공작물이 가장 멀리 떨어지는 위치, 즉 테이블이나 주축헤드 동작의 끝점에 설정된다.

② 프로그램 좌표계

프로그램 좌표계는 공작물의 가공 기준점이 원점으로 설정되는 좌표계를 말한다. 이를 공작물 좌표계라고도 한다. 그리고 프로그램 좌표계의 설정에는 다음

두 가지 방법이 있다. 한 가지는 공작물의 특정 위치에 원점을 설정해 놓고, 그 원점을 기준으로 해서 좌표계를 설정하는 방법이다. 다른 한 가지는 현재 위치를 원점으로 하여 다음 목표지점까지의 증분을 좌표값으로 취하는 방법이다.

### (2) 프로그램 원점과 좌표계의 설정

프로그램할 때 기계의 좌표계를 확인하고 프로그램하기 편리한 곳으로 프로그램 원점을 설정한다. 그 원점을 기준으로 프로그램 좌표값을 지정한다.

프로그램의 좌표를 지령하는 방법에는 다음의 절대좌표(絶對座標) 방식과 증분좌표(增分座標) 방식이 있다.

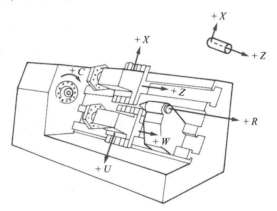

그림 12.13  NC 선반의 좌표계

### ① 절대좌표 지령(absolute dimension system)

그림 12.14에서 이동 지령을 미리 설정한 좌표계를 기준으로 하여 지령값을 주는데 이를 절대값 지령이라 부른다. 이 방법은 좌표계 원점으로부터의 떨어진 거리를 지령하므로, 현재 위치로부터 지령위치까지의 공구경로를 설정할 수가 있다. 그래서 공구경로의 변경은 이동 지령 순서 변경이나 추가, 삭제하는 것만으로도 가능하고 효율적인 프로그래밍이 가능하다.

### ② 증분좌표 지령(incremental dimension system)

그림 12.15에서 이동 지령을 현재 위치부터의 증분값을 주었는데 이를 증분값 지령이라 부른다. 이 방법은 이동 지령 후의 위치가 현재 위치로 되고, 좌표계를

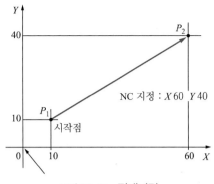

그림 12.14  절대지령

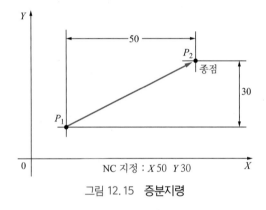

그림 12.15  증분지령

의식할 필요가 없다. 가공순서에 따라서 공구 경로를 프로그램하는 것이 가능하다. 그러나 가공순서를 변경하거나 공정의 추가 또는 생략하는 경우에는 프로그램을 처음부터 다시 하여야 한다.

### (3) 최소설정단위 및 최소이송단위

NC 공작기계에서는 공작물 및 공구의 상대위치 정보는 유한의 수치정보 자료에 의해 주어지게 된다. 따라서 프로그램 작업에서는 수치제어장치에 의해 설정 가능한 최소의 단위에 맞게 작업이 이루어져야 한다. 이때 수치제어장치에 의해 설정 가능한 최소 변위를 최소설정단위(最小設定單位)라 하며 수치제어장치가 공작기계의 조작부에 주어진 지령의 최소 이송량을 최소이송단위(最小移送單位)라 한다. 수치제어장치에서는 보통 서보기구를 구동할 목적으로의 신호로는 펄스신호를 이용하고 있으며, 하나의 펄스신호가 최소설정단위에 대응하고 있다.

## 12.6.2 NC 프로그램

### (1) 프로그램의 구성

NC 공작기계에서 NC 가공을 수행하기 위해서는 NC 코드에 의한 프로그램을 작성하여야 한다. NC 코드의 기본요소를 워드(word)라 하며 워드는 어드레스와 데이터로 구성된다. 어드레스는 워드의 기능을 나타내는 것으로 구체적으로 F(F 기능), G(G기능), S(S기능), M(M기능), T(T기능)와 구동축을 나타내는 X, Y, Z,

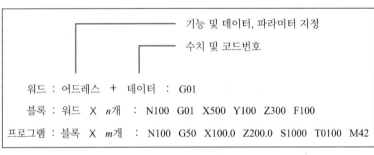

그림 12.16  수치제어용 블록의 구성

표 12.1  어드레스(address)의 기능

| 문자 | 기능 | 문자 | 기능 |
|---|---|---|---|
| A | X축 주위 각도의 크기 | N | 전개번호 |
| B | Y축 주위 각도의 크기 | O | 프로그램번호로 사용 |
| C | Z축 주위 각도의 크기 | P | X축에 평행한 제3의 운동크기 |
| D | 특정한 축 주위의 각도 크기 또는 제3의 이송 | Q | Y축에 평행한 제3의 운동크기 |
| E | 특정한 축 주위의 각도 크기 또는 제2의 이송 | R | Z축의 급속이동속도 크기 혹은 Z축에 평행한 제3의 운동크기 |
| F | 이송기능 | S | 주축기능 |
| G | 준비기능 | T | 공구기능 |
| H | 지정 없음 | U | X축에 평행한 제2의 운동크기 (X방향 증분량) |
| I | 원호의 중심의 X방향 좌표벡터 | V | Y축에 평행한 제2의 운동크기 (Y방향 증분량) |
| J | 원호의 중심의 Y방향 좌표벡터 | | |
| K | 원호의 중심의 Z방향 좌표벡터 | W | Z축에 평행한 제2의 운동크기 (Z방향 증분량) |
| L | 부프로그램이나 고정사이클의 실행횟수로 사용 | | |
| M | 보조기능 | X | X축 운동의 크기 |
| | | Y | Y축 운동의 크기 |
| | | Z | Z축 운동의 크기 |

A, B, C가 있고, 데이터는 수치 또는 코드번호가 사용되며 어드레스의 크기를 나타내는 것이다. NC 코드에 쓰이는 문자는 영문 대문자와 숫자(0~9) 그리고 기호($, ;, :, /, *)이며 한 워드는 문자와 숫자의 결합으로 이루어지며 숫자는 어드레스에 따라 정수 또는 실수가 사용된다. 몇 개의 워드가 모여 하나의 블록을 형성하고 몇 개의 블록이 모였을 때 한 개의 프로그램이 성립되어 작업을 지시하게 된다. 블록의 기본 구성은 그림 12.16과 같고, 일반적으로 사용되는 어드레스는 표 12.1과 같다.

### (2) 프로그램 입력방식

블록에서 각 단위는 정해진 방식으로 지령되어야 하며, 각 지령은 N-G-X-Y-Z-F-S-T-M 순으로 구성된다.

#### ① 프로그램 번호 : O 1-9999

NC장치에는 몇 개의 프로그램을 기억시킬 수 있으며 그 프로그램을 서로 구별하기 위해 프로그램 번호를 사용한다. 프로그램 번호는 O에 이어 1에서 9999까지의 4자리 숫자로 이루어진다.

#### ② 전개번호 : N 1-9999

전개변호는 N에 이어 4자리 숫자로 지정되며 프로그램의 작업순서를 나타낸다. 모든 블록에 다 붙일 필요는 없고 반복작업 등에는 필요하다.

#### ③ 준비기능 : G 0-99

NC 공작기계의 준비기능은 G코드 다음의 2자리 숫자로 지정된다. G코드는 NC 프로그램에서 가장 중요하며, G코드에 따라 블록에서의 X, Z 등의 단어의 의미가 달라진다. G코드에는 연속유효 G코드와 1회 유효 G코드의 2가지가 있고, 동일 군 내의 다른 코드가 나올 때까지 계속 유효하며 G코드가 여러 개 지정되면 맨나중에 지정된 것이 유효하다.

#### ④ 이송속도 : F

공작물에 대한 공구의 이송속도는 F 다음에 숫자로 지정된다.

⑤ 주축기능 : S 0-9999

주축회전수 또는 절삭속도는 S 뒤에 4자리 숫자로 지정한다.

⑥ 공구기능 : T 0-99

공구선택과 공구보정은 T코드로 한다. 앞의 두 자리는 공구선택번호, 뒤의 두 자리는 공구 보정번호를 나타낸다.

(예) T0303 : 3번 공구와 3번 공구보정 방법의 선택

⑦ 보조기능 : M 0-99

공작기계의 보조기능은 M코드에 2자리 숫자로 지정한다. NC의 보조적인 기능을 지정하여 동작시킨다. M코드는 한 개의 지령 내에 한 개씩만 쓸 수 있으며, 2개 이상이면 맨나중 것이 유효하다.

## 12.6.3 CNC 선반의 프로그래밍 작업

### (1) 프로그램 원점과 좌표계 설정

CNC 선반의 좌표는 주축의 중심선과 평행한 축을 Z축으로 잡고 세로방향, 즉 주축 중심선에 직각인 축을 X축이라 한다. 프로그램할 때 기계의 좌표계를 확인하고, X축은 주축 중심에, Z축은 프로그램하기 편리한 곳으로 프로그램 원점을 설정한다.

### (2) 준비기능 ; G코드

CNC 선반의 준비기능은 G코드로 지정되며, G코드에 따라 블록에서의 X, Z 등의 단어의미가 달라진다. CNC 선반에서의 주요 G코드는 표 12.2와 같다.

표 12.2 준비기능 일람표

| G코드 | 그룹 | 기능 |
| --- | --- | --- |
| ※ G00 | 01 | 위치결정, 급속이송 |
| G01 | 01 | 직선보간 |

(계속)

| G코드 | 그룹 | 기능 |
|---|---|---|
| G02 | 01 | 원호보간(반시계방향) |
| G03 | 01 | 원호보간(시계방향) |
| G04 | 00 | 휴지 |
| G20 | 06 | 인치 입력 |
| ※ G21 | 06 | 미터 입력 |
| ※ G22 | 04 | 내장행정한계유효 |
| G23 | 04 | 내장행정한계무효 |
| G27 | 00 | 원점복귀점검 |
| G28 | 00 | 자동원점복귀 |
| G29 | 00 | 원점으로부터의 귀환 |
| G30 | 00 | 제2원점 복귀 |
| G32 | 01 | 나사절삭 |
| ※ G40 | 07 | 공구인선반경보정 취소 |
| G41 | 07 | 공구인선반경보정 왼쪽 |
| G42 | 07 | 공구인선반경보정 오른쪽 |
| G50 | 00 | 좌표계 설정, 주축 최고 회전수지정 |
| G70 | 00 | 정삭주기 |
| G71 | 00 | 내·외경 황삭주기 |
| G72 | 00 | 단면황삭주기 |
| G73 | 00 | 유형반복주기 |
| G90 | 01 | 내·외경 절삭주기 |
| G92 | 01 | 나사절삭주기 |
| G94 | 01 | 단면절삭주기 |
| G96 | 02 | 원주속도 일정제어 |
| ※ G97 | 02 | 주축회전수 일정제어 |
| G98 | 05 | 분당 이송속도 |
| ※ G99 | 05 | 회전 당이송속도 |

주) ※는 초기상태의 G코드임

## (3) 가공조건기능

### ① 이송속도 : F코드

공구의 이송속도는 F 다음에 숫자로 지정되며 표 12.3에서와 같이 분당 이송속도와 회전당 이송속도의 2가지가 있다.

표 12.3  공구의 이송속도

| 종 류 | 분당 이송 [mm/min] | 회전당 이송 [mm/rev] |
|---|---|---|
| 의 미 | 매분당 공구 이동거리 | 주축회전당 공구 이동거리 |
| G code | G98 | G99 |
| 어드레스 | F | F |

### ② 주축기능 : S코드

주축회전수 또는 절삭속도는 S 뒤에 숫자로 지정한다. S값은 G코드에 의해 분당 회전수 또는 원주속도로 표시된다.

　(예) G96 S100 : 원주속도 100 mm/min

　　　G97 S100 : 주축회전수 100 rpm

### (4) 보조기능 : M코드

CNC 선반에서의 보조기능인 M코드의 기능은 표 12.4와 같다.

표 12.4  보조기능 일람표

| M code | 의 미 | M code | 의 미 |
|---|---|---|---|
| M00 | 프로그램 정지(program stop) | M40 | 기어 중립(N) |
| M01 | 선택적 정지(optional stop) | M41 | 기어 1단 |
| M02 | 프로그램 끝(end of program) | M42 | 기어 2단 |
| M03 | 주축 정회전 | M43 | 기어 3단 |
| M04 | 주축 역회전 | M50 | 환봉이송장치 |
| M05 | 주축 정지 | M68 | 척 죔(chuck close) |
| M06 | 공구 교환 | M69 | 척 풀림(chuck open) |
| M08 | 절삭유 공급 | M98 | 보조 프로그램(subprogram) 호출 |
| M09 | 절삭유 중단 | M99 | 보조 프로그램 끝(end of subprogrm) |
| M30 | 프로그램 끝과 시작점 복귀 | | |

## 12.6.4 머시닝센터의 프로그래밍 작업

### (1) 기준점과 좌표계

기준점은 기계상의 고정위치로 기계 위의 임의의 점을 기준점으로 설정하고 프로그램 원점의 좌표계와 위치관계를 설정하여 준다.

① 기계좌표계

머시닝센터는 고유의 기계 기준점(기계원점)을 가지고, 이 기계 기준점에 의해 공작기계의 좌표계, 즉 기계좌표계를 설정한다. 일반적으로 X, Y, Z축은 다음의 기준으로 정하게 된다. X축은 가능한 한 수평이며, 공작물 설치와 평행으로 둔다. Y축은 X, Z축과 직교하며 오른손 좌표계를 따른다. Z축은 공작기계 주축의 축선에 평행하게 둔다. 그림 12.17은 머시닝센터에서의 좌표계를 보여주고 있다.

② 프로그램 좌표계

프로그램 좌표계는 공작물의 가공 기준점을 원점(原點)으로 설정되는 좌표계를 말한다.

(2) 프로그램 원점과 좌표계

머시닝센터의 좌표는 주축의 중심선으로부터 좌우, 전후, 상하로 X축, Y축, Z축으로 설정하고 공작물상의 프로그램하기 편리한 곳을 프로그램 원점으로 한다.

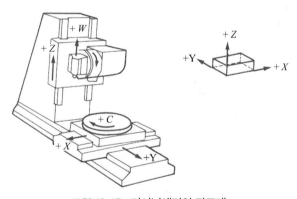

그림 12.17  머시닝센터의 좌표계

(3) 준비기능 : G코드

머시닝센터의 준비기능은 G코드로 지정되며, G코드에 따라 블록에서의 X, Y, Z 등의 단어 의미가 달라진다. 머시닝센터에서의 주요 G코드는 표 12.5와 같다.

표 12.5 **준비기능 일람표**

| 코 드 | 기능 | 코 드 | 기능 |
|-------|------|-------|------|
| G00 | 위치결정 | G42 | 공구경보정 우 |
| G01 | 직선보간 | G43 | 공구길이보정 |
| G02 | 원호보간 CW | G44 | 공구길이보정 옵셋 |
| G03 | 원호보간 CCW | G49 | 공구길이보정 옵셋 취소 |
| G04 | 드웰 | G52 | 지역 좌표계 설정 |
| G10 | 데이터 설정 | G53 | 기계 좌표계 선택 |
| G27 | 자동원점 복귀 체크 | G90 | 절대 지령 |
| G28 | 자동원점 복귀 | G91 | 증분 지령 |
| G29 | 자동원점으로부터의 복귀 | G92 | 공작물 좌표계 설정 |
| G40 | 공구경보정 취소 | G98 | 고정 사이클 시작점 복귀 |
| G40 | 공구경보정 좌 | G99 | 고정 사이클 R점 복귀 |

## (4) 이송속도 : F 코드

공구의 이송속도는 F 다음에 숫자로 지정되며 표 12.6과 같이 분당 이송속도와 회전당 이송속도의 2가지이다.

표 12.6 **공구의 이송속도**

| 종 류 | 분당 이송 [mm/min] | 회전당 이송 [mm/rev] |
|-------|--------------------|----------------------|
| 의 미 | 매분당 공구이송거리 | 주축회전당 공구이송거리 |
| G code | G94 | G95 |
| 어드레스 | F | F |

## (5) 보조기능 : M 코드

머시닝센터에서의 보조기능인 M코드의 기능은 표 12.7과 같다.

표 12.7 **보조 기능 일람표**

| M코드 | 기능 | M코드 | 기능 |
|------|------|------|------|
| M00 | 프로그램 정지 | M06 | 공구 교환 |
| M01 | 선택적 정지 | M08 | 절삭유제 ON |
| M02 | 프로그램 끝 | M09 | 절삭유제 OFF |
| M30 | 프로그램 끝 | M19 | 주축 오리엔테이션 정지 |
| M03 | 주축 정회전 | M98 | 보조 프로그램 호출 |
| M04 | 주축 역회전 | M99 | 보조 프로그램 끝 |
| M05 | 주축 정지 | | |

1. NC 공작기계의 특징을 설명하라.

2. NC 공작기계의 구성요소를 간략히 설명하라.

3. NC 가공에서 자동프로그래밍에 의한 작업순서를 기술하라.

4. NC 공작기계의 서보제어방식의 종류를 기술하고, 각각의 특징을 설명하라.

5. NC 공작기계의 제어에 있어서 윤곽제어에 대하여 설명하라.

6. 공구나 공작물을 이동시키는 데 사용되는 지령방식인 증분지령과 절대지령
   에 대하여 설명하라.

7. NC 프로그램의 구성요소인 워드와 블록에 대해 설명하라.

8. 공작기계의 좌표계에 대해 설명하라.

9. 최소 설정 단위와 최소 이송 단위에 대해 설명하라.

10. G, F, S, M코드는 각각 무엇을 나타내는가 설명하라.

11. 준비기능에서 드웰(dwell)이 무엇인지 설명하라.

12. 선반과 머시닝센터의 준비기능 가운데 차이가 나는 것을 몇 가지 설명하라.

# 차세대 가공시스템

# CHAPTER 13

# 3D
# 프린터

3D 프린팅은 3차원 데이터를 이용하여 액체나 파우더 형태의 수지 또는 금속 등 각종 재료를 가공하거나 적층하여 제품을 만드는 것을 말한다. 즉, CAD 소프트웨어를 이용하여 모델링된 3차원 데이터를 STL 파일로 변환하고 이를 슬라이싱 소프트웨어를 이용하여 공구경로를 생성한 다음 3D 프린터에서 3차원 형상의 제품을 만드는 것이다. 본 장에서는 3D 프린팅의 공정 및 특징, 3D 프린터의 종류와 여기에 사용되는 재료에 대하여 설명한다.

# 13.1 개 요

### 13.1.1 3D 프린터의 정의

3D 프린터 기술은 3차원 데이터를 이용하여 액체나 파우더 형태의 폴리머(수지) 또는 금속 등의 재료를 가공하거나 적층 방식(積層方式, layer-by-layer)으로 쌓아올려 3차원 형상을 제조하는 것을 말한다. 이것은 3차원 CAD에 따라 생산하고자 하는 형상을 레이저와 파우더 재료를 활용하여 신속 조형하는 기술을 의미하는 RP(rapid prototyping)에서 유래되었다. 3D 프린팅 제조기술의 기본 원리는 합성수지(플라스틱), 금속성 가루, 목재, 고무, 바이오 재료 및 고분자 물질 등을 CAD 도면에 따라 적층제조법(additive manufacturing)으로 점차 제품을 형상화하는 것이다. 즉 CAD 설계파일, 산업용 및 의료용 스캐너, 비디오 게임 등 3차원 설계 데이터를 기반으로 실물 모형이나 프로토 타입의 부품 및 도구 등을

인쇄하듯이 만들어내는 제조 기술이다. 약 10여 년 전의 초기 3D 프린팅 기술은 건축이나 자동차 설계 등의 분야에서 주로 이용되었다. 이후 CAD 소프트웨어 및 ICT 기술의 발전과 함께 연구자, 개발자, 작업자 및 기업가 등이 모두 함께 연결되는 이른바 초연결사회가 형성되면서 획기적인 기술혁신을 일으키고 있다.

최초의 3D 프린팅 기술은 1981년 일본 나고야 시립연구소의 히데오 코다마가 개발하였으며, 미국의 Charles Hull이 1984년 입체인쇄술(立體印刷術, stere-olithography)이라는 제목으로 특허를 출원하여 1988년 3D SYSTEM사를 창업하고 SLA-250이라는 상업용 장비를 출시하였으며, 이것이 최초의 3D 프린터 장비이다.

SLA(stereolithography apparatus)는 FDM(fused deposition modeling)방식이나 SLS(selective laser sintering)방식과 같은 3D 프린팅 기술개발의 배경이 되었으며 Stratasys사와 같은 거대한 경쟁 기업의 출현을 촉진시키는 계기가 되었다.

## 13.1.2 3D 프린팅 공정

그림 13.1에 나타낸 3D 프린팅 공정은 다양한 3차원 CAD 소프트웨어를 이용하여 제작 형상을 설계하고 이를 STL 파일(STereoLithography files)로 변환한다. 변환된 STL 파일은 3D 모델링 데이터를 표준형식의 파일로 저장하는데 제공되는 파일형식으로 3D 프린터에서 사용하는 파일형식이다. 이것은 1988년 3D 프린터를 상용화시켰던 3D 시스템사에 의해서 인터페이스 표준으로 제정되었다. 모델링 데이터는 각종 모양, 색상, 재질 같은 모델링 데이터와 벡터값을 가지는 수학적 모델의 집합체이지만 STL 파일은 삼각형 형태로 X, Y, Z 및 삼각형의 법선인 벡터로 구성한다. 법선벡터는 삼각형 면이 안쪽을 향하는지 바깥쪽을 향하는지 정해준다. 이는 물체의 표면이 무수히 많은 3각형의 면이라고 보고 작성된다. STL 포맷(format)은 모델링 정보만 있고 색상에 대한 정보가 없는 구조이므로 컬러 프린팅에 문제가 있다. 그리하여 PLY 또는 VRML 포맷을 이용하여 색상의 정보를 첨부하여 컬러적용이 가능하게 하였다. 모델링된 3차원 데이터를 STL 파일로 변환하고 슬라이싱 소프트웨어를 이용하여 프린팅 장치의 공구 경로를 생성한다. 이를 3D 프린팅장치에서 프린팅하면 3차원 형상의 제품이 만들어진다.

| 3차원 캐드 모델 | STL 파일 변환 | 슬라이싱 소프트웨어 | 단면 슬라이스를 이용한 제작 경로 생성 | 3D 프린트 제작 | 3D 프린트 모델 |

그림 13.1  3D 프린팅 공정

### 13.1.3 3D 프린팅의 특징

#### (1) 시제품의 제작비용과 가공시간 단축

3D 프린팅은 손쉽게 디자인을 수정할 수 있을 뿐 아니라 플라스틱 시제품의 경우 별도의 금형이 필요 없기 때문에 제작비용을 감소시킬 수 있다. 그리고 가공시간을 대폭 줄일 수 있다.

그림 13.2는 3D 프린터를 사용하여 다양한 시제품을 제작한 사례이다. 람보르기니는 스포츠카 'Aventador' 시제품 제작에 3D 프린터를 사용하여 기존의 시제품 제작 시간을 4개월 단축하였으며, 제작 비용을 대폭 줄일 수 있었다. 그리고 실린더 헤드, 브레이크 로터, 후륜 엑셀 등의 부품을 3D 프린터로 제작하여 제작기간을 3개월 단축시켰다. 국내 H모비스사는 FDM 및 SLA 방식의 3D 프린터를 활용하여 헤드램프, 대시보드, 에어백 등 다양한 시제품을 제작하였으며 제작비용 및 시간을 매우 단축시켰다. 또한 D인프라코어(주)에서는 3D 프린터로 제작

 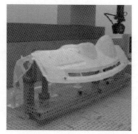

(a) 람보르기니의 Aventador    (b) 현대모비스의 대쉬보드 샘플  (c) 두산인프라코어의 컨셉굴삭기 CX

그림 13.2  3D 프린터를 활용한 시제품의 사례

한 컨셉 굴삭기 'CX'가 2009년 레드닷 디자인 어워드에서 대상을 수상하였고 최근에는 조이스틱 디자인에 3D 프린터를 적극 활용하고 있다. 아디다스에서는 시제품 개발에 필요한 인력 및 개발 기간을 대폭 절감하고 있으며, 시스코에서는 3D 프린터를 활용하여 매주 평균 10건의 통신장비 디자인 및 시제품을 개발하고 있다.

## (2) 다품종 소량 생산과 맞춤형 제작

3D 프린터는 3D 디자인 파일만 있으면 매번 디자인이 다른 제품을 생산하더라도 추가비용이 거의 발생하지 않는다. 그리고 3D 스캐너의 고도화에 따라 3D 디자인이 용이해졌다.

그림 13.3은 3D 프린터를 사용하여 맞춤형 시제품을 제작한 예인데, 덴마크 Widex사는 3D 프린터와 3D 스캐너를 보청기 제작에 접목하여 CAMISHA를 개발하고 이를 상용화하여 개인 맞춤형 귓본 제작에 성공하였다.

의학분야에서는 3D 프린팅을 이용하여 맞춤형 서비스를 제공하고 있다. UC 버클리 의대에서는 3D 프린터를 활용하여 샴쌍둥이 분리수술에 성공하였다. 이는 내장과 뼈를 안전하게 자르는 연습을 충분히 한 결과이다. 일본 교토대에서는 경추 추간판 탈출증 환자 4명에게 적합한 모양의 인공뼈(티타늄 분말 활용)를 제작할 때 CT와 MRI 이미지를 활용하여 정확한 뼈의 크기와 모양을 파악하고 3D 프린터를 이용하여 제작한 후 이식에 성공하였다.

미국 Bespoke Inno에서는 3D 프린터 기술을 이용하여 만든 의족 Bespoke Fairings를 개발하여 기존 의족의 비대칭성 문제를 극복하였고 서울 S병원에서는 부비동암 수술에 3D 프린터를 활용함으로써 수술 후의 부작용을 최소화하였다. 네덜란드 Shapeways사에서는 3D 프린터를 이용해서 개인 맞춤형 제품을 만

  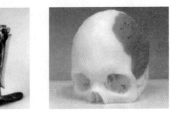

(a) Widex의 개인 맞춤형 귓본　　(b) Bespoke Inno.의 Bespoke Fairings　(c) Oxford에서 제작한 두개골

그림 13.3　3D 프린터를 활용한 맞춤형 시제품 제작의 예

들어서 배송해주고 이를 다른 사람에게 판매하는 서비스를 제공하고 있으며 미국 Oxford사는 고성능 소재 PEKK(polyetherketoneketone)를 활용하여 제작한 두 개골 임플란트를 환자에게 삽입하는데 성공하였다.

## (3) 복잡한 형상의 제작이 용이하고 재료비 절감

3D 프린터를 이용하면 벌집구조(honeycomb)와 같이 복잡하고 내부가 비어 있는 형상도 쉽게 제작할 수 있으며, 가공 후 버리는 재료를 많이 줄일 수 있다. 알루미늄 등 고가의 금속을 절삭하는 경우 재료비를 크게 절감할 수 있다.

그림 13.4는 복잡한 형상을 3D 프린터를 사용하여 제품을 제작한 사례인데, 프랑스 NoDesign사는 복잡한 형상의 벽 부착형 조명 Waelice를 생산하는데 나일론을 소재로 한 SLS 3D 프린터를 이용하였으며, 영국 Within Tech.와 3T RPD

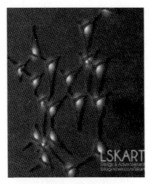

(a) NoDesign의 Waelice

(b) Within Tech의 격자무늬 열교환기

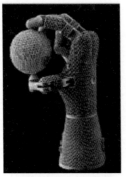

(c) 미국 ORNL의 인공손

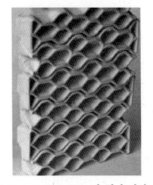

(d) DesignLabWorkshop의 빌딩 바이트

그림 13.4 **3D 프린터를 활용한 복잡한 형상 제작의 예**

사는 3D 프린트를 활용하여 격자 무늬를 반복적으로 적용한 판형 열교환기와 자동차 배기가스 배출구의 후프 제작에 성공하였다. 미국 ORNL(oak ridge national lab)에서는 1 : 1 수준의 'Buy-to-Fly Ratio'를 달성한 항공기 부품 제작에 성공하였으며, 유체 흐름의 효율성 제고도 달성하였다. 그리고 네덜란드 DesignLabWorkshop사는 3D 프린트를 활용하여 기존의 절삭가공 방식으로는 구현하기 어려운 형상의 벽돌 'Building Bytes'를 제작하였다.

### (4) 제조 공정 간소화에 따라 인건비와 조립비용 절감

조립·용접 공정 간소화 및 일체형(one-body) 생산에 의해 가공시간을 대폭 줄일 수 있으며, 이에 따라 인건비와 조립비용을 줄일 수 있다. 미국의 GE사는 3D 프린터를 활용하여 초음파 진단기용 탐촉자(probe) 제조 비용을 30% 절감하였으며, NASA에서는 기존 가공 방식으로는 최소 2~3년 소요되는 매우 복잡한 부품인 로켓 연료분사장치 생산에 $EBF_3$ 기술을 적용하여 4개월 만에 완성하였다.

## 13.2 3D 프린터 장비 및 재료

### 13.2.1 3D 프린터의 종류 및 특징

3D 프린터를 이용하여 제품을 제작하기 위해서는 먼저 어떠한 장비를 이용할 것인가를 판단한 후 두 번째로 어떠한 소재를 사용할 것인지를 결정하는 것이다. 사용목적과 특성에 적합한 장비가 무엇인가를 판단하기 위해서는 공정의 특징을 파악해야 한다. 많은 장비들은 각기 다른 특성을 가지고 있으며 장단점이 있다. 그러므로 제작하고자 하는 제품의 특성에 가장 적합한 공정을 선택하기 위해서 각각의 장비들의 특징과 장단점에 대한 이해가 필요하다.

특히 최근에는 여러 가지 목적에 다양하게 사용할 수 있는 범용소재 뿐만 아니라 구체적인 사용 목적을 가진 전용 재료들이 많이 개발되어 있다. 그러므로 최상의 제품을 제작하기 위해서는 장비의 선정뿐만 아니라 사용할 수 있는 재료에 대한 선택이 매우 중요하다.

표 13.1  3D 프린터에서의 적층 방식

| 적층방식 | 정의 |
| --- | --- |
| 압출<br>(extrusion) | 고온으로 가열한 재료를 다이스를 부착한 용기에 넣어 강한 압력을 가해서 구멍으로부터 압출하여 성형하는 방식 |
| 분사(jetting) | 고압의 액체 원료를 분출시키는 방식 |
| 광경화<br>(light polymerised) | 빛의 조사에 의해 광경화성 플라스틱에서 일어나는 중합반응을 이용하여 재료를 고형화하는 방식 |
| 파우더 소결<br>(granular sintering) | 분체를 융점 이하 또는 부분적인 용융이 일어날 정도로 가열하여 고형화하는 방식 |
| 에너지 직접 적층<br>(directed energy deposition) | 레이저, 이온빔 등의 에너지원을 활용. 재료를 완전히 녹여서 기존의 구조물 및 손상 부붐에 적층하는 방식 |
| 인발<br>(wire) | 끝이 좁은 다이스를 통해 생성된 실 형태의 폴리머 재료를 이용해서 이를 조형물 적층에 활용 |
| 시트접합<br>(sheet lamination) | 얇은 필름 모양의 재료를 접착제를 사용하거나 열접착방법으로 접착 시키는 방식 |

표 13.2  적층 방식과 재료에 따른 3D 프린팅의 구분

| 적층방식 / 재료 | | 폴리머(수지) | 폴리머, 금속 | 종이(필름) | 금 속 |
| --- | --- | --- | --- | --- | --- |
| 압출(extrusion) | | | FDM(FFF) | | |
| 분사<br>(jetting) | 재료 | MJM, Polyjet | | | |
| | 바인더 | 3DP(파우더) | | | |
| 광경화<br>(light polymerised) | | SLA, SLP | | | |
| 파우더 소결<br>(granular sintering) | | | SHS,SLS | | DLMS,SLM<br>EBM(티타늄전용) |
| 에너지 직접 적층<br>(directed energy deposition) | | | | | DMD(DMT) |
| 인발(wire) | | EBF$_3$ | | | |
| 시트접합<br>(sheet lamination) | | | | LOM | |

　　3D 프린팅은 적층 방식과 사용하는 재료에 따라 구분할 수 있다. 적층 방식에 따른 3D 프린팅의 종류는 압출, 잉크젯 방식의 분사, 광경화, 파우더 소결, 인발 및 시트 접합 등으로 나눌 수 있으며 이를 표 13.1에 나타내었다. 그리고 표 13.2

는 적층 방식과 사용하는 재료에 따른 3D 프린팅의 종류를 나타내었다. 사용 가능한 재료는 플라스틱, 금속, 종이, 목재 및 고무 등 매우 다양하다.

## (1) SLA 방식

SLA(stereo lithography apparatus) 방식은 그림 13.5에 나타낸 바와 같이 액상의 광경화성(光硬化性) 수지가 담긴 수조 안에 254 nm 파장을 가진 저전력·고밀도의 자외선(紫外線, UV) 레이저를 주사하여 아크릴 또는 에폭시 제품을 만든다. 이 제품은 상하로 움직이는 플랫폼 위에 만들어지는데 한 층의 조형이 끝나면 수조 안에서 플랫폼이 한층 두께 만큼 아래로 내려가고 블레이드 또는 리코터(recorter)에 의해 적절한 두께로 액상수지가 경화된 제품 위에 코팅된 후 다시 다음 층의 형상을 따라 레이저를 주사한다. 제품의 형상에 점차적으로 변화하는 오버행(overhang) 부분이 있어서 지지대 없이 제작이 가능하다. 그러나 천장과 같이 급격한 오버행 부분에는 제품 제작 중에 액체수지 속으로 무너지거나 휘어질 수 있기 때문에 지지대가 필요하다. 지지대는 얇고 가늘게 제작되어 성형 후 제거가 용이하도록 만들어진다. 그러나 지지대는 수작업으로 제거하여야 하며 최종 제품의 품질을 떨어뜨린다. 일반적으로 수평면 기준 약 30° 정도의 각도를 가지는 오버행은 지지대 없이 생성이 가능하지만 수지의 점도나 파트의 형상과 주변 환경에 따라 달라질 수 있다.

그림 13.6은 SLA 방식의 3D 프린팅 장비이고, 그림 13.7에는 SLA 방식을 이용하여 만든 다양한 제품을 나타내었다.

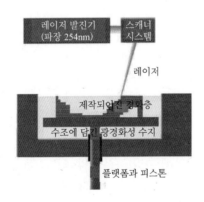

그림 13.5  SLA 방식의 구동원리

그림 13.6  SLA 방식의 3D 프린팅 장비 (Viper si2)

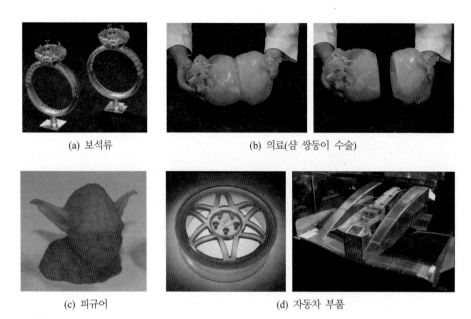

(a) 보석류　　　　　(b) 의료(샴 쌍둥이 수술)

(c) 피규어　　　　　(d) 자동차 부품

그림 13.7　**SLA 방식을 이용하여 제작한 프린팅 제품**

　광경화성 수지는 맹독성 화합물이어서 취급에 주의가 필요하다. 제품을 제작한 후 표면의 수지를 깨끗이 제거하여야 하며 알코올을 이용하여 세척 후 자외선 건조기에서 후경화(後硬化)를 시켜야 한다. 후경화를 하지 않을 경우 제품의 강도가 현저히 떨어지며 자연 상태에서 서서히 경화되어 제품의 변형이 발생할 수 있다.

　SLA 방식은 레이저를 사용하여 정밀도가 높으며 표면 조도가 우수하고, 중간 정도의 조형 속도로 가장 널리 쓰이는 방법이다. 한편 강도가 약하고 60℃ 이상의 온도에서 변형이 발생할 수 있으며, 사용할 수 있는 원료와 색상이 제한적이다.

## (2) SLS 방식

　SLS(selective laser sintering) 방식은 미국의 텍사스 대학에서 개발되었고 DTM사에서 상용화시켰다. 또한 독일의 EOS사에서는 EOSINT라는 레이저소결 (laser sintering) 기계를 상용화하였다. 그림 13.8에 나타낸 SLS 방식은 분말 재료를 제품의 윗면에 깔고 롤러를 이용하여 한 층의 높이로 평탄하게 정리한다. 그리고 $CO_2$ 레이저가 한층의 단면 형상에 정의된 지역을 따라 주사한다. 이때 레이저 에너지는 층과 층사이를 소결한다. 소결되지 않은 재료는 그 자리에 남아 지지대 역할을 한다. 한 층이 완성되면 플랫폼이 한 층의 두께만큼 아래로 내려가고 다시 새로운 층을 만들기 위해 분말이 채워진다. 작업이 끝나면 파트는 소결(燒結, sintering)되지 않고 지지대 역할을 한 재료를 분리해 낸다. 이 때 금속과 같이 비중량이 높은 물질을 사용할 경우 남은 분말이 지지대 역할을 충분하게 할 수 없으므로 별도의 금속 지지대가 생성되기도 한다. SLS 방식에서 사용되는 재료는 플라스틱, 왁스, 저용융점 금속합금, 수지가 도포된 금속분말 그리고 세라믹 등이 있다.

그림 13.9는 SLS 방식의 3D 프린팅 장비이고, 그림 13.10에는 이를 이용하여 만든 다양한 제품을 나타내었다. 특히 금속이나 세라믹 등의 재료를 이용하여 제작하는 3D 프린팅은 사출금형의 코어나 주조금형의 사형으로 사용되고 있다.

SLS 방식은 조형속도가 비교적 빠르며, 소결되지 않은 원재료 분말이 지지대 역할을 한다. 그리고 응용 분야 및 활용 가능 재료가 광범위하다. 그러나 재료가 고가이고, 금속 재료 활용시 후처리 공정이 필요하며, 다양한 원료를 사용함에 따라 가열 온도와 레이저 변수를 자주 조절해야 한다는 단점이 있다.

CO$_2$ 레이저
스캐닝 시스템
레벨링 롤러
파우더 베드
프린트 제작 챔버
파우더(재료) 공급장치

그림 13.8 SLS 방식의 구동원리

그림 13.9 SLS 방식의 3D 프린팅 장비 (ProX 500)

(a) 건축

(b) 패션(브라)

(c) 의료(치아)

그림 13.10 SLS 방식을 이용하여 제작한 프린팅 제품

## (3) FDM 방식

FDM(fused deposition modeling) 방식은 미국의 Stratasys사에서 개발하고 상용화하였다. FDM 방식의 구동은 그림 13.11에서와 같이 열가소성 수지 혹은 왁스 재질의 필라멘트를 가열된 노즐에 연속적으로 공급하면서 붙여나가는 방식이다. 산업용 장비의 경우 두 개의 노즐을 사용하는데, 하나는 제품의 재료를 분사하고 다른 하나는 지지대 재료를 분사한다. 재료는 사출헤드에 와이어처럼 공급되고 재료의 유동점보다 조금 높은 온도로 가열되어 분사된다. 그렇기 때문에 별도의 가열이나 냉각 공정이 필요 없으며 노즐을 빠져나온 재료는 곧바로 경화되어 제품이 된다. 따라서 오버행이 짧은 경우에는 지지대 없이도 조형이 가능하다. 그러나 일반적으로 지지대를 필요로 하며, 이 때 생성되는 지지대는 제거하기 쉽도록 얇은 벽으로 만들어진다.

그림 13.12는 FDM 방식의 3D 프린팅 장비이고, 그림 13.13에는 이를 이용하여 만든 다양한 제품을 나타내었다. FDM 방식에서는 재질이 매우 단단한 ABS 수지와 Wax 등을 사용할 수 있으며 수백 미터의 필라멘트가 감겨 있는 카트리지 형태로 제공되므로 관리 및 취급이 편리하다. 그리고 재료의 비용이 SLA와 같은 특수한 광경화성 수지를 사용하는 것에 비해 상대적으로 저렴하다. 또한 장비 가격과 유지보수 비용이 적으며, 다양한 소재를 적용할 수 있다. 특히 인체에 무해하며 냄새도 없어 사무실에서 사용할 수 있다는 장점이 있다. 또한 완성된 파트는 매우 견고하고 습기에도 강하다. 그러나 표면조도가 매우 나쁜데, 이는 사용되는 재료가 필라멘트 형태로 공급되므로 재료의 굵기에 직접 영향을 받

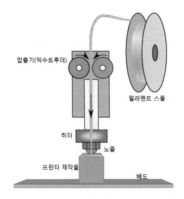

그림 13.11  FDM 방식의 구동원리

그림 13.12  FDM방식의 장비 (Fortus 900mc)

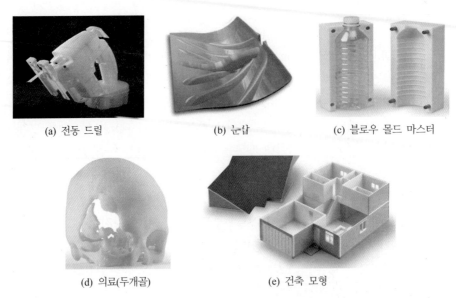

(a) 전동 드릴　　　　　(b) 눈삽　　　　　(c) 블로우 몰드 마스터

(d) 의료(두개골)　　　　　(e) 건축 모형

그림 13. 13　FDM 방식을 이용하여 제작한 프린팅 제품

기 때문이다. 그리고 경화시 소재의 흘러내림을 방지하기 위한 지지대가 필요하며 제작 속도가 매우 느린 단점이 있다.

### (4) SLM 방식

그림 13.14에 나타낸 SLM(selective laser melting) 방식은 SLS 방식과 유사하며 독일의 Fockele & Schwarze사와 ILT(Fraunhofer Institute for Laser Technique)이 1995년 공동으로 개발한 것이다. 이 방식의 특징은 10~30 $\mu$m 정도의 금속분말을 사용하여 직접 쾌속금형(快速金型)을 제작할 수 있는 것이다. 사용할 수 있는 재료는 스텐레스강, 공구강 및 알루미늄 등이다. SLM 방식은 일반적으로 SLS 공정에서 조형된 파트의 밀도를 높이기 위해 필요로 하는 후처리 공정이 필요없다. 이러한 파트는 CNC, EDM 등 전통적인 가공과 함께 표면 광택작업과 열처리 등도 가능하다. 도포된 금속 파우더에 선택적으로 고출력 레이저를 조사하여 용융시켜 적층하고 리코터(recoater)를 이용하여 금속 파우더 표면을 평탄화시킨다. 금속 파우더가 용융되는 동안 산화 방지를 위해 불활성(不活性) 가스를 챔버 내에 공급한다. 그림 13.15는 SLM 방식의 3D 프린팅 장비이고, 그림 13.16에는 이를 이용하여 만든 다양한 제품을 나타내었다.

SLM 방식의 장점은 복잡한 형상의 금속 제품 생산이 용이하며, 순금속 재질의 제품 제작이 가능하고, 열처리한 뒤 후공정이 필요없다는 것이다. 한편 단점으로는 가공정밀도와 표면 조도가 좋지 않으며, 후처리 시 미세한 가루가 비산하게 되고, 설비비가 비싸며 넓은 공간이 필요하다는 것이다.

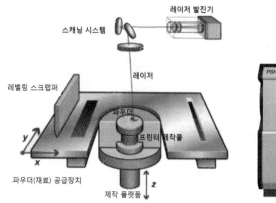

그림 13.14 SLM 방식의 구동원리

그림 13.15 SLM 방식의 장비 (PSH100)

(a) 항공기 관련

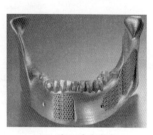

(b) 의료(하악관절)

(c) 금형

그림 13.16 SLM 방식을 이용하여 제작한 프린팅 제품

## (5) DLP 방식

DLP(digital light processing) 방식은 1999년 Perfactory System이라는 제품을 출시한 후 2002년에 상업화하였다. 그림 13.17에 나타낸 DLP 방식은 영화 상영이나 프레젠테이션에 사용되는 투영기에 사용되는 기술과 동일하다. 기존의 광경화성 수지에 레이저를 조사(照射)하여 조형하는 것과 유사하게 TEXAS Austin 대학에서 개발한 미세 거울 구조를 이용하여 광경화 수지를 선택적으로 조사함으로써 조형하는 공정이다. 이 공정의 핵심 기술은 0.01 mm×0.01 mm 크기의 거울이 전기적 신호에 따라 일정 각도로 틀어짐으로써 원하는 영역에 선택적으로 빛을 조사할 수 있는 점이다. 이 방식은 3D CAD로 설계된 3차원 솔리드 데이터를 각각의 그림 데이터(bitmap)로 전환하여 소프트웨어에서 디지털 마스크(digital mask)를 생성한 뒤 DLP 투영장치에서 고해상도의 프로젝션 광으로 광경화 수지(protopolymer resin)에 디지털 마스크 투영(digital mask projection)하여 모델을 조형하는 것이다. 소형 장비들은 모델이 글래스로 된 빌딩 플레이트에 거꾸로 매달린 상태로 출력되는 것이 특징이며 소음 발생이 거의 없다. 그러나 큰 제품은 똑바로 선체로 제작된다. DLP 투영장치가 상단에 있고 하단의 재료에 투사하는 방식이다. 이 방식의 장점은 3D 프린팅 기술 중에서도 가장 고정밀도의 제품 제작이 가능해 보석류, 보청기, 이어 쉘, 의료 및 바이오 메디컬, 치과분야 등 다방면에 적용되고 있다. 또한 표면조도가 양호하고 소음 발생이 적으며 비교적 조형 속도가 빠르다는 것이다. 한편 단점으로는 조형물의 크기가 작으며,

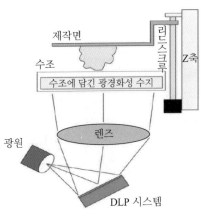
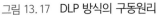

그림 13.17  DLP 방식의 구동원리          그림 13.18  DLP 방식의 3D 프린팅 장비(ULTRA)

(a) 보석류

(b) 의료(보청기)

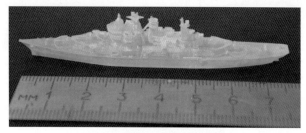

(c) 선박 미니어쳐 모형

그림 13. 19 DLP 방식을 이용하여 제작한 프린팅 제품

DLP 전용 수지를 사용해야 한다는 것이다.

그림 13.18은 DLP 방식의 3D 프린팅 장비이고, 그림 13.19는 이를 이용하여 만든 다양한 제품을 나타내었다.

### (6) 3DP 방식

그림 13.20에 나타낸 3DP(3 dimensional printing) 방식은 미국의 MIT에서 개발하고 Z Corporation사에서 상업화한 것으로서 SLS 방식과 마찬가지로 파우더를 결합시켜 조형하는 방식이다. 이 방식은 피스톤으로 아래로 내려가는 통 안에 파트를 조형한다. 세라믹, 녹말 또는 알루미나와 같은 분말이 통 위의 호퍼에서 공급되고 롤러가 평탄하게 면을 고른 다음 잉크젯 프린팅 헤드에서 접착제를 파트의 단면에 분사하여 결합시키는 방식이다. 조형이 끝난 후 결합되지 않은 부분의 분말을 털어내고 소결의 후처리 과정을 거쳐 파트가 완성된다. 이것이 SLS 방식과 가장 큰 차이점은 레이저를 이용하여 소결시키는 것이 아니라 잉크젯 헤드와 같은 수천 개의 헤드를 통해 접착제를 분사하여 제품을 만들어 낸다는 것이다. 그렇기 때문에 제작 속도가 매우 빠르며 접착제에 안료를 섞을 수

있어서 다양한 색상의 제품을 생산할 수 있으며 제작비용이 싸다는 장점이 있다.
재료로 녹말, 석고 등의 파우더를 사용하고 사무실에서 사용할 수 있도록 간편
하게 제작할 수 있다. 그러나 단점으로는 출력 후 별도의 분말 제거와 표면처리
가 필요하며, 접착제를 이용하기 때문에 제품의 강도가 직접 경화되는 제품에
비해 낮다.

그림 13.21은 3DP 방식의 3D 프린팅 장비이고, 그림 13.22는 이를 이용하여
만든 다양한 제품을 나타내었다.

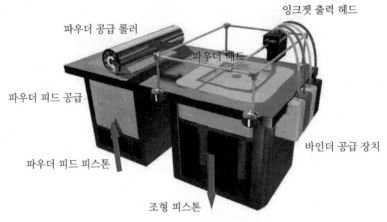

그림 13.20 **3DP 방식의 구동원리**

그림 13.21 **3DP 방식의 장비(VX500)**

(a) 피스톤  (b) 의료분야(두개골)  (c) 완구류

그림 13.22  3DP 방식을 이용하여 제작한 프린팅 제품

## (7) MJM 방식

그림 13.23에 나타낸 MJM(multi jet modeling) 방식은 잉크젯 헤드를 사용하며 부대시설 없이 간편한 조작으로 쉽게 파트를 만든다는 개념으로 개발된 것이다. 3DP와 같이 잉크젯 헤드와 같은 구조를 사용하지만 접착제를 도포하는 것이 아니라 소재를 도포하고 열 또는 자외선을 이용하여 경화시키는 차이점이 있다. 일반 네트워크 프린터를 사용하는 것과 같이 제작할 수 있어서 3DP 방식과 같이 분류하기도 한다. SLA의 경우 레이저의 초점을 이동하며 미소면적을 한 층씩 경화시켜 가지만 MJM 방식은 프린터 헤드를 통해 한 면 전체에 해당하는 영역을 액체수지로 분무한 후 UV 램프를 이용하여 한꺼번에 경화시킨다.

MJM 방식은 thermal phase change inkjets과 photopolymer phase change inkjets의 두 종류가 있다. 그림 13.24에 MJM방식의 3D 프린팅 장비를, 그리고 그림 13.25에는 MJM방식을 이용하여 제작한 프린팅 제품을 나타내었다.

### ① thermal phase change inkjets

이것은 열경화성 수지를 사용하는 MJM 공정으로서 3D System 사에서 개발한 잉크젯 방식의 3D 프린팅인 다중제트분사(thermojet) 방식이다. 이 방식은 수십 또는 수백 개의 분사노즐을 사용하여 저용융점 열가소성재료를 동시에 분사하고 고온의 소재를 경화시켜 각 층을 쌓아 파트를 조형한다. 같은 재료를 사용하는 지지대는 얇고 바늘 같은 형태로 동시에 조형한다.

### ② photopolymer phase change inkjets

이 방식은 thermal phase change inkjets 방식과 같이 잉크젯 프린터 방식처럼

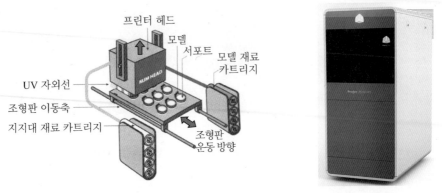

그림 13.23  MJM 방식의 구동원리        그림 13.24  MJM방식의 장비 (Projet 1500)

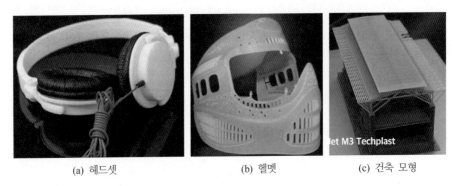

(a) 헤드셋              (b) 헬멧              (c) 건축 모형

그림 13.25  MJM방식을 이용하여 제작한 프린팅 제품


프린터 헤드에서 재료를 제트 분사하지만 thermal phase change inkjets의 경우 열가소성 재료를 사용하는데 반해 본 공정은 SLA와 같이 자외선을 이용한 액체 수지의 광경화 작용을 이용한다는 데 차이점이 있다. 재료를 노즐에 의해 분사한 후 자외선을 조사하여 각 층을 경화시켜 시제품을 제작하게 된다.

MJM 방식의 장점은 정밀도가 매우 높으며 미려한 표면을 얻을 수 있고, 투명한 제품을 만들 수 있다. 또한 제작 속도가 빠르며 유지보수가 간편하다는 것이다. 한편 단점은 광경화성 재료로 한정되며, 지지대의 생성량이 많아져서 광경화 수지의 낭비가 많다. 그리고 강도가 약하며 65℃ 이상의 온도에서 변형이 발생할 수 있다는 것이다.

## (8) 폴리젯 방식

폴리젯(polyjet) 3D 프린팅 방식은 잉크젯 프린팅과 유사하지만 폴리젯 방식은 그림 13.26과 같이 종이에 잉크 방울을 분사하는 대신 조형 트레이에 경화되는 액상 포토폴리머를 분사한다. 소프트웨어가 3D CAD 파일에서 포토폴리머와 지지대의 배치를 자동으로 계산한 후 계산한 파일을 3D 프린터가 미세한 크기의 액상 포토폴리머를 분사하고 즉시 자외선으로 경화시킨다. 조형 트레이에 얇은 레이어들이 쌓여 정밀한 3D 모형이나 파트가 만들어지게 된다. 돌출부나 복잡한 모양으로 인해 지지대가 필요할 경우 3D 프린터가 제거 가능한 젤리(jelly) 타입의 지지대 재료를 분사한다. 지지대는 사용자가 손이나 물로 쉽게 제거한다. 모형 및 파트는 별도의 후경화 없이 3D 프린터에서 바로 꺼내 사용할 수 있는 특징이 있다. 이스라엘의 Objet에서 개발하였는데, 이후 미국의 Stratasys사에 인수되었다.

여러 가지 재료를 동시에 분사하므로 다양한 특성과 색상까지 3D 프린팅 모델 및 부품에 통합할 수 있다. 2가지 또는 3가지 재료를 혼합하여 독특하고 반복 가능한 특성을 가진 복합 디지털 재료를 만들 수 있다. 고무 재료를 여러 가지 색상과 혼합하여 최종 제품의 외관과 느낌이 유사한, 생동감과 유연성이 있는 시제품 제작이 가능하다. 수백 가지에 이르는 디지털 재료를 조합하고 다양한 색상을 선택할 수 있는 폴리젯 기술을 활용하면 다른 3D 프린팅 방식에 비해 시제품의 미적 요소를 더 사실적으로 표현할 수 있다.

그림 13.27에 폴리젯 방식의 3D 프린팅 장비를, 그리고 그림 13.28에는 이를 이용하여 제작한 프린팅 제품을 나타내었다.

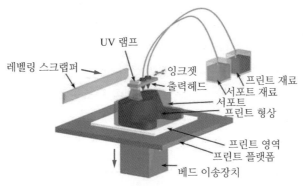

그림 13.26 폴리젯 방식의 구동원리

그림 13.27　폴리젯 방식의 장비(Dimension 1200es)

(a) 헤드셋

(b) 마우스

그림 13.28　폴리젯 방식을 이용하여 제작한 프린팅 제품

　　폴리젯방식의 장점은 미적 요소를 갖춘 시제품을 만들 수 있으며, 복잡한 형상과 매끄러운 표면 제작이 가능할 뿐 아니라 다양한 색상 및 재료의 특성을 하나의 모델로 결합할 수 있지만, 설비비 및 유지보수 비용이 비싸다는 단점이 있다.

## (9) EBM 방식

　　그림 13.29에 나타낸 EBM(electron beam melting) 방식은 SLS 및 SLM 방식과 유사하지만 전자 빔을 광원으로 사용한다는 것이 차이가 있다. 플랫폼 위에 금속 분말을 도포하고 전자 빔에 의해 원하는 형상을 조형하면 금속분말이 용융된다. 이 후 플랫폼이 하강되고 금속 분말을 다음 층에 도포하여 제품이 완성될 때까지 반복한다. 전자빔 용해는 플랫폼지지 구조물, 앵커부 및 돌출 구조가 필요하다. 그리고 부품은 진공 상태에서 제작된다.

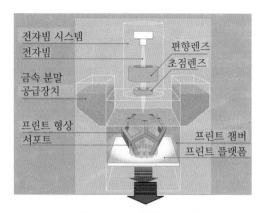

그림 13. 29 EBM 방식의 구동원리

그림 13. 30 EBM 방식의 장비(PSH100)

(a) 의료(두개골)

(b) 의료(무릎인공관절)

(c) 자동차(엔진부품)

그림 13. 31 EBM 방식을 이용하여 제작한 프린팅 제품

그림 13.30에 EBM 방식의 3D 프린팅 장비를, 그리고 그림 13.31에는 이를 이용하여 제작한 프린팅 제품을 나타내었다.

EBM 방식의 장점은 제품의 공극률이 낮고 밀도가 높아서 강도가 매우 우수하며, 산소와 반응성이 높은 티타늄 같은 금속의 가공에 적합할뿐만 아니라 제작 속도가 매우 빠르다는 것이다. 단점으로는 장비 가격이 비싸다는 것이다.

### (10) DMD 방식

DMD(direct metal deposition) 방식은 고출력 레이저 빔을 이용하여 금속 분말을 녹여 붙이는 방식을 통해, 3차원 CAD 데이터로부터 직접 금속 제품과 금형 등을 빠른 시간 내에 제작할 수 있는 새로운 개념의 레이저 금속 성형 기술이며, 이를 그림 13.32에 나타내었다. 저렴한 일반 산업용 금속 분말을 사용하고, 조형 과정에서 금속 분말을 실시간으로 공급한다. 그리고 레이저 빔의 조사로 금속

분말이 완전히 용융된 후 급속 응고되기 때문에 매우 치밀하고 미세한 조직의 금속 제품이 만들어지며, 제품의 물성은 단조재와 동일하거나 더 우수하다. 3D CAD 모델을 일정한 두께로 슬라이싱(slicing)하고, 이로부터 산출된 2차원의 단면을 물리적으로 한층씩 쌓아 올려 3차원 형상을 만든다. 고출력 레이저 빔을 금속 표면에 국부적으로 조사하면 순간적으로 금속표면에 용융 풀(melting pool)이 생성되고, 동시에 용융 풀 안으로 정밀하게 제어되는 금속 분말을 실시간에 공급한다. 금속 분말은 용융 풀에서 완전 용융과 급속 응고 과정을 거치게 되는데, 이때 레이저 빔과 금속 시편을 3D CAD 모델로부터 산출된 공구 경로에 따라 전후 좌우로 이동시켜 2차원 단면에 해당하는 금속 층을 만든다.

그림 13.33에 DMD 방식의 3D 프린팅 장비를, 그리고 그림 13.34에는 이를 이용하여 제작한 프린팅 제품을 나타내었다.

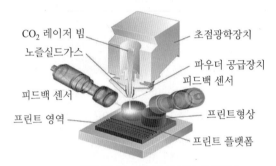

그림 13.32   DMD 방식의 구동원리

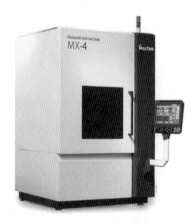

그림 13.33   DMD 방식의 방식 장비(MX-4)

(a) 임펠라                                                        (b) 6면체

그림 13.34   DMD 방식을 이용하여 제작한 프린팅 제품

DMD 방식의 장점은 일반 금속분말을 사용할 수 있으며 레이저 빔을 이용하여 우수한 제품을 얻을 수 있다는 것이며, 단점으로는 표면 조도가 양호하지 않고, 장비가 고가이다.

## (11) LOM 방식

그림 13.35에 나타낸 LOM(laminated object manufacturing) 방식은 칼날 또는 $CO_2$ 레이저에 의해 물체의 단면형상으로 종이를 절단하여 쌓는 것이다. 이 종이는 롤러에서 풀려 나와 레이저나 칼날을 사용하여 재단된 후 층층이 쌓여 가열된 롤러에 의해 접착된다. 롤러는 바닥면이 코팅되어 있는 접착제를 녹여 각 층의 종이를 접착한다. X-Y평면을 움직이는 광학시스템에 의해 단면정보에 따라 레이저가 움직인다. 이 방식은 종이가 타면서 연기를 발생시키므로 배기 및 정화장치가 필요하며 챔버는 밀폐되어야 한다. LOM 방식은 단지 형상의 외곽선만 자르면 되기 때문에 조형 속도가 빠른 장점이 있다. 그리고 오버행과 언더컷을 자체적으로 지지하는 구조이다. 재료는 각 층의 형상대로 재단된 다음 단면을 포함하는 넓은 면적으로 롤러에서 잘려진다. 제품 이외의 부분은 성형 후에 제거하며 특히 속이 빈 형상의 경우나 언더컷 또는 요철부분의 제거가 매우 어렵다. 성형 후의 정밀도는 다른 방식에 비해 다소 떨어진다.

그림 13.36에 LOM 방식의 3D 프린팅 장비를, 그리고 그림 13.37에는 이를 이용하여 제작한 프린팅 제품을 나타내었다. LOM 방식의 장점은 제품의 제작비가 매우 싸며 후가공이 필요 없고, 목재를 사용할 수 있으며 대형 제품의 제작이 가능하다는 것이다. 한편 단점으로는 가공정밀도와 내구성, 그리고 표면조도가 좋지 않고, 투명 재질이나 유연성 재료의 선택이 어렵다는 것이다.

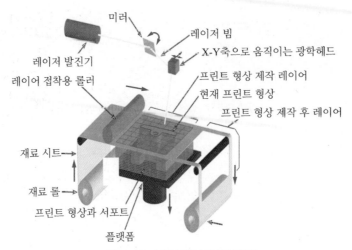

미러

레이저 빔

X-Y축으로 움직이는 광학헤드

레이저 발진기

레이어 접착용 롤러

프린트 형상 제작 레이어

현재 프린트 형상

프린트 형상 제작 후 레이어

재료 시트→

재료 롤→

프린트 형상과 서포트

플랫폼

그림 13.35 LOM 방식의 구동원리

그림 13.36 LOM 방식의 장비(PSH100)

(a) 자동차 엔진

(b) 완구

(c) 건축

(d) 디자인

그림 13.37 LOM 방식을 이용하여 제작한 프린팅 제품

## 13.2.2 3D 프린터의 재료

3D 프린팅은 조형속도가 느리며 표면 해상도 및 가공재료의 제한, 그리고 큰 제품을 제작하는데 어려움이 있다. 수직으로 1인치를 인쇄하는 데에 수 시간이 소요되지만 모형제작에는 충분하다. 그러나 대량생산에는 재료비와 인건비 등 고비용의 문제를 내포하고 있다.

3D 프린팅에 이용되는 소재로는 플라스틱과 금속이 주로 사용되고 있으나, 비싼 소재 가격이 사용 확대의 큰 걸림돌이다. 3D 프린팅의 한계로 지적되는 제조 시간, 해상도, 강도 및 표면 특성 등의 문제는 프린터와 소재가 결합된 문제로 볼 수 있다. 그러나 기술 개발에 따라 거의 모든 종류의 소재가 3D 프린터 소재로 활용 가능하다. 플라스틱과 금속 이외에 파우더, 왁스, 고무, 종이, 목재, 유리, 세라믹 및 나일론 등이 사용되고 있다.

그림 13.38에는 3D 프린터에 사용되는 여러 가지 재료와 이에 따른 제품을 나타내었다. 그리고 표 13.3에는 재료의 종류별 특성을 요약하여 나타내었다.

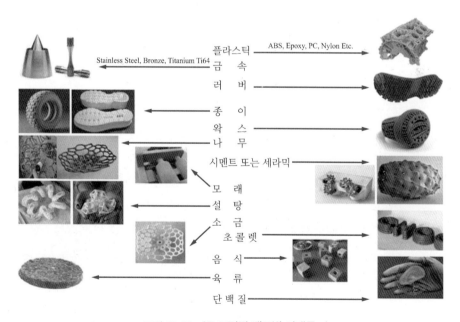

그림 13. 38  3D 프린팅 재료별 시제품

## (1) 플라스틱

ABS 재료는 개인용 3D 프린터 분야에서 가장 많이 사용하는 재료이다. 그 이유는 강도, 열에 대한 내구성, 가격 등 측면에서 다른 어떤 재료보다 유리하다. 단점으로는 열수축 현상 때문에 PLA 재료보다 정밀한 조형이 어렵다는 것이다. 최근 Stratasys사의 3D 프린터 구현 기술인 FDM(fused desposition modeling) 방식 20년 보호기간 특허가 만료되어, FDM 기술을 적용한 많은 저가형 3D 프린터가 국내외에서 생산되고 있다. 재료의 녹는 온도는 210~260℃이고 적층 두께는 0.1 mm 이상이며, 치수정밀도는 0.2~0.5 mm 정도이다. 저가형 개인용 FDM 방식 3D 프린터에 가장 많이 사용되는 재료이다.

ABS Like재료는 3D Systems사에서 잉크젯 적층방식(MJM, multi jet modeling)에 사용되는 재료인데 ABS 성질을 가지면서 아주 우수한 정밀도 특히 표면조도가 가장 우수하다. 전문가용 목업(mock up) 제품 제작에 적용하면 좋은 결과를 얻을 수 있다. 단점은 재료 단가가 높다. 적층 두께는 0.016 mm까지 가능하며, 후처리가 필요 없을 정도로 우수한 표면조도를 나타내며 치수정밀도는 0.025~0.05 mm 정도이다.

PLA 재료는 개인용 3D 프린터 분야에서 많이 사용하는 재료이다. 녹는점이 낮고 굳을 때 열수축 현상이 없는 것이 장점이지만, 내구성이 좋지 않고 가격이 비싼 단점이 있다. 재료의 녹는 온도는 180~230℃이고, 적층 두께는 0.1 mm 이상이며, 치수정밀도는 0.2 mm~0.5 mm 정도이다.

아크릴재료는 3D Systems사에서 잉크젯 적층방식(MJM)에서 사용되는 재료인데 우수한 정밀도를 가지고 있으며, 일반적으로 가전제품 등 전문가용 목업 제품 개발에 적용하면 좋다. 적층 두께는 0.016 mm까지 가능하며, 후처리가 필요 없을 정도로 우수한 표면조도를 가지며 치수정밀도는 0.025~0.05 mm 정도이다.

PC 재료는 인장강도와 온도 등에 대한 내구성이 높아서 대량생산하는 제품에 적합한 재료이다. 재료의 녹는 온도는 270~300℃이고, 재료가 매우 비싸다.

## (2) 금속

ExOne사의 ProMetal은 금속분말 재료를 사용하여 조형물을 만들 수 있다. ProMetal 장비는 스텐레스, 동(bronze), 공구강 및 금(gold) 등을 사용하여 3D 프린팅 작업을 수행한다. 적층 두께는 0.05~0.2 mm이고 재료 단가가 비싼 것이

흠이다. 독일 MCP사의 SLM RP는 일루미늄, 코발트크롬 등의 금속 재료를 이용하여 제품을 찍어낼 수 있다. 유럽의 BeAM사가 개발한 magic LF6000은 항공, 국방 및 원자력 분야에서 손상되거나 변형된 부분의 형상 추가와 수리에 적합한 장점을 지녔다.

표 13.3 3D 프린터용 재료의 종류별 특성

| 종류 | | 특성 |
|---|---|---|
| 플라스틱 | ABS<br>플라스틱<br>합성수지 | • 향후 개인용 3D 프린터 분야에서 일반인이 가장 많이 사용할 것으로 예상<br>• 강도, 영 내구성, 가격 측면에서 유리<br>• 정밀도에서 약점 |
| | ABS Like | • 3D Systems사가 잉크젯 적층방식에서 사용<br>• ABS 성질을 가지면서 정밀도, 표면조도 탁월 |
| | PLA | • 녹는점이 낮고, 열 수축 현상이 적음. 내구성, 가격면에서 약점 |
| | 아크릴 | • 3D Systems사가 잉크젯 적층 방식(MJM)에서 사용<br>• 정밀도 탁월. 강도와 온도에서 약점 |
| | PC | • 열가소성플라스틱. 강한 충격방지 가능한 소재<br>• 치수 안정적. 고온에서 변형이 없음. 높은 장력, 유연성, 높은 강성 |
| 금속 | | • ProMetal에서 사용 재료 → Stainless Steel, Bronze, Tool Steel, Gold<br>• 독일 MCP 사의 SLM → 알루미늄, 코발트크롬 등 금속재료 사용 제품제작 가능<br>• 수년 내에 자동차와 항공기, 선박 부품 등의 대량 생산 가능 전망<br>• CNC 기계 사용 분야는 SLS 방식 3D 프린터로 적용 가능 → 대량 생산 가능 예상 |
| 파우더 | | • 접착제를 잉크젯 프린터처럼 분사하여 파우더를 붙이면서 조형물을 완성<br>• 강도는 약하지만 컬러 구현 가능<br>• 적층 두께 : 0.09∼0.1 mm |
| 왁스 | | • 보석, 치과용 보철, 의료기기 분야에 응용 가능<br>• 적층 두께 : 0.076 mm |
| 고무 | | • 옅은 황백색의 미세한 알갱이 파우더 강도가 우수하고 유연하며 내구도가 있는 소재<br>• 마찰 내성을 가지며 세밀한 재현 어려움<br>• 모래와 알갱이 모습을 띠는 것이 특징<br>• 국내 캐리마 업체는 DLP 방식을 채용한 Rubber like 수지 사용<br>• 선택적 레이저소결(SLS) 공법에서 사용 |
| 나무 | | • 나무(톱밥)와 복합재료를 조합하여 FDM 방식으로 사용 가능 → 인테리어에 적합<br>• 40% 정도의 재활용 목재를 사용, 무공해 화학재로 접착 사용<br>• 버클리 대학에서 프린팅 비용 절감 목표로 나무와 소금 같은 자연자원을 사용 |

(계속)

| 종류 | 특성 |
|---|---|
| 종이 | • 엠코 테크놀로지의 3D 프린터는 종이를 사용, 조형물 제작<br>• 강도는 나무재질 정도 되며 드릴로 구멍을 뚫는 작업 가능 |
| 유리 | • ExOne사의 ProMetal은 100% 재사용 가능한 'soda-lime glass' 유리 재료로 조형물 생산 지원 |
| 세라믹 | • 600℃ 열에 견디며 재활용 가능. 현재 소재 가운데 유일한 식품안전 소재<br>• Z Corp. 프린팅 테크놀로지는 세라믹으로 디자인 만드는데 사용 |
| 나일론 | • SLS 방식을 이용 나일론 재료를 사용하여 월등한 강도와 내열성이 좋은 샘플 제작 가능 |

### (3) 파우더

파우더(powder)를 사용하는 방식은 접착제를 잉크젯 프린터처럼 분사하여 파우더를 붙이면서 조형물을 완성한다. 강도는 약하지만 컬러 잉크를 분사하여 작업을 할 수 있기 때문에 컬러를 구현할 수 있다. 3D Systems사의 Zprinter는 파우더 재료를 사용하여 다른 3D 프린터 방식보다 5~10배 빠른 파트 생산 능력을 가지고 있고, 특히 5 head(클리어컬러, 청록색, 자홍색, 노란색, 검정색)를 채용하여 최고 수십만가지 컬러 조합으로 색상을 표현할 수 있다. 적층 두께는 0.09~0.1 mm 정도이고 해상도는 600×540 dpi 이다. 최근 600만 컬러를 지원하는 제품이 출시되었다.

### (4) 왁스

Solidscape사의 3D 패턴마스터는 보석, 치과용 보철, 의료기기 등의 분야에 응용 가능하다. 왁스 마스터 패턴 생산 방식으로 대응이 가능하다. 적층 두께는 0.025~0.076 mm 정도이다. 3D Systems사에서는 MJM 기술을 사용하여 적층 두께를 0.016 mm까지 가능한 100% RealWax 패턴을 통해 주조 제작이 가능하게 되었다.

### (5) 고무

국내 캐리마 업체는 DLP(digital light processing) 방식을 채용한 Rubber Like (고무 느낌의 연성재질) 수지를 사용한다. 스타라타시스사의 Polyjet/Polyjet

Matrix 방식을 적용한 Rubber-Like 수지를 사용하는 제품도 있다.

## (6) 나무

일반적으로 나무(톱밥)과 복합재료를 조합해서 FDM(FFF) 방식으로 제품을 만들 수 있다. 저가형 가정용 3D 프린터 중 노즐이 0.5 mm 이상이면 사용할 수 있으며, 노즐 직경이 너무 작으면 재료 특성상 출력도중에 막힐 수 있으므로 주의해야 한다. 재질이 나무이므로 나무의 냄새와 질감을 살릴 수 있는 것이 특징이다. 재료가격은 ABS나 PLA보다 비싸다.

## (7) 종이

엠코 테크놀로지가 개발한 아이리스 3D 프린터는 종이를 사용하여 조형물을 제작할 수 있다. 강도가 나무재질 정도되며 드릴로 구멍을 뚫는 작업도 가능하므로 제품 제작으로 부족함이 없다. LOM 방식은 정밀도가 나쁘지만 종이 재료를 사용한 제품은 정밀도가 우수하다. 이유는 X/Y축이 0.012 mm, Z 축은 A4 종이 두께인 0.1 mm이고, 자른(절단) 면은 0.02 mm 정밀도를 가지기 때문이다. 간단한 후처리를 거치면 ABS 플라스틱 강도를 유지할 수 있다. A4 종이 재료를 사용하므로 친환경적이고 재료비가 타 3D 프린터 방식보다 훨씬 적게 소요되는 큰 장점이 있다.

## (8) 유리

ExOne사의 ProMetal은 금속분말 재료를 사용하는 것과 같은 방식으로 100% 재사용 가능한 "soda-lime glass" 유리 재료로 제품을 만들 수 있다. 온도 1200도까지 처리할 수 있어야 하며, 현재는 투명한 유리 재료로 제품을 만드는 것은 불가능하다.

## (9) 세라믹

Lithoz사에서 개발된 LCM 공정은 대량 생산에서 사용되는 세라믹 물질을 사용할 뿐만 아니라 파트의 정밀도 및 강도를 보장한다. LCM 공정은 세라믹 입자 기반 감광성 수지의 선택적 건조 기술과 LED 광원 소스를 채용한다. Lithoz사의

CeraFab 7500 사양은 635 dpi 해상도, 25~100 um 적층 두께로 파트를 완성한다.

## (10) 나일론

3D Systems사의 SLS 방식의 장비는 나일론 재료를 사용하여 우수한 강도와 내열성이 130℃까지 견디는 샘플을 제작하였다. 강도와 내열성을 개선하여 저변 확대를 위해서는 나일론과 유리 재질을 혼합해서 사용하는 저가의 재료를 개발할 필요가 있다.

1. 3D 프린팅의 공정을 순서대로 설명하라.

2. 3D 프린팅의 특징을 설명하라.

3. 3D 프린팅의 종류를 열거하고 설명하라.

4. 3D 프린팅을 적층방식과 사용하는 재료에 따라 분류하고 설명하라.

5. 폴리머 수지를 사용하는 3D 프린팅의 종류를 열거하고 각각을 간단하게 설명하라.

6. SLA 방식, SLS 방식 및 FDM 방식의 적층원리를 설명하고 각각의 특징을 설명하라.

7. 3DP방식과 MJM방식의 차이점을 설명하라.

8. 3D 프린터에 사용되는 재료의 종류를 열거하고 각각의 특성을 설명하라.

9. 3D 프린터에 사용되는 플라스틱계 재료의 종류를 열거하고 각각의 특성을 설명하라.

# 14

# 마이크로가공 공작기계

마이크로가공 공작기계는 다양한 에너지원을 이용하여 3차원 마이크로/나노 구조체를 가공할 수 있는 기계로 센서, 마이크로 부품, 디스플레이 등 IT산업 및 정밀 제조업 분야의 고부가가치 제품을 생산하는 주요 장비이다. 이 장에서는 마이크로 가공기술 및 가공장비의 종류 등에 대해 살펴보고, 마이크로가공용 공작기계의 목표정도를 얻기 위한 요소부품 및 시스템 설계 방법에 대해 상대정확도를 기준으로 설명한다.

## 14.1 마이크로가공 공작기계 기술의 개요

마이크로가공용 공작기계는 마이크로형상을 가진 소형제품(micro parts with micro structure)과 마이크로형상을 가진 중대형제품(macro parts with micro structure)을 가공하는 크게 두 가지로 나누어 볼 수 있다.

전자는 제품크기가 수 mm에서 수십 mm 정도의 초소형 크기이며, 표면 구조물 형상이 수십 $\mu$m 이하인 제품으로 소형 기계부품 및 MEMS 공정을 통한 센서, 스위치 등이 해당된다. 크기가 작아 가공할 때 공작물을 고정하고 이동 등에 어려움이 있는 제품군이다. 이러한 초미세가공(超微細加工) 마이크로 소형제품은 1990년대에 들어서 많은 기업들이 다양한 모델로 생산하고 있으며 의료, 자동차, 공정 제어 등 다양한 산업 분야에 걸쳐 사용된다. 2000년 이후 잉크 젯 헤드 노즐은 연간 수억 개, 자동차용 에어백 가속도계 센서는 연간 수천만 개 이상이 생산되기에 이르렀다.

마이크로 구조체 소형부품의 정밀가공(精密加工)을 위해서는 다양한 가공 기술이 적용될 수 있다. 즉, 노광, 에칭, 증착기술이 조합된 반도체 공정기술과 X-ray 노광, 전착, 몰딩기술이 조합된 LIGA공정기술 등이 있고, 레이저, 전자·이온빔 등에 의한 고 에너지 빔가공과 WEDM, 방전가공기술이 조합된 EDM(electro-discharge machining)가공 등이 있다. 또한 레이저 빔을 이용하여 국부적으로 레진을 용융하는 광성형(photo-forming), 폴리머 레진이나 분말금속을 사출하여 성형하는 사출성형(射出成形, injection molding), 미소한 절삭 공구를 이용한 마이크로 기계 가공 방식, 전해 화학 가공, AFM을 이용한 나노가공 등 다양하게 적용하고 있다. 그림 14.1은 다양한 마이크로/나노가공 방법에 따른 가공영역을 보여준다.

후자는 제품의 크기가 수십 mm 이상에서 수 m 크기의 표면에 수 $\mu$m에서 수백 $\mu$m 정도의 마이크로 형상을 가진 제품으로 디스플레이용 백라이트 제품, 초고휘도 반사필름 등이다. 중대형 제품에 대한 마이크로가공은 공작기계 정밀 메카니즘 분류 체계의 초정밀 공작기계에서 마이크로 기계가공 또는 전기 화학적인 방법과 고 에너지빔 가공기술 등이 이용된다. 이러한 가공장비 및 주변 운용 설비의 경우 고가이며 요구 기술수준 또한 높다. 장비로는 반도체공정장비, 전자빔 또는 이온빔 가공장비, 초정밀 금형가공기, 초정밀 롤선반 등이 있다.

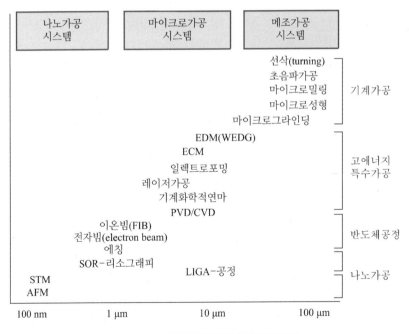

그림 14.1 마이크로가공기술의 영역비교

산업계에서 마이크로가공의 대부분은 단결정 실리콘 기판 위의 포토 리소그래피를 기반으로 한 반도체 공정 또는 MEMS공정에서 볼 수 있는데, 이는 포토리소그래피와 에칭 기술에 기초한 방법으로 초미세 형상을 대량으로 가공한다. 이 공정들은 마이크로 기계구조물과 동력전달 구동회로, 측정회로 등의 전자회로를 동시에 만들 수 있는 이점을 가지고 있으나 평탄한 2차원적 구조물 이외는 제작이 어렵다는 문제점을 가진다.

3차원 마이크로구조물 형상을 자유로이 가공할 수 있는 방법으로는 절삭, 연삭으로 대표되는 기계가공법을 마이크로가공에 사용하는 것이다. 기계가공법은 일반적으로 절삭력이 크고 공구의 초소형화가 어려워 미세한 마이크로 구조체 가공에는 쉽지 않은 가공법으로 생각되어 왔다. 그러나 근래의 초정밀절삭, 연삭 가공기술은 초정밀 위치제어, 나노미터 계측, 초미세가공용 공구의 개발 등으로 서브마이크론 정밀도의 가공을 할 수 있는 수준에까지 도달한다. 특히 비구면 렌즈 등의 초정밀 경면가공을 필요로 하는 분야에서 nm 레벨의 계측기술이 결합된 초정밀가공기가 상용화되고 있으며, 단결정(單結晶) 다이아몬드공구를 이용한 마이크로 구조체 제작이 이루어지고 있다. 이와 같이 초정밀가공기에 의한 초미세가공은 절삭가공에 그치지 않고 연삭가공, 소성가공, 고 에너지 빔가공 등에서도 실현 가능하여 이들을 총칭하여 초미세 마이크로가공이라고 부르고 있

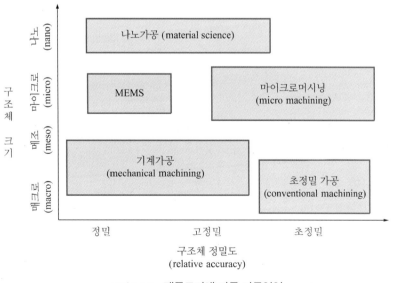

그림 14.2  제품크기에 따른 가공영역

다. 또한 기계가공이 본래 가지고 있던 특징인 금속, 플라스틱, 유리, 세라믹 등의 여러 가지 재료의 가공을 할 수 있는 이점을 마이크로 가공에 활용할 수 있게 되었다.

그림 14.2는 가공된 구조체의 크기와 가공정밀도를 가공기술 체계로 나누어 나타낸 것이다. 제품을 제작할 때 가공할 구조체의 크기가 마이크로, 나노영역으로 작아질수록 제품의 크기 대비 구조체의 가공 정밀도가 중요하게 된다. 일반적으로 마이크로가공은 구조체의 크기가 마이크로 형상을 가진 것으로 제품크기 대비 가공정밀도는 고정밀 이상 초정밀 상대정확도(相對正確度, relative accuracy)를 가진다. 초정밀가공은 제품의 형상정밀도가 초정밀급으로 가공하는 것으로 가공된 구조체의 크기는 메조 또는 매크로 형상을 가지고 있어 상대 정확도는 높게 된다.

## 14.2 마이크로가공 기술 분류

마이크로가공기술은 마이크로 형상을 원 소재로부터 만들어 내는 공정으로 기계적 마이크로 가공기술, 전기 – 물리적 및 화학적 마이크로 가공기술과 에너지빔 이용 마이크로 가공기술로 구분되어 질 수 있다. 이와 관련된 각 분류의 기술 체계를 표 14.1에 나타내었다.

표 14.1 **마이크로가공기술 분류**

| 기계적 마이크로 가공기술 | 전기 – 물리적 및 화학적 마이크로 가공기술 | 에어지빔 이용 마이크로 가공기술 |
|---|---|---|
| • 마이크로 선삭 가공기술<br>• 마이크로 드릴링 가공기술<br>• 마이크로 밀링 가공기술<br>• 복합 마이크로 가공기술<br>• 입자 제트 가공기술<br>• 초정밀 선삭 가공기술<br>• 초정밀 드릴링 가공기술<br>• 초정밀 밀링 가공기술<br>• 초정밀 연삭 가공기술<br>• 초정밀 복합 가공기술<br>• 기타 | • 와이어 방전 가공기술<br>• 형조방전 가공기술<br>• 방전 연삭 가공기술<br>• 연속 전해 드레싱 기술<br>• 전해 가공기술<br>• 화학적 기계 연마 가공기술<br>• 전해 연마 가공기술<br>• 화학적 밀링 가공기술 | • 레이저 가공기술<br>• 이온빔 가공기술<br>• 전자빔 가공기술<br>• 플라즈마 가공기술 |

기계적 마이크로가공(mechanical micromachining)은 공구와 시편과의 직접 접촉에 의한 재료 제거 방식으로 가공 정밀도 및 가공 제거량 측면에서 특성이 우수하다. 전기–물리적 및 화학적 마이크로 가공(electro-physical and chemical micromachining)은 물리적 기계가공 기술에 의한 미세형상 가공기술의 단점을 보완하기 위해 전기적 에너지와 물리적 에너지를 결합하거나 전기적 에너지에 화학적 에너지를 결합하여 보다 효과적인 마이크로 가공이 가능하도록 한 것이다. 에너지빔 이용 마이크로 가공(energetic beam micromachining technology)은 광자, 이온, 전자 및 중성자 상태의 빔을 이용하여 보다 정밀하고 크기가 초미세한 형상을 가공한다.

## 14.2.1 기계적 마이크로가공 기술의 특징

- 일반적으로 공작물에 3D형상에 따른 공구경로를 생성하여 직접적인 접촉으로 원하는 형상을 생성한다.
- 상대적으로 높은 재료 제거량과 다양한 재료의 적용이 가능하다.
- 가공장비 및 요소부품은 소형화, 초정밀화, 복합 다기능화 그리고 환경 친화적으로 진행되고 있다.
- 공구의 소형화에 대한 문제로 인해 마이크로 형상 크기를 크게 줄일 수 없다는 단점이 있다.

## 14.2.2 전기 물리-화학적 마이크로가공 기술의 특징

- 일반적으로 공작물과 근접거리를 유지하여 공구형상이 전사되거나 원하는 형상 경로를 생성하여 공작물이 가공된다.
- 장비기술뿐 만 아니라 전기 및 물리 화학적인 메카니즘에 대한 지식이 요구되고 있어 기술 융합형의 마이크로가공 기술이다.
- 미세한 전기–화학적인 에너지를 활용하여 다양한 형상의 마이크로가공이 가능하다.

### 14.2.3 에너지빔 이용 마이크로가공 기술의 특징

- 기존 마이크로가공 기술의 크기 한계를 극복하기 위해 광자, 전자, 양성자 및 중성자를 이용한 물리 화학적인 가공이다.
- 일반적으로 공작물과 원거리를 유지하고 있으며, 빔의 주사부분과 비 주사부분으로 가공 형상이 제작된다.
- 장비, 전기, 물리, 화학기술이 융합적으로 이용되며, 장비 및 공정기술이 동시에 해결되어야하기 때문에 기술적 난이도가 높다.
- 에너지빔 이용 관련 장비는 전용화 및 복합 다기능화 추세이다.

## 14.3 마이크로가공 시스템의 종류

### 14.3.1 마이크로 기계가공시스템

마이크로형상을 가진 소형제품(micro part with micro structure)을 기계가공할 수 있는 장비의 경우 다수의 기업에서 생산이 이루어지고 있다. 그림 14.3은 마이크로 비구면 렌즈, 회절 격자용 몰딩 금형 등 3차원 형상을 기계 가공할 수 있는 초정밀가공기로 얼굴모양의 3차원 구조체를 직경 1 mm의 황동 소재에 가공한 예이다.

초소형제품을 가공하기 위한 우편엽서 크기(150×100 mm)의 소형 선반의 예를 그림 14.4에 보여주고 있다. 이 장비는 소형부품의 정밀가공이 가능하도록

그림 14.3  일본 FANUC사의 초정밀 4축 가공 시스템(직경 1 mm의 황동 소재에 가공 예)

T형 구조의 베드 설계와 새들 구조에 크로스롤러베어링(cross roller bearing)을 갖는 이송계 설계로 고강성, 저진동의 테이블을 제작하여 높은 위치결정 정밀도를 유지하고 있다. 주축모터는 정밀가공에 맞도록 토크와 강성을 얻기 위해 마찰구동(摩擦驅動, traction-driven planetary roller reducer)을 사용하여 감속비 4 : 1로 토크를 높였으며 직경 5 mm의 공작물을 최고 회전수는 10,000 rpm에서 선삭 가공할 수 있다.

또한 피에조 액추에이터 방식으로 구동되는 100 g 중량의 초소형 마이크로 선반 등 일본, 미국. 독일 등 각국에서 다양한 마이크로 기계가공시스템들이 제작되고 있다. 국내에서도 연구소 및 대학을 중심으로 마이크로 드릴링 및 경면가공 시스템이 개발되었다. 그림 14.5는 마이크로엔드밀 및 드릴의 사진이다.

마이크로형상을 가진 중대형부품(macro part with micro structure)가공을 위한 가공시스템은 디스플레이용 백라이트 제품, 초고휘도 반사필름 등의 롤금형가공기 등이 있다. 그림 14.6은 롤금형에 가공된 마이크로 패턴의 모양을 보여주고 있다.

| 선반 크기 | | 150×100 mm |
|---|---|---|
| 최대절삭거리 | | 10 mm |
| 최대공작물직경 | | 5 mm |
| 주축 | 최대속도 | 10,000 rpm |
| X/Z축 이송계 | 이송거리 | 12 mm |
| | 위치정도 | 1.0 $\mu$m |

그림 14.4 마이크로 선반(Nano corporation사)

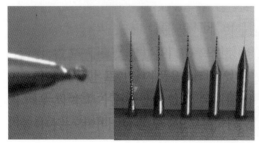

그림 14.5 마이크로 엔드밀/드릴 가공

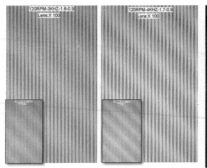

그림 14.6 롤금형의 마이크로 패턴 가공

## 14.3.2 전기- 물리 및 화학적 마이크로가공 시스템

절삭부하를 상대적으로 적게 받는 전기-물리 및 화학적 마이크로가공의 방법 들이 마이크로가공시스템을 개발하는데 많이 응용되고 있다. 그림 14.7은 마이크로 방전가공기로 공작물 체적 $4 \times 4 \times 4$ mm$^3$을 가공하도록 구성이 되어 있으며, 분해능 5 nm, 유연 조인트(flexure joint)에 기초한 평행이동기구로 되어 있어서 백래시와 마찰을 감소시켰다. 공작물과 전극사이의 갭을 정밀하게 제어함에 의해 기존의 상용 방전가공기보다 정밀도를 5배 이상 올린 100 nm의 가공이 가능하도록 제작되었다.

마이크로 와이어 방전가공(W-EDM)이 가능한 장비도 생산되고 있다. 와이어

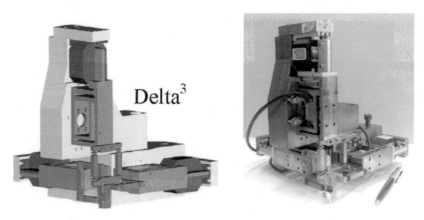

그림 14.7 마이크로 방전가공기 구조와 시제품(스위스 EPFL)

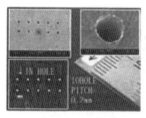

(a) 고정도 미세구멍          (b) 3차원 형상 미세품          (c) 미세형상 고정도 기어

그림 14.8  미세방전가공 제품(SODICK LTD)

가공에 있어서 정밀도는 피치 정밀도, 반복 정밀도, 진직 정밀도, 진원도, 코너 정밀도 등이 중요하며 이러한 정밀도를 확보하기 위해서 새로운 전원이나 제어 방식이 채택되고 있다. 세밀한 방전 펄스를 발생하는 전원을 사용할 경우 Rmax 1 $\mu$m 이하의 표면거칠기로 가공할 수 있으며 가공정밀도 측면에서도 높은 진직 정밀도를 얻을 수 있다. 마이크로 형방전가공시스템(S-EDM)에서도 피크 출력 3,000 N의 추진력을 가진 리니어 모터에 의해서 100 m/min의 고속 서보제어와 중력 가속도 1 G 이상의 고속가공이 가능하다. 리니어모터에 의한 구동은 볼나사를 사용하지 않기 때문에 축 이동에 오차가 없이 직접 위치제어가 가능하며, 가공속도와 방전 클리어런스가 향상되었다. 그림 14.8에 미세방전 가공에 의한 제품을 몇 가지 나타내었다.

또한 마이크로 방전연삭가공시스템(EDG), 전해가공 시스템(ECM), 기계화학적 연마가공시스템(CMP) 등이 제작되고 있다.

## 14.3.3  에너지빔 이용 마이크로 가공시스템

레이저 가공시스템의 레이저빔은 렌즈를 이용해 매우 높은 에너지 강도로 집속이 가능하므로 거의 모든 재료의 마이크로 가공이 가능하다. 실제 산업체에서 많이 요구되는 수 마이크로미터의 정밀도를 쉽게 얻을 수 있어, 미세 절단, 용접, 천공, 3차원 형상가공 등에 널리 활용되고 있다. 최근에는 펨토초 레이저와 같은 극초단 펄스레이저를 사용하여 기존에 정밀한 가공이 힘들었던 초미세 금속구조물이나 유리, 세라믹, 폴리머 구조물 등을 가공할 수 있게 되었다. 펨토초 레이저는 피크 파워가 여타 레이저에 비해 매우 높아 렌즈로 집광하기만 하면 빛의 밀도를 높게 할 수 있다. 나노초 펄스 레이저에 의한 구멍에서는 열확산이나 용

그림 14.9  엑사이머레이저 시스템 Compex205(Lamda Physik사)

융의 영향이 있으나, 펨토초 레이저 가공에서는 그러한 영향이 없이 정밀가공이 가능하다. 대표적 취성 재료로 꼽히는 유리가공도 펨토초 레이저를 사용하면 미세 파손(crack), 갈라짐 등이 없이 가능하다. 또한 유리 내부에 레이저를 조사함으로써 국부적 결정화와 같은 다양한 기능성 부여와 광도파로 등의 형상가공을 할 수 있다.

그 외 금속재료, 세라믹재료, PVC 등 여러 재료에 엑사이머 레이저 빔을 이용한 미세 형상 가공이 수행되고 있다. 그림 14.9는 엑사이머 레이저 가공장비(Compex 205)로 650 mJ에 248 nm 펄스이며 15~27 kV의 전압을 사용하는 예이다.

레이저가공을 이용하면 반도체나 LCD, PCB의 미세패턴 제조 등 다양한 분야의 제품 제조에 사용이 가능하며, 3차원 미세 구조물인 의료용 내시경 미세 배선, 슬롯튜브타입 스텐트, 잉크젯 프린트 미세 노즐, PCB 보드 천공, 금속 필름의 패터닝 등 마이크로부품의 가공이 가능하다.

또한 최근 레이저빔을 사용하여 고체, 액체, 기체 상태의 재료에 화학반응을 유도함으로써 증착, 식각, 광 경화와 같은 여러 형태의 가공이 마이크로, 나노미터 크기로 이루어지고 있다. 레이저 유도 에칭은 액체나 기체 상태의 반응 매체와 레이저 빔을 이용하여 가공하고자 하는 소재에 식각 반응을 통해 제거하면서 원하는 형태로 가공한다.

이온빔 가공가공시스템은 이온화된 빔을 가속시켜 모재를 제거함으로써 원하는 형상을 만드는 스퍼터링(sputtering), 특정 재료를 쌓아가며 구성된 재료에 기능 또는 형상을 유도하는 CVD(chemical vapor deposition), 특정 재료를 침투시켜 그에 상응하는 기능을 유도하는 임프란테이션(implantation)으로 구분이 가능하다. 이러한 이온빔을 통한 형상 기술은 NT(nano technology) 기반의 첨단산업

분야에 극미세/극초정밀 제품을 제조에 활용되고 있으며, 건식기법의 나노가공을 수행할 수 있다. 이온빔의 경우 레이저나 전자빔보다 파장이 작으며, 운동 에너지가 크기 때문에 보다 효과적인 3차원의 마이크로가공에 사용된다. 이온빔은 소스를 기준으로 가스를 이용한 것과 메탈을 이용한 것으로 구분될 수 있다. 마이크로가공에 가스소스를 이용한 이온빔 식각기술과 메탈소스를 이용한 집속이온빔 가공이 주류를 이루고 있다. 마이크로 및 나노가공 분야에서 기존 레이저가공의 문제점인 시료 손상이나 정밀도의 한계를 극복하여 초미세 3차원 가공분야의 적용이 확대될 것으로 기대된다.

집속이온빔 가공시스템은 미국(FEI), 일본(SEIKO, HITACHI) 등에서 빔직경 4~7 nm 정도의 장비 들이 제작되고 있다. 집속이온빔의 경우 재 증착의 문제가 있어 패턴 형성 시 이에 대한 해결을 통해 수백나노의 다중 패턴가공이 가능하다. 집속이온빔을 이용한 마이크로 3차원 형상가공을 통해 그림 14.10의 프로브, AFM팁 등 초미세한 팁의 제작이 가능하다. 그림 14.11은 집속이온빔장비를 보여주고 있다.

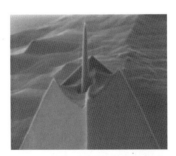

그림 14.10　AFM 프로브(www.fibics.com)

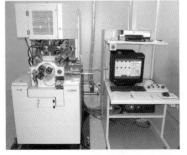

| 항목 | 제원 |
| --- | --- |
| 모델 | SEIKO(SIM 2050) |
| 이온 소스 | Ga+ Liquid Metal |
| 조리게(Aperture) | 2축 모터구동 |
| 가속전압 | 30 kV |
| 증폭 | 250,000배 |
| 분해능 | 5 nm |

그림 14.11　집속이온빔 장비(SEIKO：SIM 2050)

전자빔 가공은 공작물에 전자빔을 조사하여 빔에 의한 결합 또는 절단 등을 수행하여 패턴을 형성하는 방법이다. 전자빔 가공시스템은 기존의 이-빔 리소그래피(e-beam lithography)와 같은 순차공정(serial-process) 뿐만 아니라, 이-빔 프로젝션(e-beam projection)을 이용한 병렬공정(parallel process)방식과 다중 빔(multi-beam)을 이용하여 생산성을 높인 다양한 시스템이 제작되고 있다.

그림 14.12는 전자빔 가공장비의 경통부 형상을 보여주고 있다. 전자빔 장비의 특징은 높은 안정도를 갖는 전자기 광학계를 가지고 있으며 진공 하에서 레이저 측정을 통한 빔 편향의 자기교정이 가능하여 미세패턴이 측정분해능에 가까운 정밀도로 가공을 할 수 있다. 웨이퍼 기판상에 직접 리소그래피 함으로써 다른 공정에서 형성한 패턴과 연계하여 초미세패턴이 가능하다. 분해능은 전자빔 크기나 전류밀도 분포에 관계되지만, 최소패턴의 형상과 치수는 이차전자 생성과 감광제의 특성 등에 영향을 받는다. 또한 전자기 광학계를 구성하는 축대칭 자계렌즈의 특성은 구면수차와 색수차에 의해서 제약을 가진다. 반도체소자, DRAM 제조 등 리소그래피에 사용되는 전자빔 장비의 이송계(Stage)는 진공 중에서 구동되므로 사용 환경을 고려한 설계가 필요하다. 전자빔 가공은 생산성 및 제조원가 측면에서 불리한 부분이 있기 때문에 기능성 나노패턴 가공이나 높은 성능이 요구되는 ASIC 등 고 부가가치 제품가공에 사용된다.

전자빔 가공장비로는 그림 14.12의 JOEL사의 JBX-9500FS, 미국 어플라이드 머티리얼(Applied Materials)사의 SCALPEL(scattering with angular limitation projection electron-beam lithography), 니콘(Nikon)사의 PREVAIL(projection reduction exposure with variable axis immersion lenses), 리플(LEEPL)사의 LEEPL (low-energy electron-beam proximity lithography) 등이 생산되고 있다.

| 항목 | 제원 |
|---|---|
| 빔 형상 | 점(Spot) |
| 가속전압 | 100 kV/50 kV |
| 방출건(Gun Emitter) | ZrO/W(Schottky) |
| 빔크기 | 4-200 nm(100 kV)<br>7-200 nm(50 kV) |
| 기판크기 | 300 mm |

그림 14.12 전자빔 장비(JEOL사, JBX-9500FS)

## 14.4 마이크로가공 공작기계 설계

마이크로가공 공작기계는 일반적인 공작기계와 달리 마이크로가공 공정에 기초한 시스템 설계에 접근이 이루어져야 한다. 마이크로가공의 목표정도를 얻기 위해서는 각 구성요소의 정도 목표 값에 대하여 치우치는 편차가 없도록 적절한 배분이 필요하고, 이러한 편차는 요소설계 단계에서 부터 발생하지 않아야 한다. 마이크로가공용 공작기계 설계에서는 가공에 나쁜 영향을 줄이기 위한 오차원의 분리, 전이제한 등 다양한 기술과 작업 환경을 일정하게 유지하는 환경제어 기술, 보정기술 등을 고려한 종합적인 시스템설계가 이루어져야 한다.

### 14.4.1 상대정확도의 개념

상대정확도(相對正確度, relative accuracy)는 공작물의 크기 대비 요구되는 정확도(가공정밀도)를 의미하는 것으로 마이크로가공 시스템 설계에서 고려되어야 할 인자이다. 가공정도는 공작기계의 위치결정정도에 영향을 받기 때문에 이송량에 따라 목표정도에 적합한 이송계의 구성 요소부품을 선정하여야 한다.

$$상대정확도(Ac_{rel}) = 요구\ 가공물정도/공작물\ 크기$$

예시 롤금형 : 롤 길이 1 m(그림 5.1)

요구정도 1 $\mu$m

$\therefore$ Acrel = 1/1000000 = $10^{-6}$

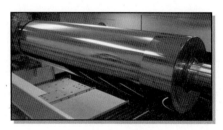

그림 14.13 **롤금형**

제품의 가공오차는 전체 시스템의 3축 운동에 의한 체적오차에 관계된다. 마이크로 가공시스템의 경우 공작물의 각 축당 상대정확도가 시스템 설계에서의 각 구성축에 대한 요구 정도에 반영되어야 한다.

마이크로 가공이 요구되는 제품군을 대상으로 다음과 같이 분류할 수 있다.

- 마이크로형상을 가진 소형부품(micro part with micro structure)가공 시스템
- 마이크로형상을 가진 중대형부품(macro part with micro structure)가공 시스템

## 14.5 가공시스템 설계

서브마이크로미터($<\mu$m) 정밀도를 가지는 소형 광학부품, 광학금형, 초소형 공구($\phi$0.1~1 mm) 등은 마이크로 선삭(turning), 밀링(patterning), 방전(EDM)이 가능한 마이크로 가공시스템에서 제작이 이루어진다. 마이크로형상의 소형부품 가공시스템의 설계에 있어서는 공작물의 형상·치수를 가공할 수 있는 기계의 전체구성을 결정하는 개념설계와 정도달성을 위한 요소설계가 중요하다.

대형 제품(수백 mm~수 m)의 표면에 고정밀의 마이크로 구조체를 가진 제품을 가공할 수 있는 공작기계의 경우, 다이아몬드 선삭(turning), 마이크로 밀링(milling), 고 에너지 빔 가공 등이 가능한 초정밀가공시스템이 요구된다. 초정밀 공작기계의 개발에 있어서는 시스템의 정적, 동적, 열적특성의 안정화와 동시에 모든 구성요소의 초정밀 위치정도를 달성하도록 설계되어야 한다.

마이크로형상을 가진 부품들의 가공정도를 달성하기 위해서 구성요소를 어떻게 설계·제작할 것인가에 대하여 사례를 중심으로 살펴본다.

### 14.5.1 소형부품(인공치아) 마이크로 머시닝센터의 설계

■ 설계요구 상대 정확도
- 부품크기 : 10 mm
- 요구윤곽형상정밀도 10 $\mu$m
- 상대정확도($Ac_{rel}$) = $10^{-3}$

■ 설계 요구기술

- 소형부품가공용 구조물 설계
- 소형공구에 의한 최저 절삭속도를 얻기 위한 고속 주축계
- 미소이동이 가능한 이송계
- 초소형 공작물 고정장치(초소형 부품의 고정, 반송을 위한 치구 장치)
- 소형 공구 고정장치(착탈 유닛)
- 원격 모니터링, 제어시스템(초소형 공구와 공작물의 기상계측 및 비전시스템)

## (1) 소형부품가공용 구조 설계

설계의 기본 방향은 초소형 부품가공에 대한 에너지 소모를 최소화할 수 있는 소형구조를 가지고 마이크로 이하의 정밀도를 유지할 수 있는 정적인 강성 설계가 이루어져야 한다. 열원에 의한 변형이 가공정도에 영향을 미치지 않도록 열원과의 분리 또는 최소화할 수 있는 구조 설계와 진동의 영향을 받지 않도록 고강성 설계가 요구된다.

그림 14.14는 인공치아 등의 소형부품의 다축가공을 위한 가공시스템 상세설계에 앞서 개념 설계의 예를 보여준다. 일반적으로 사용되는 3축 형태의 가공시스템에 2축의 회전축 시스템을 설치할 수 있도록 개념설계한 것이다. 소형 부품인 인공치아, 시계부품, 휴대전화 부품, 생체 임플란트 부품 등의 정밀 부품은 재질이 지르코니아, 티타늄, 동, 세라믹, 귀금속 등이 사용된다. 기계사용이 편리하고 유지, 보수가 간단하며 최소의 진동과 안정성으로 정확한 형상가공이 가능

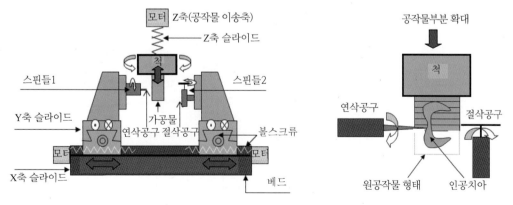

그림 14.14 5면 가공용 2헤드 마이크로가공 시스템 개념도

하도록 설계한다. 테이블의 이송량이 작고 공구 및 공작물의 착탈이 쉬운 구조인 단순한 구조로 베드 및 컬럼을 설계하고 주물, 레진 콘크리트, 화강암 등 내구성이 우수한 구조재를 사용한다.

## (2) 고속 주축 설계

인공치아와 같은 소형 공작물의 재료특성과 요구 가공정도의 관계로부터 주축계의 설계 방안이 결정되어야 한다. 가공정도는 절입량과 주축진동 등이 공작물에 전사된 결과이며 주축의 회전정도, 언밸런스진동, 구동원의 진동, 동강성, 감쇠성이 관계한다. 때문에 기계의 설계에서는 회전베어링의 선정이 중요하다. 베어링 형식으로서는 구름베어링, 동압베어링, 정압베어링, 자기베어링 등이 있지만 정성적으로 비교하여 그들 중에서 요구 특성에 적합한 베어링 형식을 선택하게 된다. 소형 공작물의 마이크로가공의 경우 소형 공구에 의한 가공이 이루어지므로 고속의 회전속도가 필요하다. 그러므로 고속에 마찰특성이 우수한 베어링 형식이 채용되어야 하므로 볼베어링, 공기정압베어링 및 자기베어링 형식이 가능하다.

그림 14.15는 볼베어링지지 에어터빈구동 주축을 보여주고 있다. 볼베어링의 경우 200,000 rpm급의 고속회전이 가능한 주축에 공기정압베어링 및 자기베어링은 500,000 rpm급의 주축에 사용이 가능하다. 그러나 자기베어링은 자석의 자

그림 14.15  공기베어링 고속 주축

력을 제어하여 회전체를 지지하는 원리로 회전체의 회전오차를 측정하여 피드백 제어한다. 베어링 강성이 높고, 고속회전이 가능하지만 제어계 및 주변 장치가 많아 소형부품 정밀 가공용으로는 적합하지 않다. 구동모터는 브러시리스 AC스핀들 모터가 많이 이용되고 있으며 고속회전이 가능한 모터내장형 주축 구조로 제작된다.

### (3) 이송계 설계

소형부품의 정밀가공용의 이송계 설계는 각 축의 배열을 어떻게 구성할 것인가를 결정되어야 한다. 일반적으로 이송계의 배열 구성은 그림과 같이 적층형 ( + ), 분리형(T형)으로 나누어진다. 공작물이 소형이기 때문에 이송체의 관성량을 줄일 수 있어 적층형의 이송계 구성이 일반적이라 볼 수 있다. 그림 14.16은 이송계의 배치 형식을 보여주고 있다.

앞의 그림 14.14의 마이크로가공시스템의 개념도에서는 공작물의 칩 배출의 효율을 높이기 위해 공작물을 Z축 이송계에 위치시키고 주축을 적층형 X-Y이송계 위에 위치시켰다.

공작물을 정밀가공하려면 이송운동 중의 테이블의 운동자세 제어가 중요하다. 직선운동 요소의 위치결정오차와 직교 3축 방향의 병진오차, 직교 3축 주위의 회전오차, 즉 롤링, 피칭, 요잉 등에 대한 구속 제어가 요구된다. 이송체가 소정의 궤적을 따라서 이동할 때 물체의 위치는 6자유도를 가지며 정밀한 위치결정을 위해서는 이송방향을 제외한 다른 자유도 성분은 구속되지 않으면 안 된다. 이와 같은 기능은 안내방식(guideway)인 베어링 지지 방식에 따라 운동 정밀도에 차이가 있다. 사용 베어링 종류는 미끄럼안내(동압베어링, 미끄럼베어링), 구름안내(볼베어링, 롤러베어링), 정압안내(유정압베어링, 공기정압베어링), 자기안내(자기베어링)으로 나누어진다.

(a) ( + )형 배치의 테이블 이동형

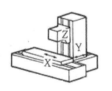
(b) (T)형 배치의 칼럼이동형)

(c) 문형

그림 14.16  **이송계 구성의 종류**

상대정확도($Ac_{rel}$) $10^{-3}$급인 공작물크기 10 mm의 이송계에서 요구되는 위치결정정도는 10 $\mu$m급이므로 구름안내를 이용한 설계가 가능하다. 상대정확도($Ac_{rel}$) $10^{-4}$급 이상인 소형 공작물의 초정밀가공용 이송계 설계는 위치결정 정도는 1 $\mu$m 이하로 제어되어야 하며 정밀급 구름안내 또는 정압안내 등이 사용될 수 있다. 고정밀 위치결정에는 테이블의 운동오차를 측정하여 서보기구의 피드백제어에 의해 실시간으로 보정이 필요하다. 이송계는 액츄에이터, 서보장치, 오차검출센서로 구성되며, 액츄에이터용 서보모터, 정밀 볼스크루, 리니어(LM)가이드를 채택하여 이송범위 100 mm 이하로 설계할 수 있다.

### (4) 주변 장치 설계

PC - NC 컨트롤러 또는 전용 컨트롤러로 제어계를 구성할 수 있고, 장시간 무인가공이 가능하고 ATC, 기계이상 모니터링장치 부착 및 역 척킹 구조에 의한 자동 칩 배출이 가능한 구조 등으로 설계할 수 있다.

## 14.5.2 나노/마이크로 측정/패터닝 시스템(AFM, SPM 등)의 설계

■ 설계요구 상대 정확도
- 부품크기 : 100 $\mu$m
- 요구 정밀도 : 1 nm
- 상대정확도($Ac_{rel}$)$= 10^{-5}$

■ 설계 요구기술
- 나노미터 정밀도 측정 및 패턴가공시스템 구조설계
- 나노미터 정밀도 이송이 가능한 나노스테이지 설계
- 초소형 공작물 고정장치(초소형 부품의 구동·반송·조립을 위한 핸들러, 그리퍼)
- 원격 모니터링·제어시스템(마이크로 팁과 공작물의 기상계측 및 비전시스템)

### (1) 나노미터 측정 및 패턴 가공용 구조 설계

나노/마이크로미터 측정 및 패터닝을 위해서는 구조물 변형이 작업 정도에 영

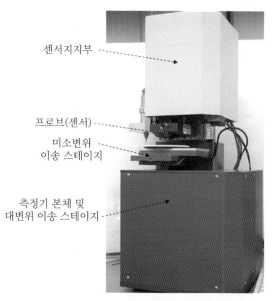

센서지지부

프로브(센서)

미소변위
이송 스테이지

측정기 본체 및
대변위 이송 스테이지

그림 14.17   4헤드 회전형 복합 나노메타급 측정 및 패터닝 시스템

향을 미치지 않도록 정적 강성이 높은 구조설계가 이루어져야 하며 진동의 영향을 받지 않도록 동강성 설계가 이루어져야 한다. 소형 공작물의 크기에 대응하는 대변위(< 10 mm) 이동을 위한 스테이지와 나노미터의 이송이 가능한 초미세 변위(< 1 nm) 이동 스테이지로 이송계가 구성되어 상호 간섭 없이 측정 및 패턴 가공이 가능하도록 구성할 필요가 있다.

그림 14.17은 AFM(atomic force microscope, 원자력간 현미경)과 다양한 측정 센서가 복합된 나노미터 정밀도 측정 및 패터닝 시스템의 설계, 제작된 모습이다. 헤드부는 사각면의 각 면에 측정 및 패터닝용 프로브 4종을 부착하고, 터렛 방식으로 회전하여 운용이 가능하도록 설계되었다.

## (2) 측정 및 패터닝 프로브 구성

측정헤드부에는 AFM(atomic force microscope)을 비롯하여 비 접촉형 측정센서(WSI scanner, high speed CCD inspection system)와 접촉형 패터닝 프로브(nano probe)들이 설치되도록 설계되어 있다. 측정 대상체의 스케일과 측정정도 및 프로브의 종류에 따라 사용자가 선택할 수 있도록 회전 가능한 터렛헤드(turret head)가 채택되었다. 각각의 헤드 면에 meso/micro/nano급의 센서를 부착

하여, 필요에 따라 전 측정영역에서 측정이 가능하도록 설계되었다. 그림 14.18
은 AFM, WSI, 나노 프로브가 장착된 모습을 보여주고 있다.

나노 프로브는 그림 14.19에서와 같이 용량형 갭센서를 하우징과 결합시켜 주
는 센서 지그부, 패터닝에 대응하는 변위측정을 위한 센서부, 상하 운동하는 가
이드 바 그리고 에어 가이드부(air slide)로 결합된다. 이를 이용하여 일정한 가공
력으로 패터닝을 수행할 수 있다. 또한 AFM의 접촉모드를 사용하여 나노 패터
닝이 가능하다.

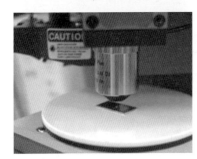
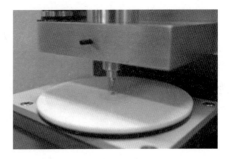

그림 14.18 AFM, WSI, 나노프로브 장착 모습

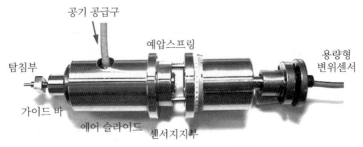

그림 14.19 나노 프로브 기기

## (3) 직선운동 스테이지 설계

이송계인 스테이지는 그림 14.20과 같이 대변위 스테이지(coarse stage) X-Y-Z 축과 미소변위 스테이지(fine stage) X-Y축으로 적층형으로 설계되었다. 이송거리 및 분해능은 대변위 스테이지의 경우 50 mm, 1 $\mu$m 수준이며, 미소변위 스테이지의 경우 100 $\mu$m, 0.5 nm 수준으로 설계한 것이다.

스테이지의 정밀도는 기계의 정밀도 및 가공의 정밀도에 있어서 가장 중요한 역할을 한다. 나노미터급의 정밀도를 위해서는 이송시스템의 초정밀 가이드, 위치 측정 센서 및 모터 등 구동 시스템의 정밀도를 극대화하여야 하며, 오차의 최소화를 위하여 측정과 보정기술이 필요하다.

초정밀 마이크로 스테이지는 SPM(scanning probe microscope), 미세조정 (microalignment), 미세가공(microfabrication)과 같은 분야에서 필수적인 장치이다. 이것은 나노미터급의 고정밀, 고속, 부하능력(load capacity)을 요구하며, 여기에 사용되는 구동기로 압전소자(piezoelectric device)를 사용한다. 일반적으로 이런 장치에는 자벌레 방식(inchworm type), 마찰구동 방식(friction drive type)과 유연 힌지 방식(flexure hinge type)이 있다. 유연힌지 방식은 100 $\mu$m 정도의 짧은 이송거리 영역에 사용이 가능하지만 안정성, 제어특성, 정밀도면에서 다른 방식에 비해 우수한 특성을 가지고 있다.

나노스테이지의 설계는 크게 2가지 형태로 이루어지며 그림 14.21과 같다. 스테이지를 다축으로 사용하기 위하여 스테이지에 두 축을 동일 평면상에 적용하

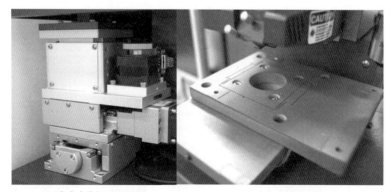

(a) 장거리이송(coarse stage)          (b) 미세이송(fine stage)

그림 14. 20   스테이지의 구성

는 방법(비적층형)과 한축씩 제작하여 겹층으로 쌓아올려 사용하는 방법(적층형)이 있다. 비적층형의 경우 각각의 축들의 변화량이 다른 축에 영향을 주며 이로 인한 오차가 발생할 수 있다. 이러한 위험성을 줄이기 위해 해석을 통해 영향을 분석하고 보정을 수행하여야 하는 어려움이 있다. 반면에 적층형의 경우 각각의 축을 적층하여 사용하므로 조립에 따른 오차가 발생할 수 있으나 한 축의 변형이 다른 축에 영향을 미치지는 않는다. 그러나 적층에 따른 스테이지의 부피가 커지는 단점이 있다.

나노스테이지는 압전구동기(PZT)와 각 구동기의 양 끝단에 유연힌지가 장착되어 있다. 스테이지의 힌지구조는 정밀이송을 담당하는 나노스케일의 스테이지 설계에 중요한 부분을 차지한다. 그림 14.22와 같이 유연힌지(flexible hinge) 구조로는 얇은 스프링 형상의 립스프링형(leafspring) 구조와 평면힌지(planar hinge) 구

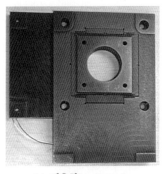
(a) 적층형(stack type)

(b) 비적층형(non-stack type)

그림 14.21  스테이지의 구조 종류

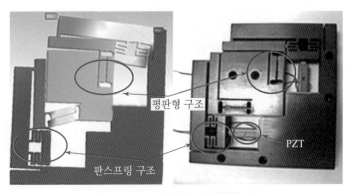

그림 14.22  스테이지의 유연힌지 구조

조가 채택되고 있다. 유한요소 해석을 통해 유연힌지 및 전체 스테이지의 동적 특성을 해석하고 설계의 민감한 변수인 비 구동방향에 비해 구동방향의 강성이 상대적으로 강하도록 설계하여야 한다. 나노스테이지에서 발생할 수 있는 오차는 기하학적 오차, 상호 간섭에 의한 오차, 가공 및 조립오차, 압전소자의 비선형성으로 인한 오차 등이 고려된다. 또한 온도 변화가 있는 환경에서 사용될 경우에는 열에 의한 구조적인 변형 오차가 발생할 수 있으므로 설계에서 열변형을 최소화할 수 있는 대칭 구조 등이 적용되어야 한다.

### 14.5.3 롤금형 가공용 초정밀선반의 설계

■ 설계요구 상대 정확도
  • 부품크기 : 1 m
  • 요구 정밀도 : 1 $\mu$m
  • 상대정확도($Ac_{rel}$) = $10^{-6}$

■ 설계 요구기술
  • 대형부품가공용 구조물 설계
  • 초정밀 주축계
  • 초정밀가공을 위한 미소이동이 가능한 이송계
  • 고정밀 공작물 고정장치
  • 원격 모니터링·제어시스템 기술(공구와 공작물의 기상계측 및 비전 기술)

그림 14.23　롤금형 가공용 초정밀 선반

## (1) 대형 롤의 마이크로가공용 초정밀 선반 구조 설계

마이크로 형상 패턴이 새겨진 대형 롤 금형은 디스플레이 및 광 산업에 대면적 필름을 제조하기 위해 가공하고 있다. 롤 금형의 경우, 전체 길이가 2 m에 이르며 표면에 수십 $\mu$m 이하의 마이크로 패턴이 서브마이크론 정밀도로 가공되어야 한다. 그러므로 롤 금형가공기는 상대 정확도가 $10^{-6}$ 이하인 초정밀 가공 정밀도를 가진 대형 초정밀공작기계로 설계 되어야 한다. 그림 14.23은 롤 금형가공용 초정밀 선반을 나타내었다.

초정밀가공기의 정밀도는 표 14.2와 같이 가공기의 열변형, 역학적 변형, 경년변형, 위치결정정도, 운동정도 등에 영향을 받는다. 초정밀공작기계는 공구나 공작물을 탑재한 직선운동요소와 회전운동요소가 베드 또는 컬럼의 구조물에 장착되어 있다. 이들은 각 요소의 자중에 의한 처짐과 모멘트가 작용하여 정적인 변형을 일으키며, 회전축의 언밸런스 진동, 구동용 모터의 진동, 가공력의 변동, 지반진동의 영향 등 정, 동적 외란에 의한 오차가 발생할 수 있다. 또한, 기계내의 열발생에 의한 변형 오차와 설치 환경의 온도 변화에 따른 오차 등 정적, 동적, 열적 오차 성분을 최소화하여야만 초정밀가공을 수행할 수 있다. 이를 위해서는 우선 장비구성에서 진동원으로 되어 있는 구동요소를 최소한 외부로 분리시키고, 구조물은 정적, 동적, 열적으로 고강성이 되지 않으면 안 된다. 최근에는 CAE(computer aided engineering)을 이용한 구조해석 프로그램을 통해 고 강성 설계가 가능하게 되었다.

초정밀가공기계의 동특성을 높이기 위해서는 기계구조의 감쇠성이 중요하다. 일반적으로 기계구조의 소재는 강에 비해 내부 감쇠특성이 우수한 주물이 많이

**표 14.2  공작기계에 영향을 미치는 오차요인 및 정도 레벨**

| 오차요인 | 레벨 | 지배인자 |
|---|---|---|
| 열변형 | $10^{-6} \sim 10^{-7}$ (온도제어 0.01 K) | 주위온도, 가공열, 각부의 발열, 열전도특성 |
| 역학적변형 | 10 nm | 자중, 절삭력, 편심하중, 구동력의 변동 |
| 경년변화 | < 10-6/년 | 잔류응력의 풀림, 재료의 변형 |
| 위치결정정도 | 10 nm | (측정기, 운동, 제어)의 분해능 |
| 운동정도 | 100 nm 이하 | 요소부품의 기하학적 정도, 급유압 변동 |
| 운동의 재현성 | 10 nm 이하 | 상대진동, 경계면의 물리적, 확률적 거동 |

사용되고 있지만 초정밀공작기계에는 불충분하다. 보다 감쇠성이 높은 에폭시콘크리트소재 또는 화강암 등의 세라믹스소재를 많이 이용하고 있다.

초정밀가공기에서의 열변형 대책으로는 기계구조를 최대한 대칭구조로 하여 열변형이 발생하여도 대칭축은 이동하지 않도록 하고, 발열부에 냉각 자켓을 설치하여 냉각유로 강제 냉각하는 방법을 사용하고 있다. 또한 오차를 줄이기 위해 독립된 서보제어 계측 프레임을 설치하여 오차보정을 수행하고 있다.

## (2) 초정밀 주축 설계

롤 금형의 마이크로 패턴은 광학 반사지 형상에 많이 사용되고 있어 표면거칠기가 매우 높은 경면 가공이 요구되고 있다. 표면거칠기는 공구의 인선 품위와 절입량의 변동이 공작물에 전사된 결과로 회전운동요소의 회전정도, 구동원의 진동, 동강성, 감쇠성이 관계된다. 그러므로 초정밀 경면가공에는 다이아몬드 공구와 같이 공구인선 품위가 높고 회전정도 특성이 우수한 주축계를 구성하는 것이 중요하다. 주축용 베어링으로는 구름베어링, 동압베어링, 정압베어링 그리고 자기베어링 등이 있지만 각각의 정강성, 동강성, 감쇠성 그리고 열특성 등을 고려하여 가장 중요한 특성인 회전정도가 우수한 베어링 형식을 선택하여야 한다.

이러한 특성 비교에서 롤 금형가공용 초정밀선반에 가장 우수한 베어링형식은 정압베어링이다. 정압베어링의 원리는 펌프 등의 압력원에서 공급되는 고압 유체가 오리피스와 같은 저항체를 통하여 베어링 포켓에 보내지면 일정한 압력이 유지되고 베어링 틈새를 통해 대기 중으로 배출되어 포켓의 압력분포에 의해 하중을 지지된다. 하중이 변동하게 되면 베어링틈새의 변화에 따른 유체저항이 변화하여 하중에 저항하는 압력변동으로 정압베어링의 강성을 발생시킨다. 그러므로 정압베어링은 동압베어링에서 보다 안정적으로 고강성을 얻을 수 있는 특징을 갖고 있고 유막의 중간에 축이 부상되어 있어서 베어링 구성부품의 가공오차를 평균화하는 효과가 크다. 더구나 부하용량, 강성이 회전속도에 의존되지 않는 지지원리에 근거하기 때문에 우수한 회전정도가 얻어진다.

정압베어링은 윤활제로 오일을 사용하는 것이 일반적이지만 기체인 공기를 사용하는 공기정압베어링도 있다. 오일은 비압축성이고 점성계수가 크지만 기체는 압축성이고 동점성계수가 오일의 약 1000분의 1이다. 이러한 특성 차이에 의해 유정압베어링 주축과 공기정압베어링 주축의 선택에 서로의 장단점을 잘 고려한 세심한 주의가 필요하다.

초정밀가공용 주축의 경우 공구나 공작물을 회전시켜 구동하는 모터가 필요하지만, 전자기진동과 언밸런스진동 등을 피할 수 없다. 따라서 이들이 주축 내에 들어오지 않도록 차단하고 진동을 저감할 수 있는 유연커플링 등의 동력전달 기술도 필요하다.

### (3) 이송계 설계

대형부품의 초정밀가공을 위한 이송계는 1 m 이상의 장거리 초정밀 이동이 필요하다. 이송계는 6자유도 운동을 가지고 있으며 이송운동인 직선운동요소를 제외한 회전오차, 즉 롤링, 피칭 그리고 요잉은 구속되어야 한다. 초정밀가공기의 이송계에도 회전요소에서 기술했던 정압베어링이 가장 많이 사용되고 있다. 직선안내요소는 회전운동요소에 비하여 이송속도가 늦기 때문에 마찰손실이 작고, 열변형 등의 영향이 적다. 직선안내에는 강성과 감쇠능이 가공 시의 채터 진동에 영향을 미친다. 공기정압베어링 안내면은 압축성 기체에 의한 진동특성에 민감하여 유정압 안내에 비해 불리한 부분이 많은 것으로 알려져 있다. 정압베어링 안내는 유막의 평균화 효과를 갖고 있기 때문에 운동정도는 베어링의 가공정도에 의존하지만 일반적으로 테이블의 이동거리 100 mm에 대해서 운동오차는 서브마이크로미터 정도를 얻을 수 있다.

대형부품의 초정밀 가공에는 공작기계, 공구 그리고 공작물에서 발생하는 오차로부터 가공오차가 발생한다. 따라서 가공정도를 높이기 위해서는 이송계에서 공구와 공작물의 위치오차를 측정하여 피드백 제어를 통한 보정이 중요하며 아베(Abbe)오차가 발생하지 않도록 보상장치의 구성이 필요하다.

### (4) 주변 장치 설계

초정밀가공에는 절삭점에 외부로 부터의 진동, 열 등이 전달되어서는 안 된다.
일반적으로 초정밀가공기가 설치된 환경 주위에는 지반을 통해 주변기계의 진동과 자동차의 주행에 수반되는 진동 등 외란이 많은 상황이기 때문에 방진 대책은 필수적이다. 초정밀가공기를 주위의 지반에 대하여 절연시켜 분리하고, 별도로 격리시켜 지반을 구성할 필요가 있다. 또한 제진대인 에어 또는 오일 댐퍼 위에 가공기를 설치하는 것이 좋다. 또한 주위의 전자기 노이즈에 의한 센서 등의 오작동을 막고 위치제어 성능을 높이기 위해 절연 실드도 고려할 필요가 있다.

초정밀가공을 수행하기 위한 또 하나의 주요한 환경은 열에 대한 엄격한 관리이다. 공작기계, 공구 그리고 공작물 등은 작은 온도변화에 의해서도 열 변형을 일으킨다. 이것은 바로 가공오차로서 공작물에 전사되므로 초정밀가공기 주변의 온도 관리 등 작업환경을 균일하게 유지하는 것이 중요하다.

1. 마이크로 구조체의 정밀가공이 필요한 산업군을 조사하고 관련 제품들의 요구 정밀도 범위를 기술하라.

2. 초정밀가공과 마이크로가공의 차이점에 대해 기술하라.

3. 마이크로가공이 요구되는 기술은 마이크로형상을 가진 소형부품(micro part with micro structure)가공과 마이크로형상을 가진 중대형부품(macro part with micro structure)가공으로 크게 두 가지로 나누어 고려하여야 하는 이유를 설명하라.

4. 집속이온빔 가공시스템과 전자빔 가공시스템의 차이점에 대해 기술하라.

5. 마이크로 구조체를 정밀가공하기 위한 기계시스템의 설계 단계를 기술하라.

6. 상대적인 정확도(relative accuracy)의 개념과 공작기계 설계에서 고려되어야 하는 이유를 설명하라.

7. 소형부품인 인공치아와 같이 상대적인 정확도(relative accuracy)가 $10^{-3}$급 공작기계 설계와 마이크로 렌즈금형과 같이 상대적인 정확도(relative accuracy) $10^{-5}$급인 공작기계 설계에서 기본적인 개념설계의 차이점을 기술하라.

8. 마이크로형상을 가진 중대형부품(macro part with micro structure)가공 시스템 설계에서는 초정밀가공의 개념설계가 필요한 이유를 설명하라.

9. 마이크로형상을 가진 중대형부품(macro part with micro structure)가공 시스템의 이송계 설계에서 요구되는 기능과 적합한 안내방식을 제시하고 이유를 설명하라.

# 찾아보기

# 기계가공시스템

2016년 8월 30일 1판 1쇄 펴냄 | 2021년 8월 31일 1판 2쇄 펴냄
**지은이** 백인환 · 김정석 · 전언찬 · 김남경 · 최만성 · 이득우
**펴낸이** 류원식 | **펴낸곳 교문사**

**편집팀장** 김경수 | **표지디자인** 신나리 | **본문편집** 디자인이투이

**주소** (10881) 경기도 파주시 문발로 116(문발동 536-2)
**전화** 031-955-6111~4 | **팩스** 031-955-0955
**등록** 1968. 10. 28. 제406-2006-000035호
**홈페이지** www.gyomoon.com | E-mail genie@gyomoon.com
ISBN 978-89-6364-292-5 (93550)
**값** 21,000원